大学理工科教学、实习通用教材

电子技术实习教程

（第二版）

主　编　严一白　王家伟
副主编　蒋荣龙　陈方泉
主　审　姚　勤

上海交通大学出版社

内 容 提 要

本书共分 7 章，第 1 章主要介绍元器件(电阻器、电容器、电感器、半导体、半导体分立器件和集成电路)的原理、型号命名、分类和应用，第 2 章主要介绍安全生产、电子产品的焊接和装配工艺，第 3 章主要介绍电子产品的标准化，第 4 章主要介绍电子产品技术图的绘制，第 5 章主要介绍收音机、万用电表的原理和调试，第 6 章主要介绍电子仿真设计软件(EDA)系统，第 7 章主要介绍计算机辅助电子设计软件(Protel 99 SE)系统。

作者根据教学要求与学生的实际操作，对教材的第 1 版做了部分修改，尤其是第 2 章和第 5 章的大部分内容重新调整编写，第 7 章增加了基础知识练习题，每章后都增加了思考题。

本书可作为大学理工科学生电子技术实习的课堂教学和实践教学用教材，也可作为初入门的电子工程技术人员的培训教材。

图书在版编目(CIP)数据

电子技术实习教程/严一白，王家伟主编．-2 版．-上海：上海交通大学出版社，2006(2014 重印)
ISBN 978-7-313-03643-8

Ⅰ．电… Ⅱ．①严…②王… Ⅲ．电子技术-实习-高等学校-教材 Ⅳ．TN

中国版本图书馆 CIP 数据核字(2004)第 011890 号

电子技术实习教程
第二版
严一白 王家伟 主编
上海交通大学出版社出版发行
(上海市番禺路 951 号 邮政编码 200030)
电话:64071208 出版人:韩建民
上海交大印务有限公司印刷 全国新华书店经销
开本:787mm×1092mm 1/16 印张:14.25 字数:349 千字
2004 年 3 月第 1 版 2006 年 8 月第 2 版 2014 年 6 月第 4 次印刷
印数:2030
ISBN 978-7-313-03643-8/TN・122 定价:26.00 元

前　言

电子技术是一门实践性很强的学科。大多数学生总觉得在学习过程中缺少从理论到实践的感性认识,书中理论知识学了不少,但在社会实践中碰上诸如电子设计、检修及仪器仪表操作时,却因无感性认识,使问题无法解决。为了解决这一问题,各高校纷纷创办了电子实习教学,并开始培训学生由电子实践基础理论到实际操作的全过程。

十多年来,电子工业的飞跃发展,使原来的教科书更显得落伍,为满足21世纪培养适应性学生的需要,急需能适合当前大学理工科学生电子实习的教材。本教材是在原教材通过两年多实际使用后为了能更好地适应新时期的教学要求的基础上,进行了较大的改动和更新,既注重实际使用中较常用的知识面,又顾及当今计算机电子仿真设计软件(EDA系统、Protel 99 SE系统)的实际应用。力求使学生能在整个实习培训过程中掌握这些知识,培养学生综合能力,全面提高素质,使学生在跨出校门踏上社会的同时能适应社会,更具竞争力。

本教材第二版根据教学要求与学生的实际操作情况对教材做了部分修改,尤其是第2章和第5章的大部分内容基本上重新编写的,第7章增加了Protel 99 SE基础知识练习题。为使学习的内容与理论知识相匹配,作者既注重基本理论又注重学生实际操作技能的培养,尽可能扩大学生的知识面,丰富学生从理性认识到感性认识的过程。第二版在每章后都增加了相应的思考题,使之更符合要求。学生通过对本书的学习,能完全独立自主地进行一些电子模块的设计和仿真。

本书由严一白、王家伟任主编,蒋荣龙、陈方泉任副主编,姚勤任主审。第1章由严一白、倪彦芬、周兰珍编写,第2章由严一白编写,第3章由王家伟、赵耀华编写,第4章由陈方泉、王家伟编写,第5章由李颖芝、严一白、蒋荣龙编写,第6章由赵耀华、谢根发、周兰珍编写,第7章由李颖芝、严一白编写。书中的插图由严一白、李颖芝、赵耀华绘制。

本书在编写过程中,参考了有关教材、手册、资料,并得到鞠鲁粤教授的协助和精心指导,在此表示诚挚的谢意!

书中难免有错误和不妥之处,还望读者批评指正。

编　者

2006年9月

目　录

1　电子产品常用元器件

随着我国电子工业的不断发展，电子元器件的品种、规格越来越多，而电子产品的性能优劣，不仅与电路的设计、结构和工艺水平有关，而且与正确选用电子元器件有很大关系，因此对常用电子元器件的结构、特点、使用方法及注意事项等基本知识应有所了解。

常用电子元件包括电阻器、电容器、电感器、开关和接插件等。

常用电子器件包括晶体二极管、晶体三极管、集成电路、厚膜电路和电子管。

1.1　电阻器

1.1.1　概述

各种材料的物体对通过它的电流呈一定阻力，这种阻碍电流的作用叫做电阻。

具有一定阻值、几何形状、技术性能的，专在电路中起电阻作用的元件叫做电阻器（简称电阻）。电阻是组成电路的基本元件之一，也是最常用的电子元件。它用来稳定和调节电流、电压，作分流器、分压器；与电容器配合作滤波器；在电源中作退耦电阻；确定晶体管工作点，作偏置电阻；在稳压源中作取样电阻等。

电阻用文字符号 R 表示。

电阻的基本单位为欧姆（Ω），为便于识别和计算，也常以千欧姆（kΩ）、兆欧姆（MΩ）为单位。它们的关系为：

$$1\text{M}\Omega = 10^3\text{k}\Omega = 10^6\Omega$$

1.1.2　电阻器型号命名及填写示例

1.1.2.1　电阻器型号命名方法（见表 1-1）

根据 GB/T2470－1995 规定，电阻器型号由主称、材料、分类、序号等四部分组成。

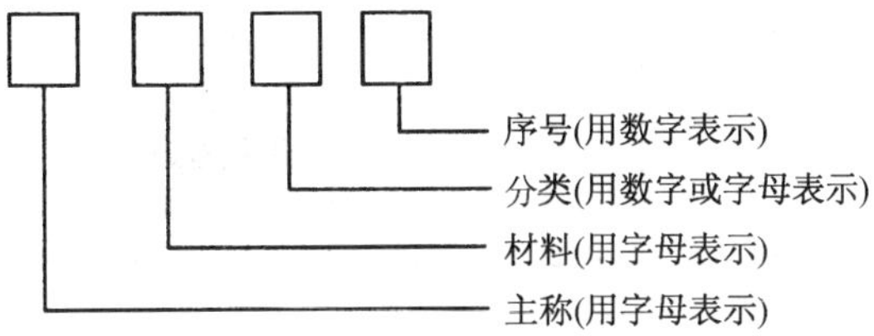

表 1-1　电阻器型号命名方法

第一部分:主称		第二部分:材料		第三部分:分类		第四部分:序号
字母	含义	字母	含义	符号	产品类型	常用个位数或无数字表示
R	电阻器	T	碳膜	1	普通型	
W	可变电阻器	H	合成膜	2	普通型	
		S	有机实芯	3	超高频	
		N	无机实芯	4	高阻	
		J	金属膜	5	高阻	
		Y	金属氧化膜	6	—	
		C	化学沉积膜	7	精密型	
		I	玻璃釉膜	8	高压型	
		X	线绕	9	特殊型	
				G	高功率	
				W	微调	
				T	可调	
				D	多圈	

注:常用的金属膜普通电阻器型号命名中第四部分数字代号意义见下表:

型　　号	RJ13	RJ14	RJ15	RJ24	RJ25
额定功率/W	1/16	1/4	1/2	1/4	1/2

示例 1:RJ71 精密金属膜电阻器

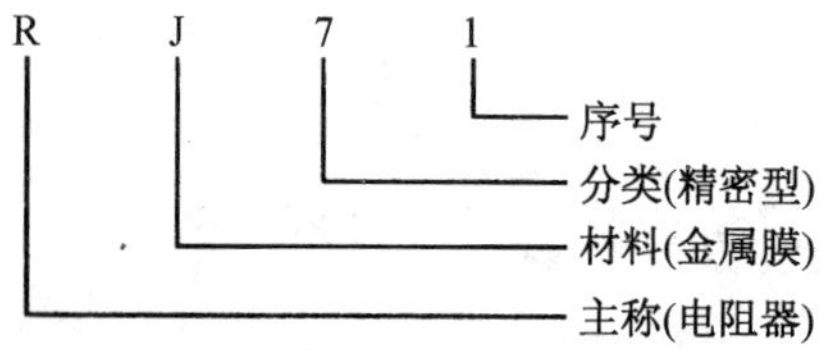

示例 2:RJ15 普通型金属膜电阻器

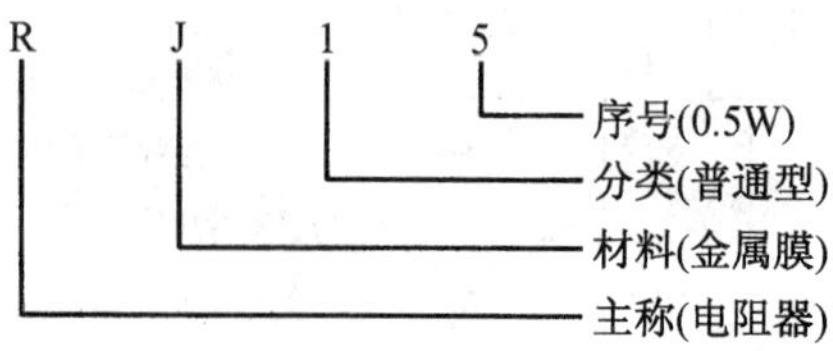

1.1.2.2　电阻器填写示例

在电阻器生产的工艺单、明细表及商店标牌上,常用下列方法填写电阻器的型号规格。示例 1:

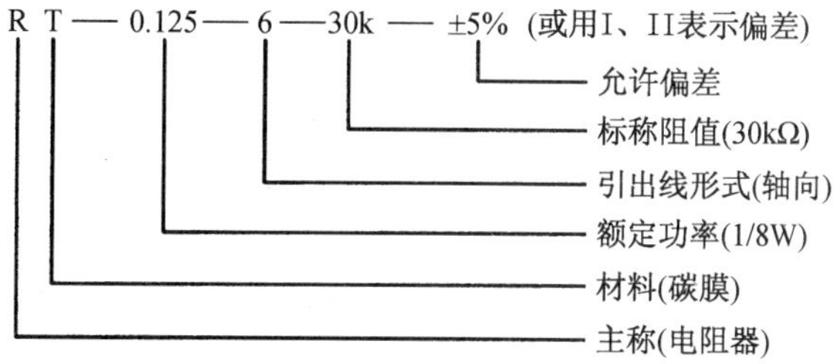

示例 2：

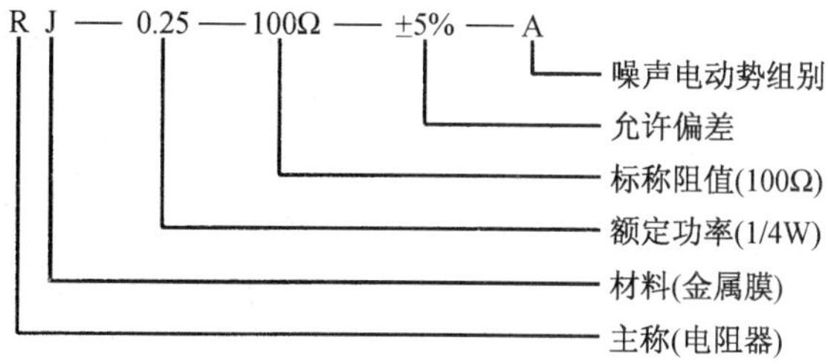

1.1.3 电阻器分类

如图 1-1 所示。在日常使用中我们常按其阻值能否调节，分为固定电阻器、可变电阻器和半可变电阻器三大类。

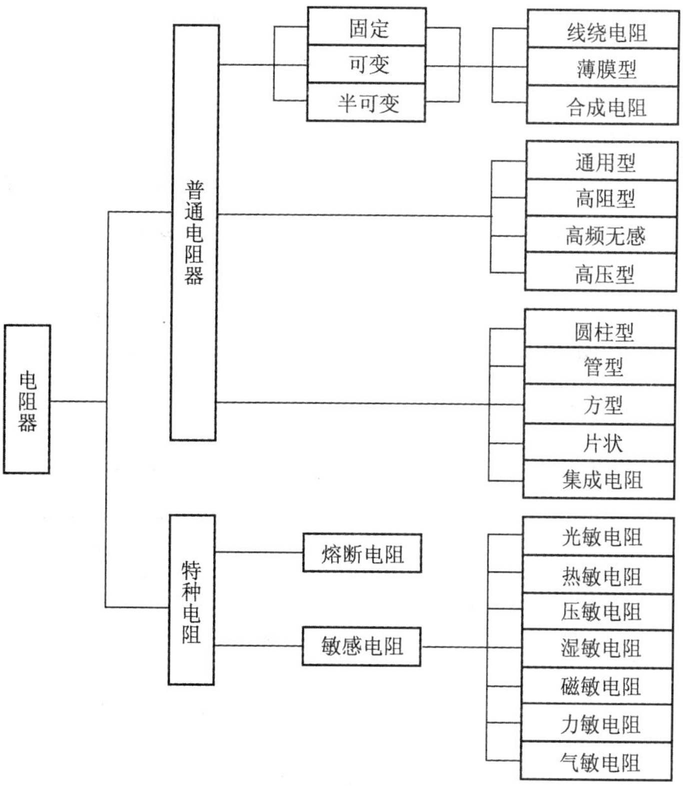

图 1-1 电阻器分类

1.1.4 电阻器图形符号

GB/T47284—1999 规定电阻器的图形符号见图 1-2。

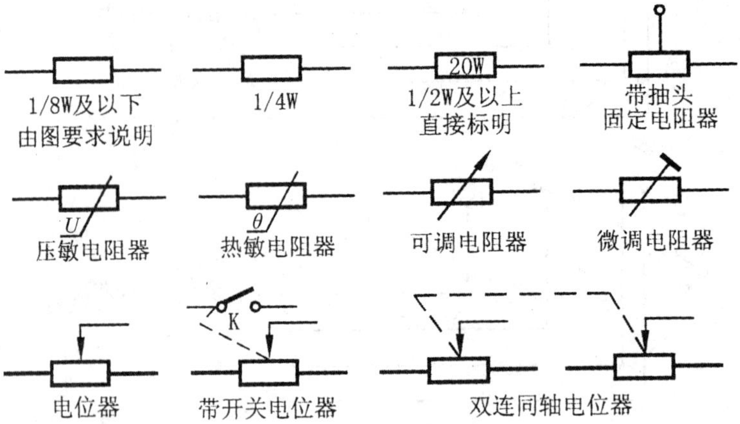

图 1-2　电阻器图形符号

1.1.5 电阻器主要参数

1.1.5.1 标称阻值和允许偏差

一个电阻器，其所标注的阻值叫标称阻值。

为便于工厂的商品化、规模化生产，并能满足用户的使用要求，工业产品必须按一定规律进行设计和生产，也就是使产品规格化，即对同一种类产品的主要参数、尺寸等科学地予以安排和规划。如电阻器的阻值、电容器的容量、电感器的电感量等元件规格，都是按特定的数列提供的，这个数列被称为优先数系。

电阻器的标称阻值主要采用 E 数系，它有三个普通系列 E6、E12、E24，还有三个精密系列 E48、E96、E192，其中最常用的是 E6、E12、E24，相应的标称值见表 1-2。

表 1-2　电阻器、可变电阻器、电容器标称值系列

标称值系	精度	标　称　值
E6	±20%	1.0,1.5,2.2,3.3,4.7,6.8
E12	±10%	1.0,1.2,1.5,1.8,2.2,2.7,3.3,3.9,4.7,5.6,6.8,8.2
E24	±5%	1.0,1.1,1.2,1.3,1.5,1.6,1.8,2.0,2.2,2.4,2.7,3.0,3.3,3.6,3.9,4.3,4.7,5.1,5.6,6.2,6.8,7.5,8.2,9.1

注：表中数值再乘以 10^n（n 为正整数或负整数）。

电阻器的实际阻值与标称阻值的允许最大偏差范围叫电阻器的精度，又称允许偏差 δ。

$$\delta = \frac{R - R_R}{R_R} \times 100\%$$

式中：

R_R——标称阻值；

R——实际阻值。

精度高的电阻器温度系数小，阻值稳定性高。普通电阻对应于E6、E12、E24标称值的精度为±20%、±10%、±5%，精密电阻对应于E48、E96、E192标称值的精度为±2%、±1%、±0.5%、±0.25%、±0.1%。为便于选用，各级精度常用标准符号来代表，见表1-3。

表1-3 电阻器常用偏差的数值、精度等级和标准符号

允许偏差	±0.1%	±0.25%	±0.5%	±1%	±2%	±5%	±10%	±20%
精度等级			005	01(或00)	02(或0)	Ⅰ	Ⅱ	
符号	B	C	D	F	G	J	K	M

1.1.5.2 额定功率

在交流或直流电路中，当大气压力为10±4kPa和在产品标准所规定的温度下，电阻器能长期连续负荷正常运行所允许消耗的最大功率称为额定功率，单位为W(瓦)。功率较大的电阻一般都将额定功率直接标注在电阻器的表面。

1.1.5.3 噪声电动势

由于电阻体内载流子密度的变化，在电阻器两端产生不规则的电位起伏，称为电阻器的噪声。通常用热噪声和电流噪声两种表示，噪声电动势单位为μV/V。

低噪声电阻器有：金属膜、金属氧化膜、线绕电阻器。

高噪声电阻器有：碳膜、碳膜合成、实芯电阻器。

1.1.5.4 电阻温度系数(α_t)

温度每变化1℃时，电阻值的相对变化量称为电阻温度系数，其单位为1/℃。α_t值越大，热稳定性就越差。

$$\alpha_t = \frac{R_t - R_0}{R_0(t - t_0)} \times 100\%$$

式中：

R_t——环境温度t时阻值；

R_0——参考温度t_0时阻值。

1.1.5.5 老化系数

老化系数是表示电阻器使用寿命长短的一个参数。老化系数越小，电阻器的使用寿命就越长。在数值上等于电阻器在P_R(额定功率)和U_{max}(最高工作电压)下，在一定时间负载工作后，阻值相对变化的百分数，即

$$\frac{\Delta R}{R} \times 100\%$$

式中ΔR是电阻的变化量。

1.1.5.6 电压系数(K_V)

外加电压每改变1V时，电阻器阻值的相对变化量称为电压系数，其单位为1/V。电压系数

$$K_V = \frac{R_2 - R_1}{R_1(U_2 - U_1)} \times 100\%$$

式中：

U_2、U_1——不同的两个外加电压；

R_2、R_1——对应于U_2、U_1 时的阻值。

电压系数最小：线绕电阻器。

电压系数最大：碳膜、碳膜合成、实芯电阻器。

1.1.5.7 高频特性

随工作频率的提高，电阻器本身的分布电感和分布电容所起的作用越来越明显。其高频等效电路如图 1-3 所示。

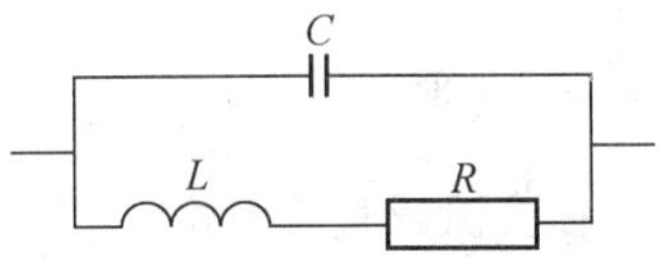

图 1-3 电阻器高频等效电路

1.1.6 固定电阻器标志方法

为了区分和准确选用电阻器，出厂时必须在电阻器表面上标明阻值、允许偏差等主要参数。常用标志方法有以下几种。

1.1.6.1 直接标志法(直标法)

直接标志法是将电阻器的主要参数直接印刷在电阻器表面上的一种标志方法。如图 1-4 所示。

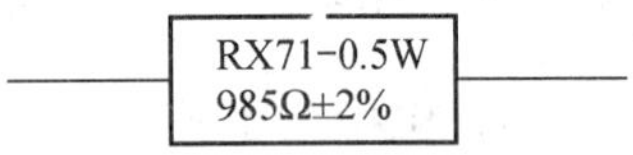

图 1-4 电阻器直标法

1.1.6.2 文字符号法

文字符号法是将电阻器的主要参数用数字和文字符号有规律地组合起来印刷在电阻器表面上的一种标志方法。其组合形式为：

整数部分＋阻值单位符号(Ω、k、M)＋小数部分＋允许偏差

例：Ω47K——0.47Ω±10%(K是允许偏差)

2k2J——2.2kΩ±5%(J是允许偏差)

4M7K——4.7MΩ±10%(K是允许偏差)

7M5M——7.5MΩ±20%(M是允许偏差)

1.1.6.3 数码标志法

数码标志法是用三位数字表示阻值大小的一种标志方法。从左到右，第一、二位数表示该电阻器阻值的有效数字，而第三位则表示前两位有效数字后面应加“0”的个数(此处若为 9 则是特例，表示 10^{-1})。

例：101M——100Ω，允许偏差±20%

472J——4.7kΩ，允许偏差±5%

1.1.6.4 色环标志法(色标法)

色环标志法是用不同颜色的色环把电阻器的参数(阻值和允许偏差)直接标在电阻器表面的一种标志方法。色环颜色与数字的对应关系参见表 1-4、1-5。

(1) 固定电阻器色环标志的两种形式：

a. 四环标志——适用于通用电阻器，有二位有效数字。

b. 五环标志——适用于精密电阻器，有三位有效数字。

(2) 色环电阻器的识别。要准确熟练地识别每一色环电阻器阻值大小和偏差大小，必须掌握以下几点：

a. 熟记表中的色环与数字的对应关系。

b. 找出色环电阻器的起始环，色环靠近引出线端最近一环为起始环(即第一环)。

c. 若是四环电阻器，只有±5%、±10%和±20%三种允许偏差，所以凡是有金或银色环的，便是尾环(即第四环)。

d. 五环色标电阻器，按上述(b)识别。

表 1-4　四环标志法

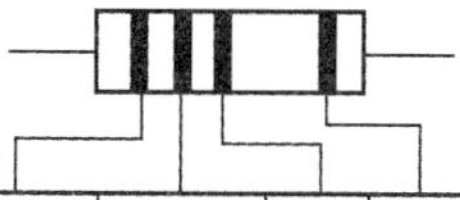

颜色	第一位有效数字	第二位有效数字	倍率	允许偏差
黑	0	0	10^0	
棕	1	1	10^1	
红	2	2	10^2	
橙	3	3	10^3	
黄	4	4	10^4	
绿	5	5	10^5	
蓝	6	6	10^6	
紫	7	7	10^7	
灰	8	8	10^8	
白	9	9	10^9	
金			10^{-1}	±5%
银			10^{-2}	±10%
无色				±20%

表 1-5　五环标志法

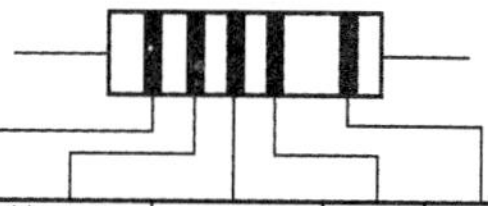

颜色	第一位有效数字	第二位有效数字	第三位有效数字	倍率	允许偏差
黑	0	0	0	10^0	
棕	1	1	1	10^1	±1%
红	2	2	2	10^2	±2%
橙	3	3	3	10^3	
黄	4	4	4	10^4	
绿	5	5	5	10^5	±0.5%
蓝	6	6	6	10^6	±0.25%
紫	7	7	7	10^7	±0.1%
灰	8	8	8	10^8	
白	9	9	9	10^9	
金				10^{-1}	±5%
银				10^{-2}	±10%

1.1.7　电阻器质量判别及选用

1.1.7.1　质量判别

先从外观上查看电阻器的电阻体或引线是否折断或烧焦；若电阻体或引线有异常，以致接触不良时，试用手轻轻地摇动引线，观察有否松动现象，或用万用表测量电阻，观察阻值是否相符或超差。

1.1.7.2　选用原则

(1)根据使用条件和电路中的具体要求。应优先使用普通型标准阻值系列。

(2) 选用电阻器的额定功率应是实际承受功率的 1.5 ～2 倍。

(3) 在高增益前置放大电路中，应选噪声电动势小的电阻器。

(4) 根据对温度稳定性的要求，选用合适的电阻。

(5) 根据对工作频率的要求，正确选择电阻产品(分布参数问题)。

1.1.8　电位器

电位器实际上是一种可变电阻器，靠一个电刷(动接点)在电阻体上移动，从而获得与电位器输入电压(外加电压)和电刷位移(转角)成一定关系的输出电压值。

在电路中，电位器一般用作分压器和变阻器，用以调节电压、电流等。

1.1.8.1 电位器性能指标及参数

表征电位器性能的参数很多，主要有标称阻值、阻值精度等级、额定功率、温度系数、动噪声、平滑性、零位电阻、分辨力、绝缘电阻、耐磨寿命等。

电位器的阻值变化规律有三种：线性式(X)、指数式(Z)、对数式(D)三种型式电位器阻值与转角关系，如图 1-5 所示。

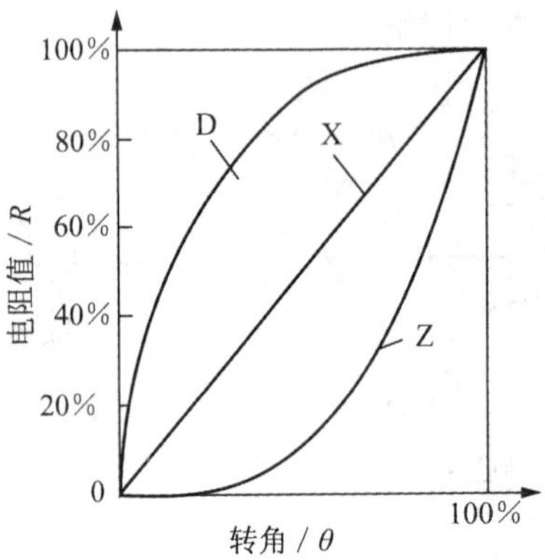

图 1-5 电位器阻值与转角关系

图中：

X——线性式，阻值随旋转角度均匀变化，用作分压、调节电流(场频调整)；

D——对数式，阻值随旋转角度按对数关系(阻值变化始快后慢)变化，适用于特殊调节(如分压式、黑白对比度调节；

Z——指数式，阻值随旋转角度按指数关系(阻值变化始慢后快)变化，适用于特殊调节(如音量调节)。

1.1.8.2 电位器质量判别

(1) 用万用表检测电位器开关，将开关置于“开”和“关”，如表针分别显示“通”和“断”，则表示正常。

(2) 再测量电位器两端焊片，其阻值应与标称值相同。

(3) 将表棒接中心抽头及电位器任一端，旋转电位器轴柄，如表针徐徐变动而无跌落现象，则说明电位器正常。

1.1.8.3 电位器的选用

(1) 线性式一般用于分压、分流、音调控制电路中。

(2) 对数式一般用于电视机、示波器的对比比度和亮度调节。

(3) 指数式一般用于收音机、扩音机低放电路中的音量调节。

1.1.9 电阻器外形图

电阻器的各种外形如图 1-6 所示。

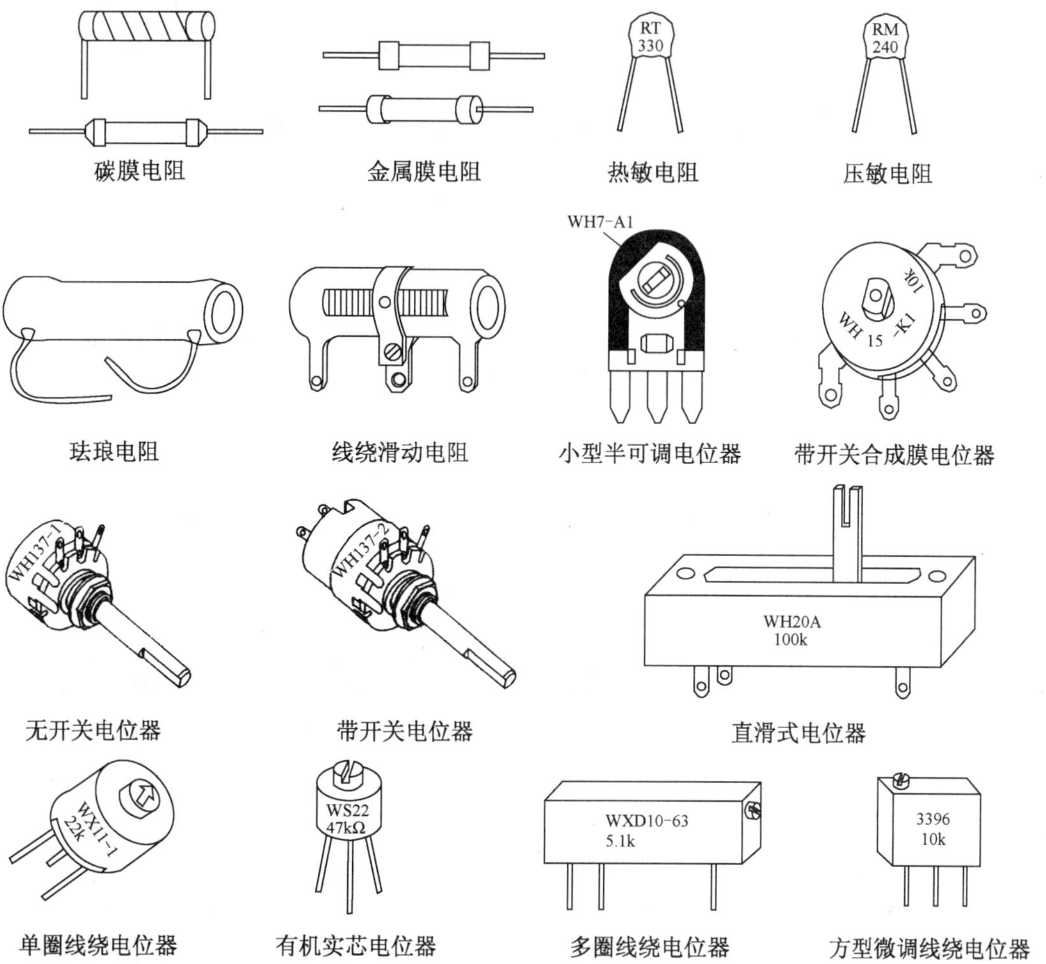

图 1-6　电阻器外形图

1.2　电容器

1.2.1　概述

电容器是由两个金属电极中间夹一层电介质构成的电子元件。电容器是充放电荷的电子元件,能储存电荷。电容器储存电荷量的多少,取决于电容器的电容量。

电容量在数值上等于一个导电极板上的电荷量与两块极板之间的电位差之比值

$$C=\frac{Q}{U}$$

式中:

C——电容量,单位:F(法拉第,简称法);

Q——极板上电荷量,单位 C(库仑,简称库);

U——两极板间电位差,单位 V(伏特,简称伏)。

电容器的基本单位：F(法)、mF(毫法)、μF(微法)、nF(纳法)、pF(皮法，俗称微微法)。

电容器的换算关系：$1F=10^3mF=10^6\mu F=10^9nF=10^{12}pF$。

上述换算关系中 mF 和 nF 只在文字符号法中采用。

电容器是组成电路的基本元件之一，在电路中作隔直流、交流旁路、耦合、滤波、调谐之用等。

1.2.2 电容器型号命名方法及填写示例

1.2.2.1 电容器型号命名方法

根据 GB/T2470—1995 规定，电容器型号一般由主称、材料、分类、序号四部分组成：

电容器型号组成部分的代号及意义见表 1-6、1-7。

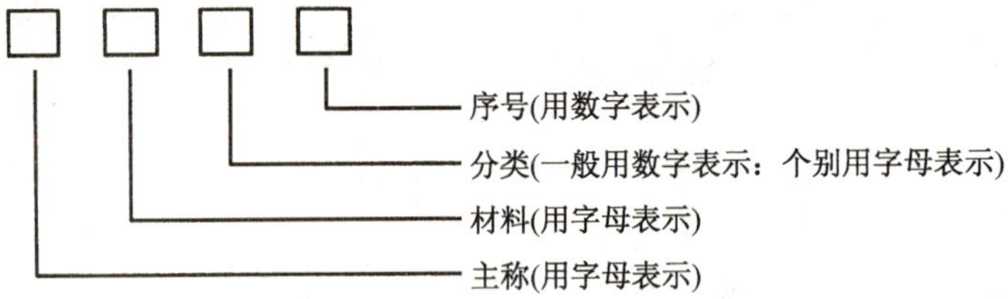

表 1-6 电容器型号命名

第一部分：主称		第二部分：材料		第三部分：分类	第四部分：序号
符号	含义	符号	含义	见表 1-7	常用个位数或无数字表示
C	电容器	C	瓷介		
		Y	云母		
		I	玻璃釉		
		O	玻璃(膜)		
		B	聚苯乙烯		
		F	聚四氟乙烯		
		L	涤纶		
		S	聚碳酸酯		
		Q	漆膜		
		Z	纸介		
		H	混合介质		
		D	铝电解		
		A	钽		
		N	铌		
		T	钛		

表 1-7　电容器分类代号

分类						
数字代号	意义				字母	意义
	瓷介	云母	有机	电解	G	高功率
1	圆片	非密封	非密封	箔式	W	微调
2	管型	非密封	非密封	箔式	X	小型
3	叠片	密封	密封	烧结粉液体		
4	独石	密封	密封	烧结粉固体		
5	穿芯	—	穿芯	—		
6	支柱	—	—			
7	—	—	—	无极性		
8	高压	高压	高压	—		
9	—	—	特殊	特殊		

示例 1:CCW1 型圆片形微调瓷介电容器

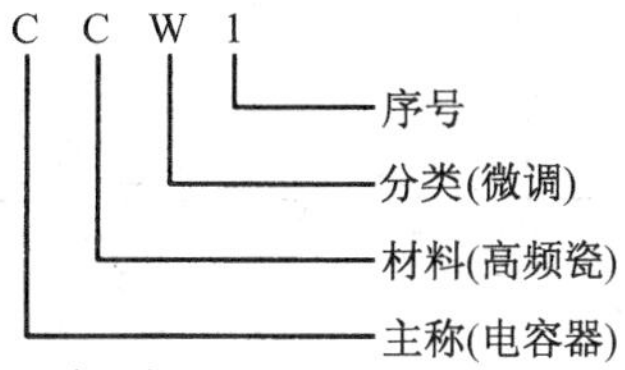

示例 2:CA11A 型钽箔式电解电容器

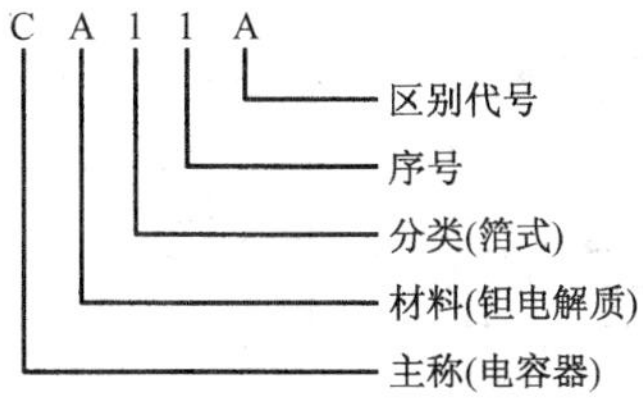

1.2.2.2　电容器填写示例

在电容器生产厂的工艺单、明细表及商店标牌上，填写电容器的型号规格时，应标明电容器的类型、额定直流工作电压、标称容量、容量允许偏差级别和标准代号等主要内容。

示例 1:180pF 耐压 250V 云母电容器

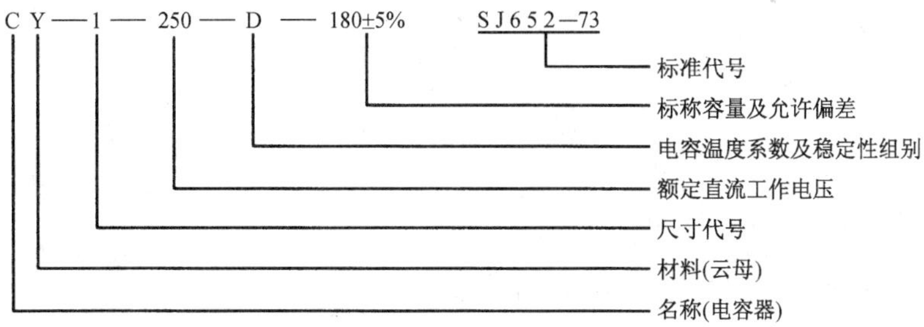

示例 2:22μF 耐压 16V 铝电解电容器

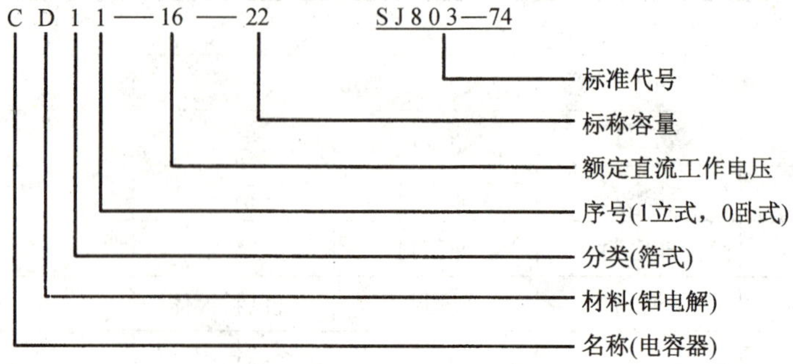

1.2.3 电容器分类

电容器的种类繁多,分类方式也有多种多样,通常的分类方法如图 1-7 所示。

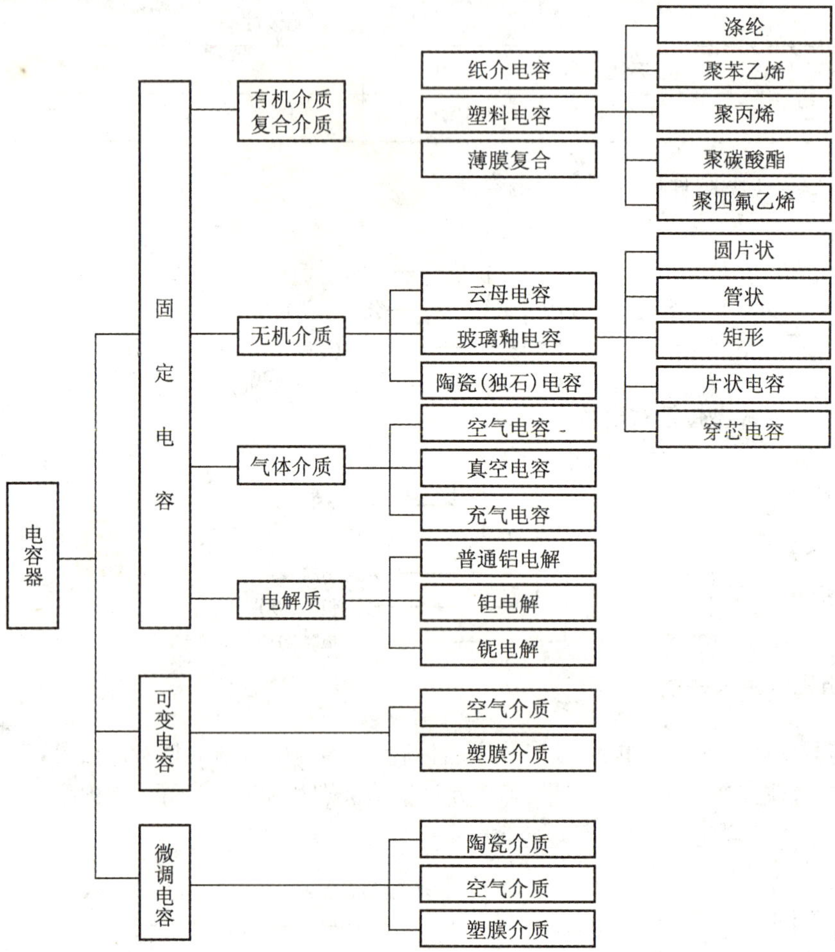

图 1-7 电容器分类

1.2.4 电容器图形符号

GB/T47284—1999 规定的电容器图形符号如图 1-8 所示。

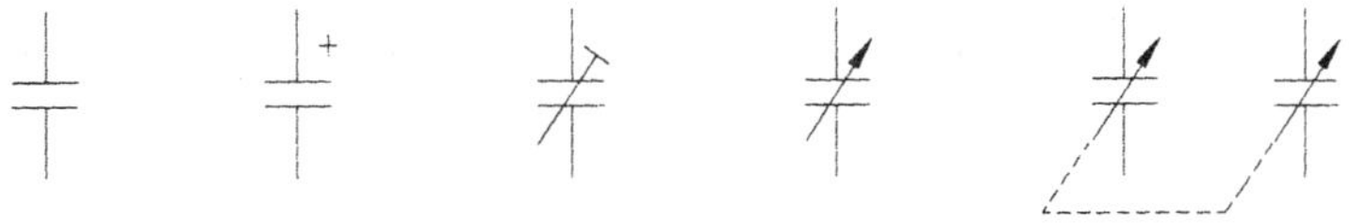

图 1-8　电容器图形符号

1.2.5　电容器主要性能参数

1.2.5.1　标称容量及允许偏差

标称容量是标识在电容器上的名义电容量。其标称值一般采用表 1-2 的 E 数系。

电容器实际容量与标称容量的允许最大偏差范围称为允许偏差。允许偏差

$$\delta = \frac{C - C_R}{C_R} \times 100\%$$

式中：

C——实际容量；

C_R——标称容量。

偏差等级一般分为三级：Ⅰ级±5%，Ⅱ级±10%，Ⅲ级±20%。

1.2.5.2　额定工作电压

电路中的电容器在规定的工作温度范围内，可以连续工作而不被击穿，所能承受的最高电压称为额定工作电压。电容器的额定工作电压大小与其所用介质有关。

1.2.5.3　损耗

电容器在电场作用下会消耗电能，这部分能量将转变为热能，使电容器发热、温度升高。其能量损耗有介质损耗和金属部分损耗，用损耗角正切值 $\tan\delta$ 表示。

理想电容器在加上正弦交流电压时，电流超前电压的相位角 ϕ 为 90°，则无功率损耗。而实际应用的电容器，电流超前电压的相位角小于 90°，关系如图 1-9 所示。

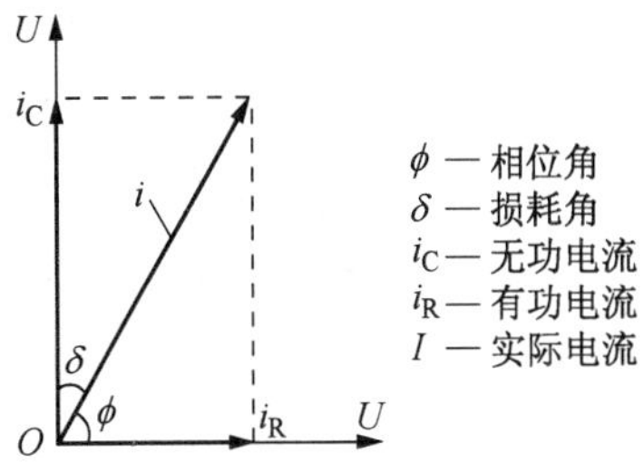

图 1-9　电容器损耗角与电流、电压的关系

$\tan\delta$ 的大小等于电容器有功功率与无功功率之比

$$\tan\delta = \frac{P_A}{P_R} = UI\cos\phi / UI\sin\phi$$

得

$$P_A = UI\sin\phi\tan\delta = UI_C\cot\delta = U^2\omega C\tan\delta$$

式中：

U——电容器上的交流电压有效值；

ω——交流电压角频率；

I_C——电容器电流无功分量；

C——电容量。

对于每一个电容器，损耗能量愈大，发热愈严重，传递能量的效率也就愈差。因此每种类型电容器都有一损耗允许值。

1.2.5.4 温度系数(α_C)

工程上用温度系数 α_C 来表示电容器的容量随温度变化而变化的特性(指在一定温度范围内，每变化1℃，电容量相对变化值，单位为1/℃。

$$\alpha_C = \frac{C_2 - C_1}{C_1(t_2 - t_1)} \times 100\%$$

式中：

C_1——室温 t_1 时的电容量；

C_2——极限温度 t_2 时的容量。

电容温度系数取决于介质材料的温度特性及电容结构。

1.2.5.5 绝缘电阻

电容器的绝缘电阻，在数值上等于加在电容器两端的电压与通过电容器的漏电流的比值

$$R = \frac{U}{I_L}$$

式中：

U——加在电容器上电压(V)；

I_L——漏电流(μA)；

R——绝缘电阻(MΩ)。

绝缘电阻取决于介质绝缘电阻和电容器表面绝缘电阻。

1.2.5.6 频率特性

频率特性指电容器的电参数(电容量、损耗角正切值)随电场频率变化的性质。

1.2.6 电容器标志方法

电容器常用的标志方法有：直标法、文字符号法、数码标志法、色码标志法等几种。

1.2.6.1 直标法

直标法是在电容器表面上直接标出电容器的主要参数的一种标志方法。对某些体积小的电容器，有时只标出容量及允许工作电压，如图1-10所示。不标容量单位的直标法(有小数、整数部分为零的表示为μF，其余表示为pF)，如图1-11所示。

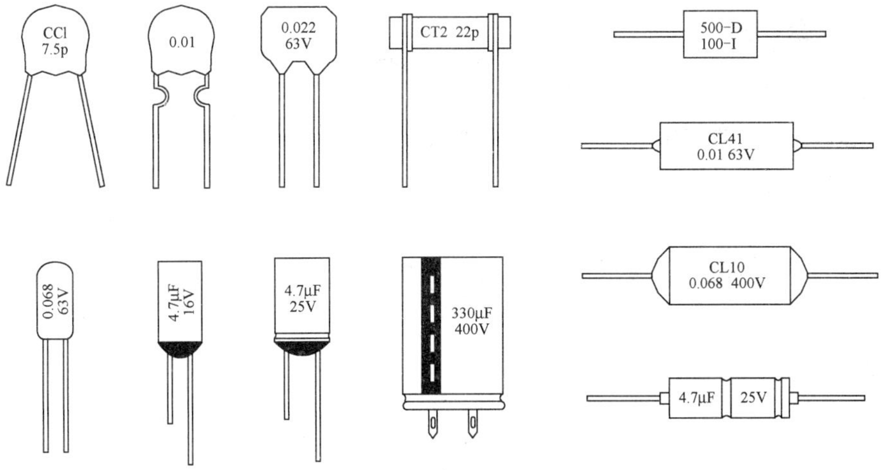

图 1-10　电容器直标法

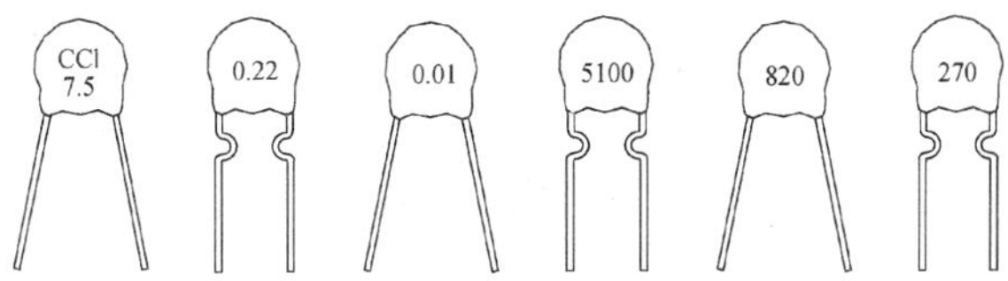

图 1-11　不标容量单位的直标法

1.2.6.2　文字符号法

文字符号法是将需要标出的电容器参数用文字和数字符号按一定规律标注，其规则为：整数部分＋单位符号(p. n. m)＋小数部分其中单位符号 nF 和 mF 只出现在文字符号法中。

示例：p33——0.33pF

2p2——2.2pF

6n8——6800pF

4μ7——4.7μF

4m7——4700μF

1.2.6.3　数码标志法

数码标志法是用三位数字表示电容量的大小。从左到右，第一、二位数表示该电容器容量值的有效数字，第三位表示前两位有效数字后面应加“0”的个数(此处若为 9 则是特例，表示 10^{-1})，单位均为 pF。

例：100J——10F±5%

101J——100pF±5%

223J——22000pF±5%

331M——330pF±20%

479K——4.7pF±10%

685K——6.8μF±10%

1.2.6.4 色码标志法

色码标志法是使用三种到四种颜色点或条纹标在电容器表面上以表示电容量大小及允许偏差。其识别方法为：沿着引出线方向，先确认允许偏差，再认定第一、第二种颜色表示容量大小的有效数字，而第三种颜色则表示有效数字后面“0”的个数，单位均为“pF”，如图 1-12 所示。

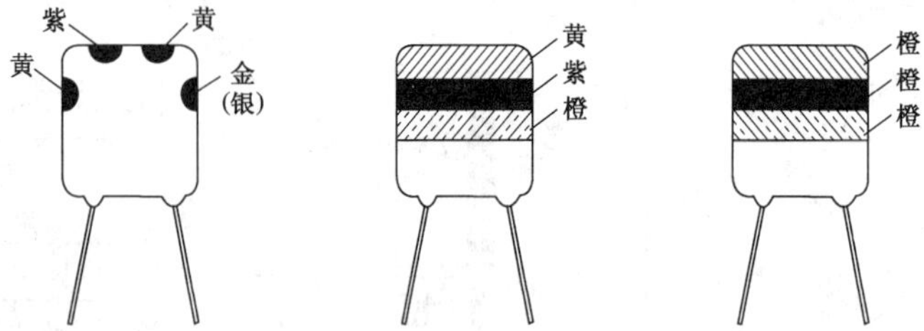

图 1-12 电容器色码标志法

1.2.7 电容器质量判别及选用

1.2.7.1 电容器质量判别

(1) 固定电容器。

a. 容量大于 5000pF，用万用表测量，表针应向右偏转后回复到∞Ω 处。

b. 外形完整、引线不松动。

c. 电解电容极性问题：

正接漏电小——阻值大——黑表棒接正极，红表棒接负极。

反接漏电大——阻值小——黑表棒接负极，红表棒接正极。

(2) 可变电容器。可变电容器在旋动时应感觉圆滑，不应感觉有松紧现象。用万用表测量动片、定片间电阻时表针应不动。这是因为常用的可变电容器的容量不会大于 1000pF。

1.2.7.2 电容器选用原则

(1) 选用合适的电容器型号。

一般级间耦合——金属化纸介电容器、绦纶电容器、铝电解电容器。

电源滤波、低频旁路——铝电解、钽电解电容器。

高频电路对电容量要求稳定——瓷介(高频)、云母、聚苯乙烯、玻璃釉电容器。

容量需作经常性调整——可变电容器。

(2) 合理确定容量及允许偏差等级。

通用偏差有三级：I 级±5%(J)、Ⅱ级±10%(K)、Ⅲ级±20%(M)。

退耦、低频耦合、电源滤波——通用偏差范围。

振荡、延时、音调电路——±2%或±5%。

中高频滤波器——±0.5%或±0.2%。

(3) 确定额定直流工作电压。通常选额定工作电压为实际工作电压的 1.5～2 倍。

(4) 电容器的温度系数、高频特性。

收音机：输入、本振、中频回路——考虑用温度系数小的电容器。

振荡、混频、中放回路——考虑高频特性好。

为避免分布电感的影响，常在大容量去耦电容器两端并联一小容量电容器。

(5) 优先选用绝缘电阻大，损耗小的电容器。

(6) 依据使用环境条件进行选择。

1.2.7.3 电容器代用原则

(1)确保容量完全相同，对容量要求不严格的场所，允许±20%偏差。

(2)保证承受电压相同或大于原电容器的工作电压。

(3)可用高频电容器，代替等容、等压的低频电容器。

(4)可用两只以上耐压大于等于原电容器并联代替一只电容器。

$$C_{总} = C_1 + C_2 + \cdots + C_n$$

(5)可用两只以上相同耐压的电容器串联代替一只电容器。

$$\frac{1}{C_{总}} = \frac{1}{C_1} + \frac{1}{C_2} + \cdots + \frac{1}{C_n}$$

耐压方面：当串联的各电容器的电容量相等时，则承受电压相等；当各电容量不等时，则电容器上承受的电压值也不等，电容量大的电容器上所承受的电压也大。因此最低耐压的电容器应该满足 $U_C > U/n$。

1.2.7.4 可变电容器的选择

等容或差容双连——用于单波段或多波段收音机。

四连——用于调频收音机或多波段调频、调幅收音机。

收音机中常用的等容和差容双连电容器参数见表 1-8。

表 1-8 收音机常用的等容和差容双连电容器参数

规格型号＼容量			振荡连容量/pF		天线连容量/pF		尺寸(长×宽)/cm×cm
			最大	最小	最大	最小	
等容	空气	CB—2—350	350	10	同振荡连		25×25
		CB—2—435A	435	12			20×20
	固体介质	CBG—2C—270	270	7			
		CBG—2C—270	270	7			
差容	空气	CBG—2C—60	250	<12	290	<12	
	固体介质	CBG—2X—60	60	3.5	127	4	17.5×17.5
		CBG—2X—60	69	<7.5	141	<7.5	20×20

1.2.8 电容器外形图

电容器的外形如图 1-13 所示。

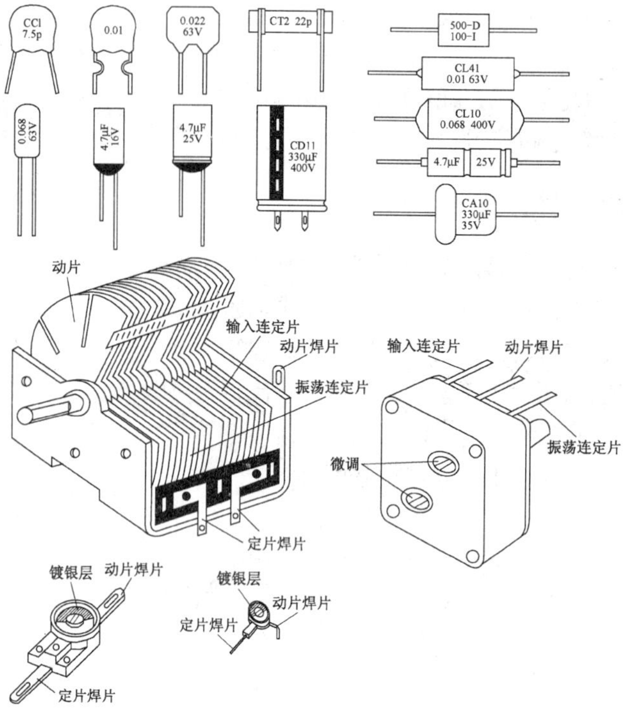

图 1-13　电容器外形图

1.3　电感器

1.3.1　概述

凡能产生电感作用的器件统称电感器，用符号 L 表示。

电感器的形状大小不一，各种各样，一般的电感器是由导线(如漆包线、丝包线、纱包线、镀银线或裸铜线等)绕成螺旋形状，因此电感器又叫电感线圈或线圈。电感器的应用范围很广，在调谐、振荡、耦合、匹配、滤波、延迟、补偿及偏转聚焦等电路中，都是必不可少的。

1.3.2　电感器型号命名

GB/T14860—1998 规定，电感器的型号命名也由以下四部分组成：

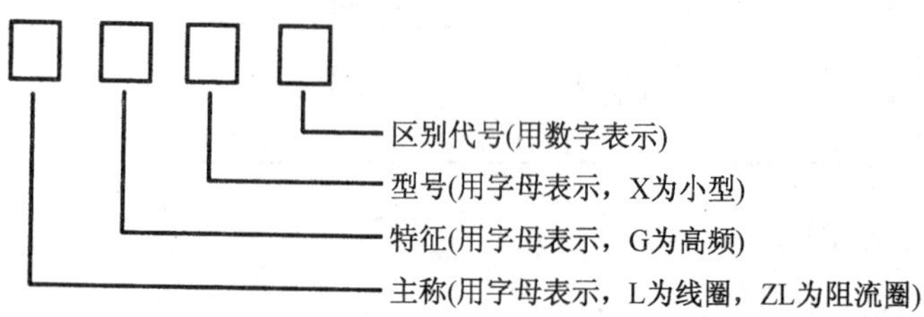

1.3.3　电感器分类

电感器的分类如图 1-14 所示。

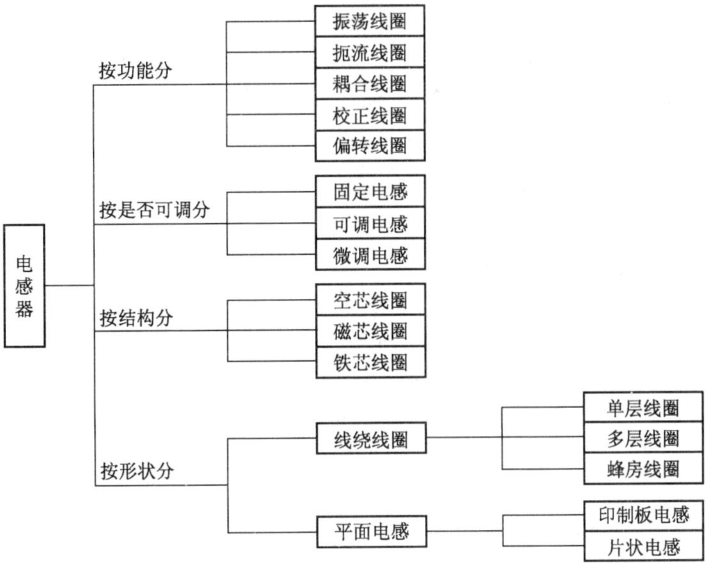

图 1-14　电感器分类

1.3.4　电感器图形符号

电感器的图形符号如图 1-15 所示。

图 1-15　电感器图形符号

1.3.5　电感器参数

1.3.5.1　电感量

电感量是电感线圈的主要参数，电感量的大小与线圈圈数、绕制方式及磁芯的材料诸因素有关。圈数愈多，绕制的线圈愈集中在一起，电感量就愈大；线圈里有磁芯则电感量大；磁芯导磁系数大，则电感量也大。

电感的基本单位为亨利(H)，也常用毫亨(mH)、微亨(μH)等，其换算关系为

$$1\text{H} = 10^3\text{mH} = 10^6\mu\text{H}$$

1.3.5.2　品质因数

品质因数 Q 是表示线圈质量的一个量。它是指线圈在某一频率的交流电压下工作时，线圈感抗与线圈的等效损耗电阻的比值，即

$$Q = \frac{X_L}{R} = \frac{2\pi fL}{R} = \frac{\omega L}{R}$$

式中：

ω——工作角频率，等于 $2\pi f$；

X_L——线圈的感抗；

R——线圈的总损耗电阻，在低频下可视为线圈的直流电阻。

线圈的品质因数根据使用要求而确定，高频线圈的 Q 值一般为 50～300；在调谐回路中，对 Q 值要求较高，目的是减少回路的损耗；对耦合线圈，Q 值要求较低；而对于扼流线圈则不作要求。

Q 值越高表明线圈的功率损耗越小，效率越高，即品质越好。高 Q 值线圈和电容组成的谐振电路具有更好的谐振特性，选择性也就更好。

1.3.5.3 标称电流

线圈的标称电流是指线圈允许通过电流的大小，常以字母 A、B、C、D、E 分别代表标称电流值 50mA、150mA、300mA、700mA、1600mA。

1.3.6 电感线圈标志方法

电感器的标志方法与电容器的标志方法相同。

1.3.7 电感线圈质量判别及使用注意事项

判断线圈的好坏，可先用万用表电阻档测量其直流电阻，再与原确定阻值(必须是规格一样的电感)相比较。如阻值比原确定阻值增大许多，甚至指针根本不动($R=\infty$)，则是线圈断线。若所测阻值很小，则是严重短路。至于局部短路，往往是不容易比较出来的。

对多个绕组的线圈，还要注意用万用表测量绕组之间线圈是否短路。对具有铁芯或金属屏蔽罩的线圈，要测量它的线圈与铁芯或金属屏蔽罩间是否短路。

线圈断线往往是因为受潮发霉或扭断造成的。当发现线圈断线时，首先应检查线圈出头的焊点。在使用时应注意不要随便改变线圈形状的大小和线圈的距离，否则会影响线圈原来的电感量。

线圈的装配位置与其他元件的位置应符合设计规定，否则会影响整机正常工作。例如，收音机中的高频阻流圈和磁性天线的位置要适当，输入线圈和振荡线圈应互相垂直。

1.3.8 电感线圈外形图

电感线圈的外形如图 1-16 所示。

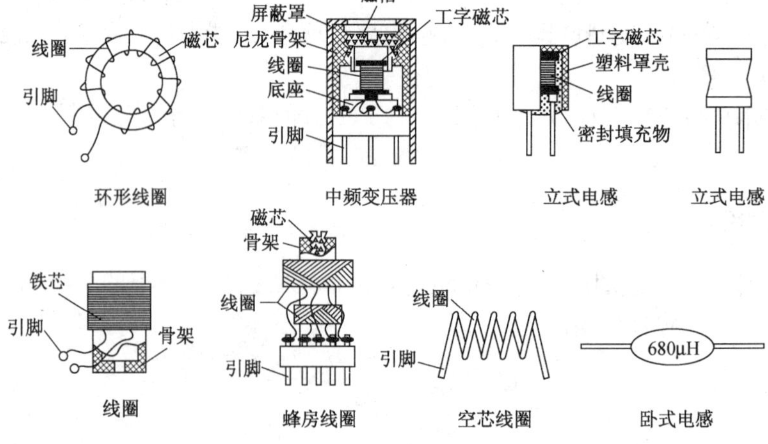

图 1-16 电感线圈外形图

1.4 电声器件

1.4.1 概述

电声器件是指把声能转换成电能或将电能转换成声能的一种器件,换句话讲,是一种电与声间换能器件。

1.4.2 电声器件型号命名方法

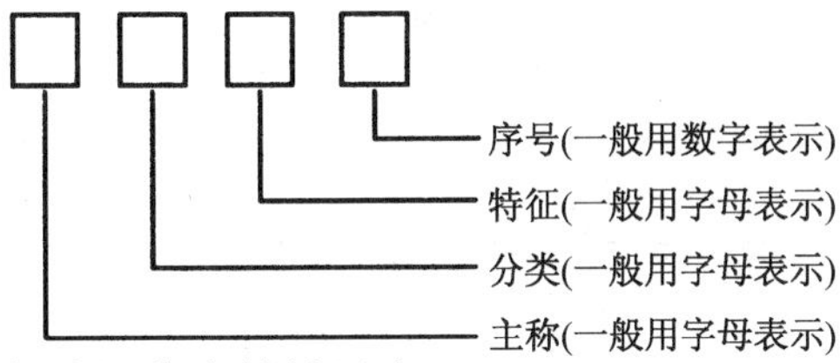

电声器件型号中主称部分的代表符号见表 1-9。

表 1-9 电声器件型号中主称部分的代号

主称	简称	代号	主称	简称	代号
扬声器	扬	Y	两用换能器	换	H
传声器	传	C	(扬声器)声柱	扬柱	YZ
耳机	耳	E	扬声器系统	扬系	YX
送话器	送	O	复合扬声器	扬复	YF
受话器	受	S	号筒式组合扬声器	号组	HZ
送话器组	送(组)	N			

电声器件型号中分类部分的代表符号见表 1-10。

表 1-10 电声器件型号中分类部分的代号

分类	简称	代号	分类	简称	代号
电磁式	磁	C	电容式(静电式)	容	R
动圈式(电动式)	动	D	驻极体式	驻	Z
带式	带	A	碳粒式	碳	T
等电动式	等	E	气流式	气	Q
压电式	压	Y			

电声器件型号中特征 1 和特征 2 的代表符号见表 1-11。

表 1-11 电声器件型号中特征 1 和特征 2 的代号

特征 1	简称	代号	特征 2	简称	代号
号筒式	号	H	高频	高	G

(续表)

特征 1	简称	代号	特征 2	简称	代号
椭圆式	椭	T	中频	中	Z
球顶式	球	Q	低频	低	D
接触式	接	J	立体声	立	L
气导式	气	I	抗器声	抗	K
耳塞式	塞	S	测试用	测	C
耳挂式	挂	G	飞行用	飞	F
听诊式	诊	Z	坦克用	坦	T
头戴式	戴	D	舰艇用	舰	J
手持式	持	C	炮兵用	炮	P

1.4.3 电声器件分类

1.4.3.1 传声器

(1) 按其结构分:动圈式、晶体式、铝带式、电容式。

(2) 按产生电压的作用原理分:恒速式、恒幅度式。

(3) 按对膜片作用力性质分:压力式、压差式。

1.4.3.2 拾音器

(1) 电磁式:可变磁组式、动圈式。

(2) 压电式: 晶体式、陶瓷式。

(3)感光式:激光式。

1.4.3.3 扬声器

(1) 按能量转换方式分:电动式、电磁式、压电式。

(2) 按磁场供给方式分:恒磁试、永磁式、励磁式。

(3) 按频率特性分:低频、中频、高频。

(4) 按声波辐射方式分:直射式、反射式。

(5) 按音圈阻抗分:低阻抗、高阻抗。

(6) 按外形分:圆形、椭圆形、圆筒形。

1.4.4 电声器件图形符号

(1) 传声器图形符号(图 1-17)。

(2) 拾音器图形符号(图 1-18)。

(3) 扬声器图形符号(图 1-19)。

(4) 耳机图形符号(图 1-20)。

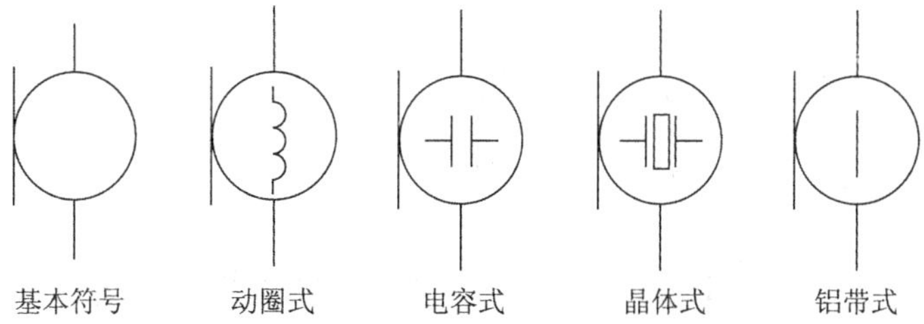

图 1-17　传声器图形符号

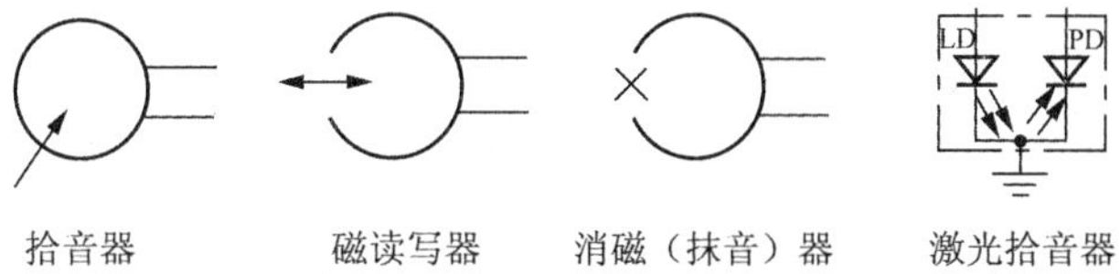

图 1-18　拾音器图形符号

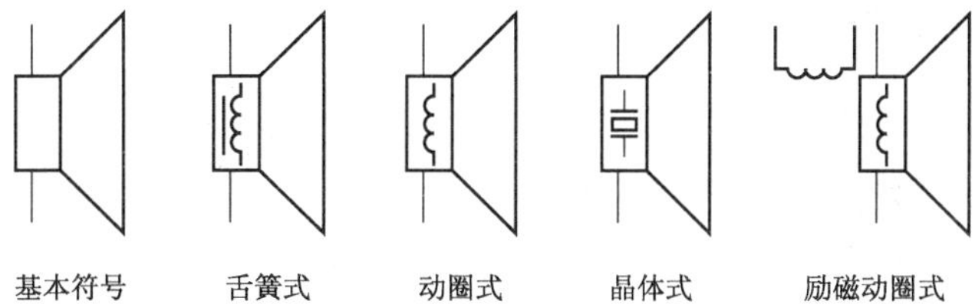

图 1-19　扬声器图形符号

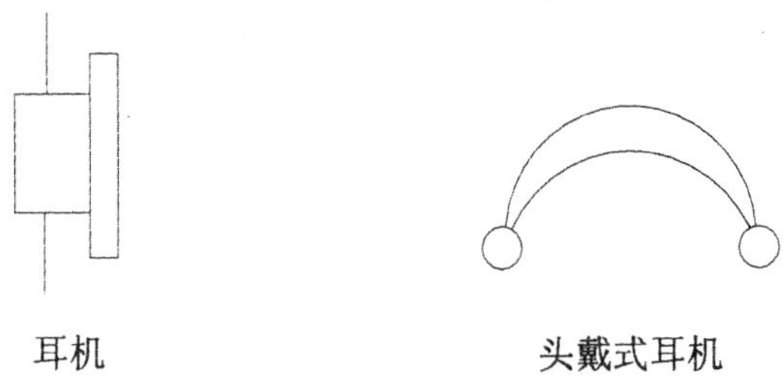

图 1-20　耳机图形符号

1.4.5　扬声器

扬声器又称喇叭，它是利用电磁感应、静电感应、压电效应，将电能转换成声能，并将它辐射到空气中去的一种换能器件。

1.4.5.1　扬声器型号命名方法

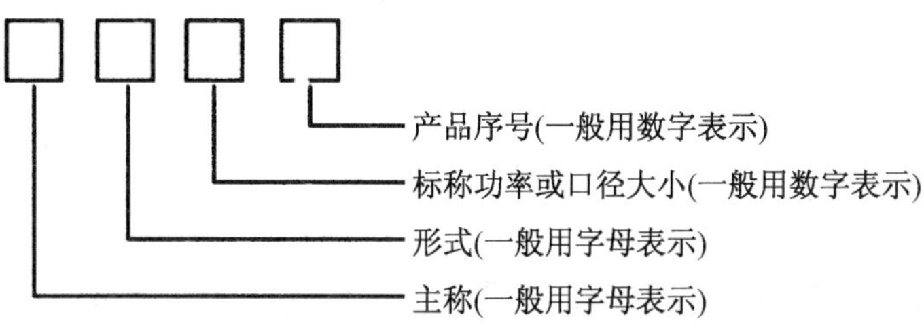

示例 1：

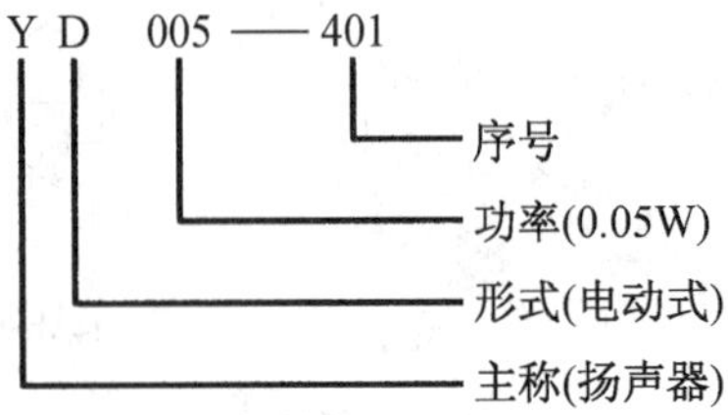

示例 2：

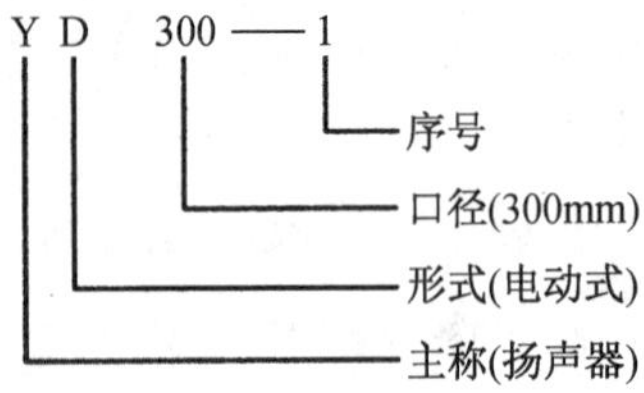

1.4.5.2 扬声器性能指标

(1) 额定功率。额定功率是指扬声器在非线性失真不超过该类型扬声器的标准范围条件下的最大输入功率，即扬声器的实际输出功率(常用扬声器的输出功率≤30W)。为了获得较好的音质，扬声器的输入功率远小于其额定功率，通常使输入功率为额定功率的1/2～2/3范围。

(2)阻抗。阻抗是指扬声器在工作时所呈现的阻抗、这个阻抗随着输入信号的频率而变化。一般扬声器上标明的阻抗是在频率为400Hz时的阻抗值。放音系统只有在阻抗匹配的状态下，放音的失真才最小，输出的功率最大。因此，在选择扬声器时必须注意最佳的阻抗匹配。

(3) 灵敏度。灵敏度是指输入扬声器的功率为1VA时，在轴线上距离1m处测出的平均声压。

(4) 频率特性。频率特性指的是灵敏度随频率变化的特性。为了获得良好的音质，通常希望扬声器的灵敏度在很宽的频带内都很均匀。而实际上，在高频段和低频段，扬声器的灵敏度都将下降。另外，扬声器振动的固有频率也导致灵敏度的不均匀。当音频信号频率和扬声器固有谐振频率相等时就产生了谐振，使灵敏度显著升高。

(5) 非线性失真。由于扬声器的振动幅度和输入电平不成线性关系，故发出的声音除了原来声音之外，还会产生许多谐波，因而产生了失真，这种失真称为非线性失真。测量扬声器的非线性失真比较困难，需要复杂的设备，因此在选择和使用扬声器时，一般可凭听觉来判断有无明显失真即可。

1.5 变压器

1.5.1 概述

变压器是利用电磁感应原理制成的，主要用于电压变换、阻抗变换、隔离、稳压器(饱和稳压器)等。

如果把两个线圈并列放在一起，那么当其中的一个线圈所产生的磁力线切割另一个线圈时，另一个线圈将产生感应电动势，如果用电压表跨接于这一线圈的两端，表针会发生偏转，如图 1-21所示。

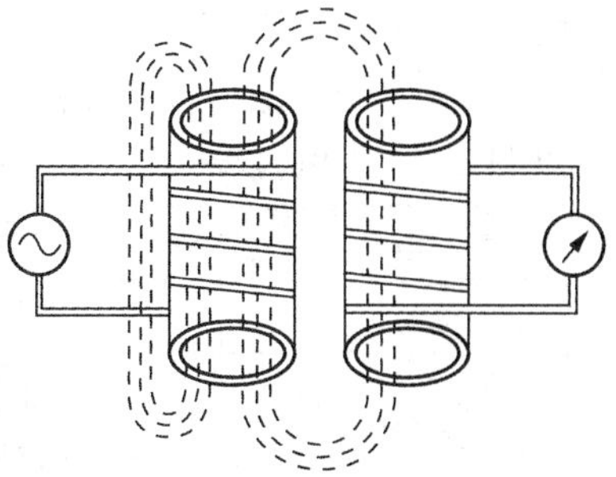

图 1-21　变压器工作原理图

改变两个线圈的圈数比，就会改变它们的电压比、电流比和实现阻抗变换。

变压器通常由磁性材料、导电材料、绝缘材料组成。磁性材料用来作为变压器的铁芯，可根据不同的使用场合，选用硅钢片、坡莫合金、铁氧体等。导电材料用来绕制变压器的初、次级线圈，常用漆包圆铜线绕制；在某些大电流的场合，也采用扁铜线绕制。绝缘材料用作线圈骨架、线包间的绝缘层以及防潮层等。

1.5.2　变压器分类

变压器种类很多，可以按照不同方式进行分类。

(1)按照变压器的铁芯和线圈结构分：芯式变压器、壳式变压器、环形变压器、金属箔变压器。

(2)按电源的相数分：单相变压器、三相变压器、多相变压器。

(3)按防潮方式分：开放式变压器、箔封式变压器、密封式变压器。

(4)按冷却方式分：干式(自冷)变压器、油浸(自冷)变压器、氧化物(蒸发冷却)变压器。

(5)按用途分：调压器、电源变压器、低频变压器、中频变压器、高频变压器、脉冲变压器等。

常见的高频变压器有电视接收机中的天线阻抗变换器，收音机中的天线线圈等；中频变压器在收音机、电视机中都有应用。至于低频变压器则包括输入变压器、输出变压器、线间变压器、耦合变压器等。

电源变压器在各种电子设备、仪器中应用广泛，凡采用交流供电的设备中几乎都离不开它。

1.5.3　变压器图形符号

变压器图形符号如图 1-22 所示。

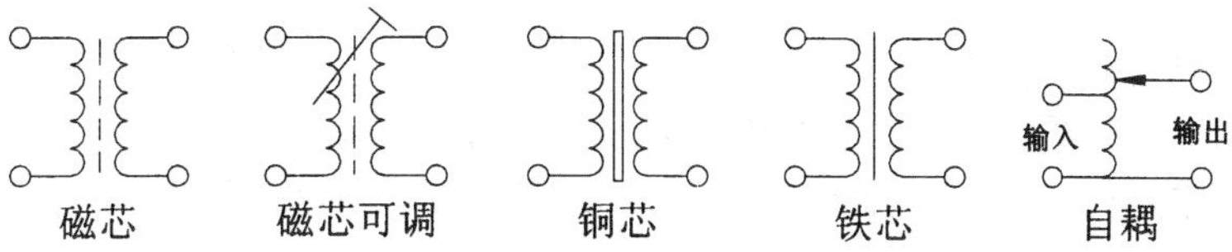

图 1-22　变压器图形符号

1.5.4 变压器主要技术参数

对不同类型的变压器都有相应的技术要求，可用相应的技术参数表示。例如电源变压器的主要技术参数有：额定功率、额定电压和电压比、额定频率、工作温度等级、温升、电压调整率、绝缘性能和防潮性能。对一般低频变压器的主要技术参数是：变压比、频率特性、非线性失真、磁屏蔽、静电屏蔽和效率等。以图 1-23 为例扼要地介绍变压器的一些主要参数。

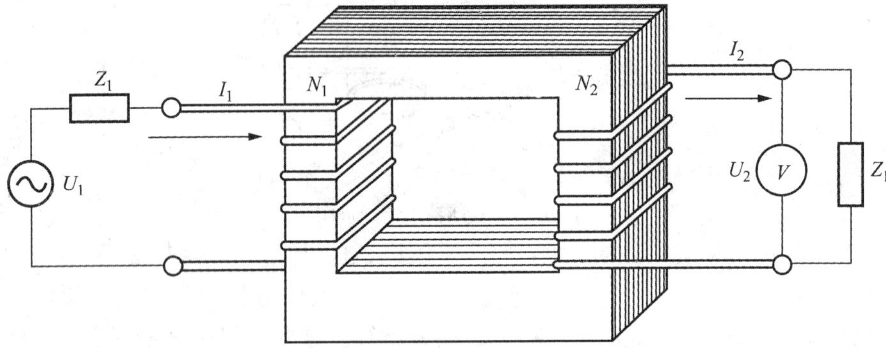

图 1-23 变压器参数示意图

1.5.4.1 变压比

图 1-23 中变压器有两组线圈，圈数分别为 N_1 和 N_2，N_1 为初级、N_2 为次级。若在初级线圈上加一交流电压，在次级线圈两端就会产生频率相同的感应电动势。初级、次级电压和线圈圈数间(在不计铜损、铁损和涡流的情况下)具有下列关系

$$\frac{U_2}{U_1}=\frac{N_2}{N_1}=n$$

式中，n 称为变压比。

当 $n<1$ 时，则 $N_1>N_2$，$U_1>U_2$，该变压器为降压变压器；反之 $n>1$ 时，则为升压变压器；$n=1$ 时为耦合变压器(即隔离变压器)。

1.5.4.2 变压器效率

在额定负载时变压器的输出功率和输入功率的比值，叫做变压器的效率，即

$$\eta=\frac{P_2}{P_1}\times 100\%$$

式中：

η——变压器的效率；

P_1——输入功率；

P_2——输出功率。

当变压器的输出功率 P_2 等于输入功率 P_1 时，效率 η 等于百分之百，变压器将不产生任何损耗。但现实中这样的变压器是没有的，变压器在传输电能时总要产生损耗，这种损耗主要有铜损和铁损。

铜损是指变压器线圈电阻所引起的损耗。当电流通过线圈电阻发热时，一部分电能就转变为热能而损耗。由于线圈一般都由带绝缘的铜线缠绕而成，因此称为铜损。

变压器的铁损包括两方面。一是磁滞损耗，当交流电流通过变压器时，通过变压器铁芯的磁力线其方向和大小随之变化，使得铁芯内部分子相互摩擦，放出热能，从而损耗了一部分电能，这便是电磁滞损耗。另一是涡流损耗，当变压器工作时，铁芯中有磁力线穿过，在与磁力线垂直的平面上会产生感应电流，由于此电流自成闭合回路形成环流且成为旋涡状，故称为涡流。涡流的存在使铁芯发热而消耗能量，这种损耗称为涡流损耗。为了减少铁损，变压器的铁芯应由高导磁率的材料制成，如含 3%～4%硅的硅钢片、坡莫合金片等，以减少磁滞损耗。同时将这些材料做成薄片叠成铁芯，使它们之间彼此绝缘，切断涡流，以减少涡流损耗。

变压器的效率与变压器的功率等级有密切关系。通常功率越大，损耗与输出功率相比就越小，效率也就越高。反之，功率越小，效率也就越低。因此对小功率变压器提出高效率要求，将会提高生产成本，增加变压器的体积和重量等。一般变压器的效率与功率关系可参考表 1-12。

表 1-12 变压器的效率与功率的关系

功率/VA	10	10～30	30～50	50～100	100～200	200
效率/%	60～70	70～80	80～85	85～90	90～95	95

1.5.4.3 变压器电压、电流及阻抗之间的关系

如果不考虑电能在变压器中的损耗，即认为次级线圈的输出功率 P_2 等于初级线圈的输入功率 P_1，那么

$$\frac{U_2}{U_1} = \frac{I_1}{I_2} = \sqrt{\frac{Z_2}{Z_1}}$$

1.5.4.4 频率特性

用于传输信号的变压器，由于信号具有一定的频率宽度，通常要求变压器对不同频率分量的信号电压能均匀而不失真地传输。但实际上由于变压器初级电感和漏感的影响，对不同频率分量的传输能力并不一样，因而使得信号产生失真。初级电感越小，次级输出信号的低频分量幅度就越小；漏感越大，次级输出的高频分量幅度就越小。因此，对于要求频率特性较宽的变压器，可以增加初级电感、展宽低频特性；减小漏感，展宽高频特性。

1.5.5 电源变压器

电子设备用交流电作为电源时，通常必须用变压器将市电电压(一般为 220V)变换为高低不同的电压，以供整流电路去转换成直流电压，或是直接供给指示灯、电子管及显像管的灯丝等。

无线电设备中的电源变压器，通常是小功率变压器，功率约为几十伏安至数百伏安。采用标准型式的铁芯，工作频率常高于实际使用频率，但不高于其两倍为 90Hz，在特殊场合如飞行设备、航天系统等，其工作频率也有 400Hz、800Hz 的，目的是减轻重量。

1.5.5.1 额定功率和额定频率

电源变压器的额定功率是指在规定的频率和电压下，变压器能长期工作而不超过规定温升时的输出功率。由于变压器的负载通常不是纯电阻性的，故常用伏安值来表示变压器的容量。

变压器铁芯中的磁通密度与频率有关，因此每个电源变压器在设计时必须确定其使用频率。这一频率就称为额定频率。

1.5.5.2 额定电压

额定电压是指变压器工作时线圈上允许施加的电压，不能超过这个额定值。

1.5.5.3 电压调整率

电压调整率是用百分数表示变压器负载电压与空载电压差别的参数

$$电压调整率 = \frac{空载电压 - 负载电压}{空载电压} \times 100\%$$

电压调整率其数值小，表明变压器线圈内电阻小，因而电压稳定性能就好。

1.5.5.4 空载电流

当变压器次级开路时，初级仍有一定的电流，这种电流叫做空载电流。由于次级开路时，虽然负载不能吸收到能量，但变压器在铁芯中建立磁通和补偿空载损耗需要一定的能量。

1.5.5.5 温度等级和温升

变压器工作时都有不同程度的发热现象，由于变压器的绝缘材料和温度有关，因此必须相应地规定变压器的允许工作温度。目前在无线电工程的电源变压器中，较常采用的有五个工作温度等级，见表 1-13。

表 1-13 电源变压器采用的五个温度等级

代号	A	E	B	F	H
温度/℃	105	120	130	155	180

变压器的温升主要是指线圈的温升，因为它决定绝缘系统的寿命。温升是指变压器通电发热后，温度上升到稳定值时，线圈温度比周围的环境温度升高了的度数。

电源变压器的技术性能还包括效率、过荷能力、杂散磁场干扰的大小等。在实际的使用中常常是：

$$变压器温度 = 环境温度 + 60℃$$

1.5.5.6 电源变压器常用的铁芯(图 1-24)

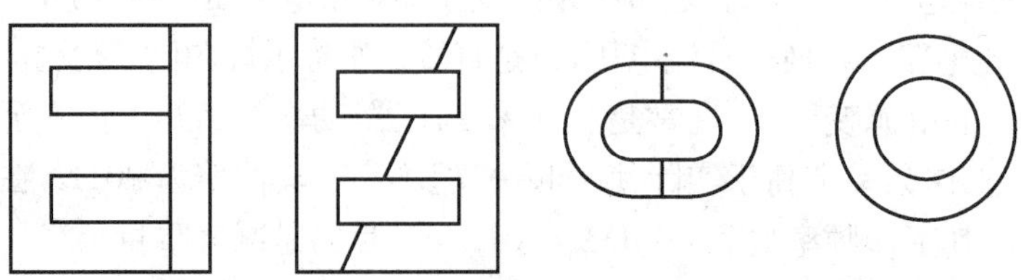

"E"字形铁芯　"山"字形铁芯　"CD"形铁芯　环形铁芯

图 1-24 电源变压器常用铁芯

1.5.6 低频变压器

低频变压器按照用途可分为输入变压器、级间耦合变压器、输出变压器等。它们通常用于收音机的放大电路，以及测量设备中。

低频变压器的主要作用有：实现阻抗匹配；无畸变地传送信号电压和信号功率；对直流具有隔离作用。

低频变压器工作情况和电源变压器有很大区别，主要是：低频变压器通常有很宽的工作频率；信号电压的幅度变化很大，不少低频变压器中有直流磁化电流流过；它的负载可能是电阻性的，也可能是电抗性的。因此，低频变压器首先要考虑在工作频率范围内保证阻抗匹配，其次在信号源与负载阻抗匹配的情况下，获得最大的输出功率和最小的失真。

1.5.7 中频变压器

中频变压器（又称中周）适用范围从几 kHz 到几十 MHz。一般变压器仅仅利用电磁感应原理，而中频变压器除此之外还应用了并联谐振原理。因此，中频变压器不仅具有普通变压器变换电压、电流及阻抗的特性，它还具有谐振于某一固定频率的特性。在超外差式收音机中，它起到了选频和耦合作用，这在很大程度上决定了灵敏度、选择性和通频带等指标。其谐振频率（中频工作频率）在调幅收音机中为 465kHz，在调频收音机中为 10.7MHz。

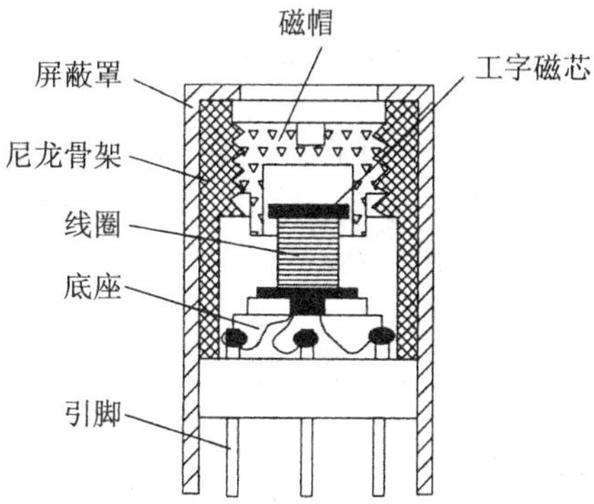

图 1-25 中频变压器内部结构图

中频变压器内部结构如图 1-25 所示。一般采用工字形或罗纹调杆形结构，并用金属外壳作屏蔽罩，在磁帽顶端涂有颜色漆，以区别于外形相同的中频变压器和振荡线圈。图 1-25 中使用的是工字形磁芯。用于晶体管收音机的中频变压器，由于使用磁芯和磁帽构成的闭合磁路，使得中频变压器不仅具有高 Q 值、体积小，而且还具有只需调整磁帽就可改变电感量大小等特点。

1.5.8 高频变压器

高频变压器又称耦合线圈或调谐线圈，如天线线圈和振荡线圈，如图 1-26 所示。

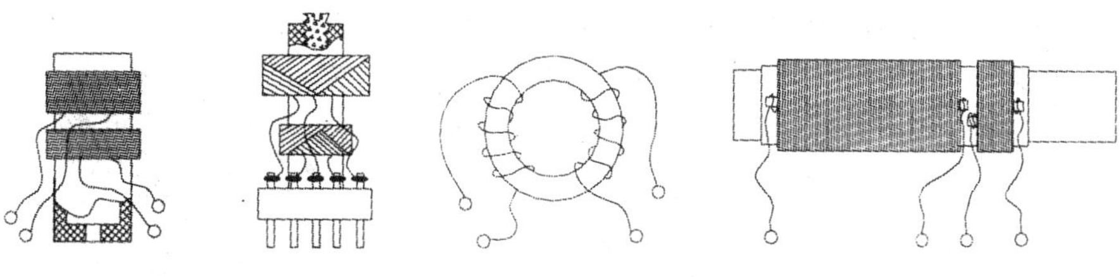

图 1-26 高频变压器图

1.6 半导体器件

1.6.1 概述

半导体是一种导电能力介于导体与绝缘体之间，或者说电阻率介于导体与绝缘体之间的物质。常用的半导体材料有锗、硅、砷化镓等。导体的电阻率很小，约 $10^{-6}\Omega\cdot cm \sim 10^{-3}\Omega\cdot cm$，而绝缘体的电阻率很大，约$10^{6}\Omega\cdot cm \sim 10^{18}\Omega\cdot cm$。半导体除了在导电能力上和导体与绝缘体有区别外，它还有一些独特的性能。利用这些特殊性能可制成二极管、三极管等多种器件。

1.6.2 P 型和 N 型半导体

1.6.2.1 本征半导体

目前应用最多的半导体材料是锗和硅，它们最外层都有四个价电子，也称四价元素。将锗或硅材料提纯制成的单晶体，其所有原子便基本整齐排列，每个硅或锗原子的四个价电子分别为相邻的四个原子所有，组成共价键结构，如图 1-27 所示。

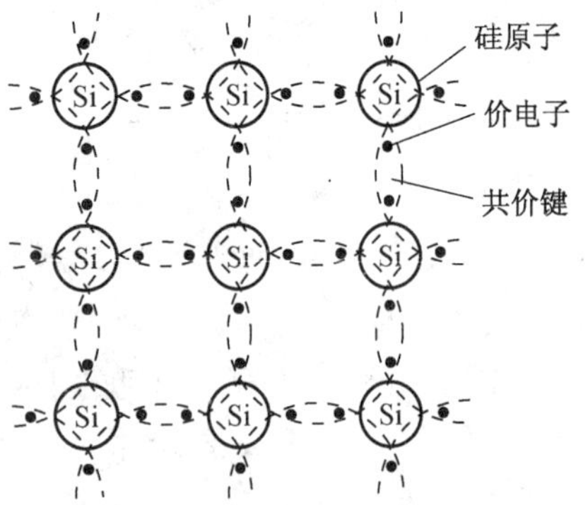

图 1-27 硅单晶中的共价键结构图

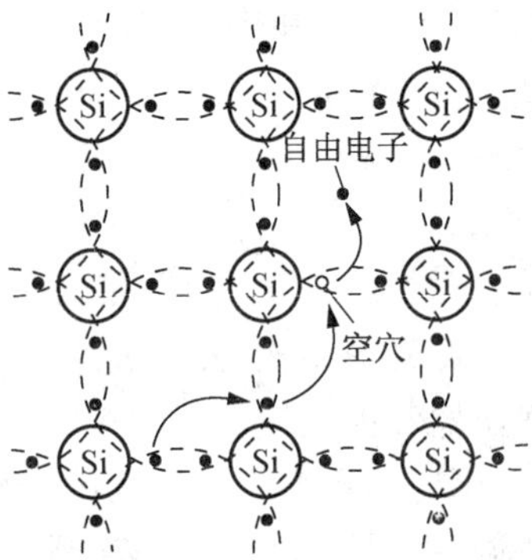

图 1-28 空穴和自由电子的形成

原子的每一个价电子除了受到自身原子核的束缚外，还受到共价键的束缚。因此，每个价电子都处于较为稳定的状态。但在一定的温度下，共价键中的一小部分价电子由于热激发，而获得足够能量，摆脱共价键的束缚，成为可以在单晶体中自由运动的电子，这种电子称为自由电子。温度越高，晶体中产生的自由电子就越多。自由电子在运动的同时会在原子的外层电子轨道上留下一个空位，该空位称为空穴。当价电子变成自由电子的同时，原子的中性(平衡)被破坏，而显出带正电。因此，可以认为空穴带有正电荷。当相邻共价键中的价电子来填补这个空穴时，该空穴便消失，同时在相邻共价键中出现一个新的空穴，它又被相邻共价键中的价电子来填补，这种价电子接连不断地填补运动，相当于空穴自身的迁移运动。如图 1-28 所示。这种空穴的迁移运动和自由电子在共价键外的自由运动相似，可以把空穴看成带正电荷的载流子。

半导体中存在两种载流子：带负电荷的自由电子和带正电荷的空穴。它是半导体导电方式的最大特点，也是在导电原理上与金属导体的本质差别。

半导体中自由电子和带正电荷的空穴成对出现的，同时又不断复合。在一定温度条件下，电子—空穴对的产生和复合达到动态平衡，半导体中维持一定数目的载流子。当温度升高时电子—空穴对数目增多，导电性能增强。因此，温度对半导体影响极大。

1.6.2.2 杂质半导体

半导体虽有两种载流子，但在常温下数量极少，导电能力很差。如在其中掺入微量杂质元素，就能使导电性能大大增强。根据掺入的杂质不同，半导体分为两类：N 型半导体和 P 型半导体。

(1) N 型半导体。在四价元素硅和锗中掺入少量磷(或其他五价元素)，磷原子最外层有五个价电子。当硅晶体中某些位置上的硅原子被磷原子替代后，只需要四个价电子参加共价键结构，多余的一个价电子很容易挣脱磷原子核的束缚，而成为自由电子，如图 1-29 所示。这种杂质半导体中的自由电子数目大大增加，自由电子成为这种杂质半导体的主要导电方式，所以这种杂质半导体称为电子半导体或 N 型半导体。

(2) P 型半导体。在四价元素硅和锗中掺入少量硼(或其他三价元素)，硼原子最外层有三个价电子。当其构成共价键时因缺少一个电子，而形成一个空穴，如图 1-30 所示。在这种杂质半导体中形成大量空穴，空穴成为这种杂质半导体的主要导电方式，所以这种杂质半导体称为空穴半导体或 P 型半导体。

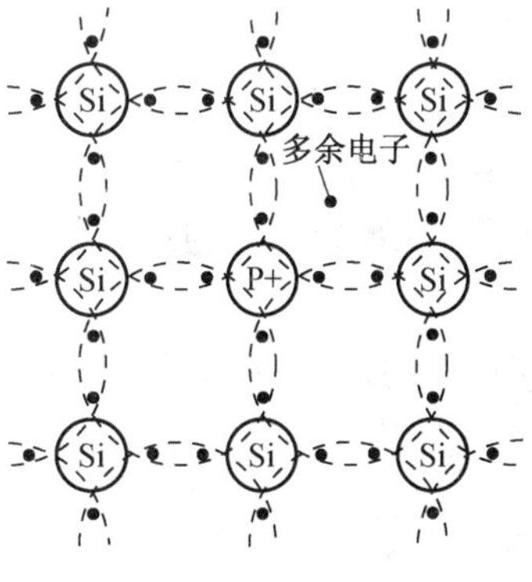

图 1-29 N 型半导体结构示意图

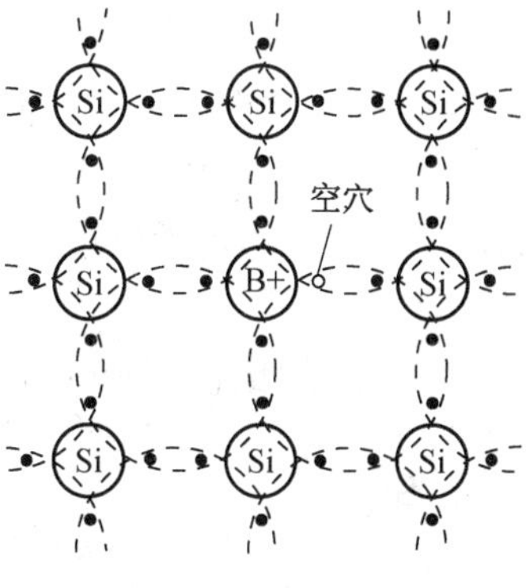

图 1-30 P 型半导体结构示意图

1.6.2.3 PN 结的形成及单向导电性

(1) PN 结的形成。当 P 型半导体和 N 型半导体结合为一体时，在它们的交界面必然要发生电子和空穴的扩散运动，由于载流子浓度分布不均匀，P 区的空穴向 N 区扩散，N 区的电子向 P 区扩散。如图 1-31 所示。扩散时在交界面附近的 P 区留下一些带负电的杂质离子(用“－”表示)，而 N 区则留下一些带正电的杂质离子(用“＋”表示)。因此在交界面形成了一个空间电荷区，也就是 PN 结。该空间电荷区在交界面形成一个内电场，其电场方向与多数载流子的扩散方向相反，对多数载流子的扩散运动起阻碍作用；另一方面对少数载流子则推动其越过 PN 结，而进入对方区域。少数载流子在内电场作用下的运动称漂移。

(2) PN 结的单向导电性。如果在 PN 结上加正向电压，即电源正极接 P 区，电源负极接 N 区，如图 1-32(a)所示。图中外电场与内电场方向相反，PN 结的动态平衡被破坏，使空间电荷区变窄，PN 结呈低阻状态，多数载流子的扩散运动增强，并从电源中不断得到补充，形成较

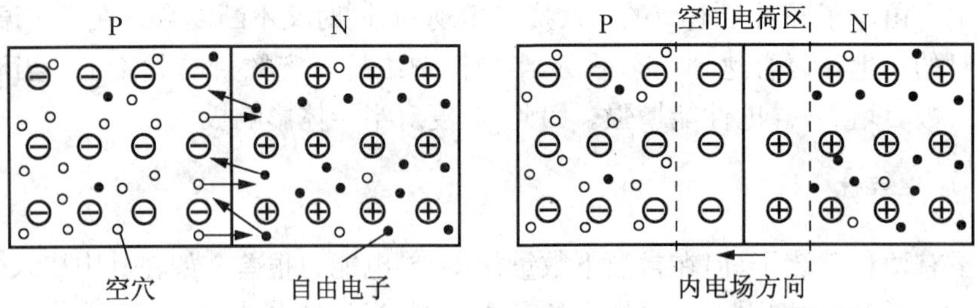

图 1-31　PN 结的形成

大的扩散电流——正向电流。

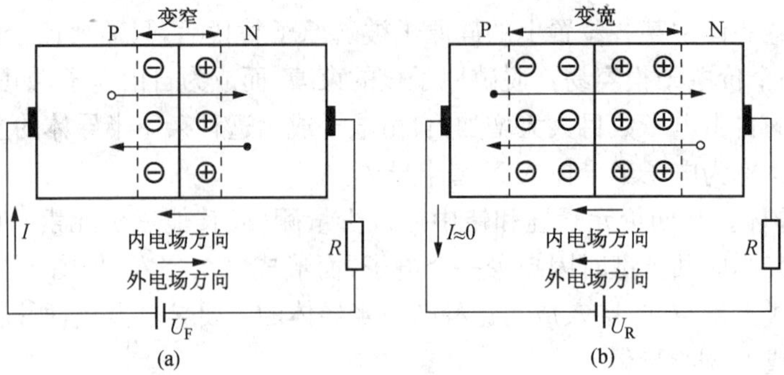

图 1-32　PN 结的单向导电性

当在 PN 结施加反向电压时，即电源正极接 N 区，电源负极接 P 区，如图 1-32(b)所示。图中外电场与内电场方向相同，PN 结的动态平衡被破坏，使空间电荷区变宽，PN 结呈高阻状态，多数载流子的扩散运动无法进行。而少数载流子的漂移运动，却能顺利进行，形成漂移电流——反向电流。

由此可见，PN 结具有单向导电性。当 PN 结施加正向电压时，PN 结电阻较小，正向电流较大，PN 结处于导通状态；当 PN 结施加反向电压时，PN 结电阻很大，反向电流极小，甚至可忽略，PN 结处于截止状态。

1.6.3　半导体分立器件型号命名方法

1.6.3.1　国产半导体分立器件型号命名

GB/T249—1989 规定，半导体分立器件型号的命名由五个部分组成，具体见表 1-14。

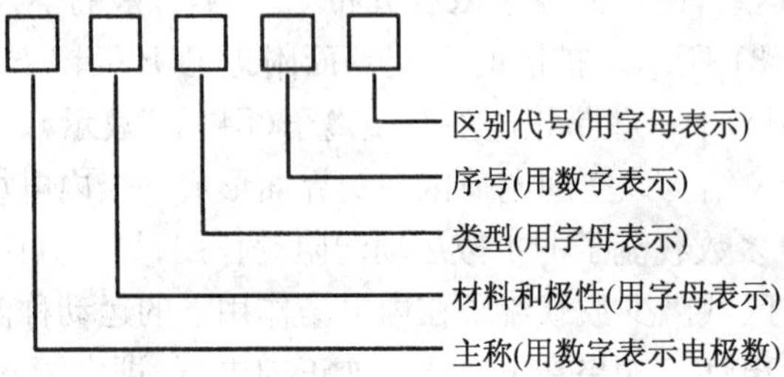

表 1-14　国产半导体分立器件型号命名方法

第一部分 主称		第二部分 材料和极性		第三部分 类型				第四部分 序号	第五部分 区别代号
符号	意义	符号	意义	符号	意义	符号	意义		
2	二极管	A	N 型,锗材料	P	普通管	D	低频大功率管		
		B	P 型,锗材料	V	微波管	A	(f_o<3MHz,P_c≥1W)		
		C	N 型,硅材料	W	稳压管		高频大功率管		
		D	P 型,硅材料	C	参量管	T	(f_o≥3MHz,P_c≥1W)		
3	三极管	A	PNP 型,锗材料	Z	整流器		半导体闸流管		
		B	NPN 型,锗材料	L	整流堆	Y	(可控整流器)		
		C	PNP 型,硅材料	S	隧道管		体效应器件	数字表示	字母表示
		D	NPN 型,硅材料	N	阻尼管	B	雪崩管		
		E	化合物材料	U	光电器件	J	阶跃恢复管		
				K	开关管	CS	场效应器件		
				X	低频小功率管	BT	半导体特殊器件		
					(f_o<3MHz,P_c<1W)	FH	复合管		
				G	高频小功率管	PIN	PIN 型管		
					(f_o≥3MHz,P_c<1W)	JG	激光器件		

说明:场效应器件、半导体特殊器件、复合管、PIN 管等的命名,仅有第三、四、五部分,如 2AP9 为 N 型锗材料普通二极管,3DG56B 为 NPN 型硅材料高频小功率管。

示例:

```
2 A P 9                2 A K 7               2 C W 54              2 C Z 83
│ │ └─ 普通            │ │ └─ 开关管         │ │ └─ 稳压           │ │ └─ 整流管
│ └─── N型锗材料       │ └─── N型锗材料      │ └─── N型硅材料      │ └─── N型硅材料
└───── 二级管          └───── 二级管         └───── 二级管         └───── 二级管

3 A X 81               3 B X 83              3 C G 6               3 D G 56
│ │ └─ 低频小功率      │ │ └─ 低频小功率     │ │ └─ 高频小功率     │ │ └─ 高频小功率
│ └─── PNP型锗材料     │ └─── NPN型锗材料    │ └─── PNP型硅材料    │ └─── NPN型硅材料
└───── 三级管          └───── 三级管         └───── 三级管         └───── 三级管

3 A D 30C              3 B A 71B             3 D A 10F             3 D D 15D
│ │ └─ 低频大功率      │ │ └─ 高频大功率     │ │ └─ 高频大功率     │ │ └─ 低频大功率
│ └─── PNP型锗材料     │ └─── NPN型锗材料    │ └─── NPN型硅材料    │ └─── NPN型硅材料
└───── 三级管          └───── 三级管         └───── 三级管         └───── 三级管
```

1.6.3.2　日本半导体分立器件型号命名

日本半导体分立器件型号命名见表 1-15

表 1-15 日本半导体分立器件型号命名方法

第一部分 用数字表示 器件的电极数或类型		第二部分 日本电子工业 (JEIA)注册标志		第三部分 用字母表示器件 使用的材料极性和类型		第四部分 器件在日本电子工业协会(JEIA) 登记号		第五部分 同一型号的 改进型产品标志	
符号	意义	符号	意义	符号	意义	符号	意义	符号	意义
0	光电二极管或三极管及包括上述器件的组合管	S	已在日本电子工业协会(JEIA)注册登记的半导体器件	A B C D	PNP 高频晶体管 PNP 低频晶体管 NPN 高频晶体管 NPN 低频晶体管	多位数字	这一器件在日本电子工业协会(JEIA)注册,性能相同,但不同厂家生产的器件可以使用同一个登记号	A B C D …	表示这一器件是原型号产品的改进型
1	二极管			F	P 控制极可控硅				
2	三极管或具有三个电极的其他器件			G H J	N 控制极可控硅 N 沟道场效应管 P 沟道场效应管				
3	具有四个有效电极的器件			K	N 双向可控硅				
…	…								
$n-1$	具有 n 个有效电极的器件								

1.6.4 半导体分立器件分类

半导体分立器件的分类见表 1-16。

表 1-16 半导体分立器件的分类

半导体二极管	普通二极管	整流二极管、检波二极管、稳压二极管、恒流二极管、开关二极管等
	特殊二极管	微波二极管、SBD、变容二极管、雪崩管、TD 管 PIN、TVP 管等
	敏感二极管	光敏、温度、压敏、磁敏等
	发光二极管	
	锗管	高频小功率(合金型、扩散型) 低频大功率(合金型、扩散型)
双极型晶体管	硅管	低频大功率管、大功率高压管(扩散型、扩散台面型、外延型) 高频小功率管、超高频小功率管、高速开关管(外延平面工艺) 低噪声管、微波低噪声管、超 β 管(外延平面工艺、超外延、钝化技术) 高频大功率管、微波功率管(外延平面型、覆盖式、网状结构、复合型) 专用器件:单结晶体管、可编程序单结晶体管
晶闸管	单向晶闸管	普通晶闸管、高频(快速)晶闸管
	双向晶闸管	

（续表）

晶闸管	可关断晶闸管（GTO）		
	特殊晶闸管		正（反）向阻断管、逆导管等
场效应管	结构	硅管	N 沟道（外延平面型）、P 沟道（双扩散型）
		硅管	隐埋栅、V 沟道（微波大功率）
		砷化镓	肖特基势垒栅（微波低噪声、微波大功率）
	MOS（硅）	耗尽型	N 沟道、P 沟道
		增强型	N 沟道、P 沟道

1.6.5 半导体分立器件图形符号

半导体分立器件的图形符号如图 1-33 所示。

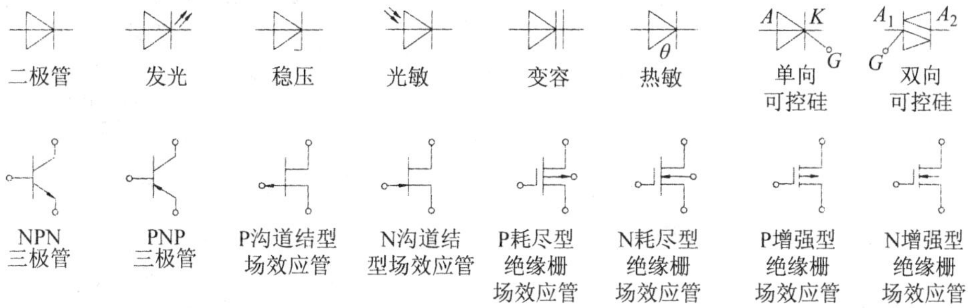

图 1-33　半导体分立器件图形符号

1.6.6 半导体管特性

1.6.6.1 半导体二极管特性

（1）正向特性。在二极管两端加正向电压，就会产生正向电流。当正向电压比较小时，二极管呈现的电阻较大。当正向电压超过一定数值时（阀值电压），二极管的电阻变得很小，电流急剧增长。二极管正向导通时，硅管的压降一般为 0.5～0.7V，锗管则为 0.2～0.3V。

（2）反向特性。加反向电压时，仅有很小的反向电流，而且该电流并不随反向电压的增大而变化。这种情况下的电流，称为反向饱和电流。

（3）击穿特性。当反向电压增加到一定值后，反向电流突然增大，出现击穿现象的电压称为反向击穿电压。

（4）二极管伏安特性曲线。当二极管两端施加电压就能获得图 1-34 所示的伏安特性曲线图。稳压二极管是利用二极管伏安特性曲线中的反向击穿原理，人为的在 PN 结中加入杂质，使其在所需稳压值处反向击穿，从而获得所需的稳压值。因此，稳压二极管工作在二极管的反向击穿区。

1.6.6.2 半导体三极管特性

（1）输入特性。输入特性是指在三极管的输入回路中，加在基极与发射极间的电压 U_{BE}

与它所产生的基极电流 I_B 之间的关系。

(2) 输出特性。输出特性是指在一定的基极电流 I_B 之下,三极管集电极与发射极之间的电压 U_{CE} 同集电极电流 I_C 的关系。

三极管输出特性曲线如图 1-35 所示。

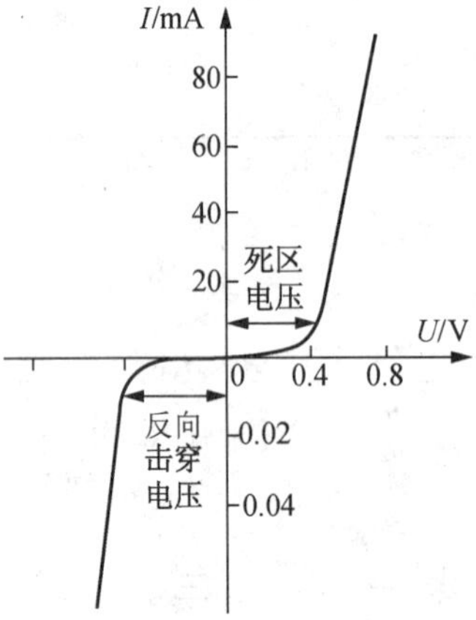

图 1-34　二极管伏安特性曲线

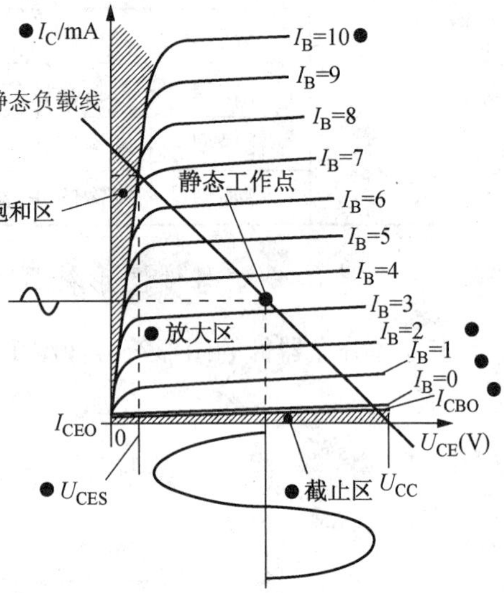

图 1-35　三级管输出特性曲线

1.6.7　半导体管参数

1.6.7.1　二极管主要参数

(1) 最大整流电流 I_{DM}。指二极管长期运行时允许流过的最大正向平均电流。其大小由 PN 结面积及散热条件决定,大电流整流二极管应用时要加散热片。

(2) 最大反向电压 U_{RM}(反向工作峰值电压)。U_{RM}是保证二极管不被击穿的反向峰值电压,一般是反向击穿电压的二分之一,而有些小功率二极管,则为反向击穿电压的三分之二。

(3) 最大反向电流 I_{RM}(反向峰值电流)。指在常温下和最大反向电压下的反向电流值,该值越小,二极管单向导电性能越好。温度对 I_{RM}影响大,使用时应加以注意。

(4) 稳压电压 U_{VS}。稳压电压是稳压管在正常工作时管子两端的电压。手册中给定的 U_{VS}都有一定条件(如工作电流、温度),具有一定的离散性。如 2CW18 稳压管的 U_{VS}为 10～12V,就是说稳压值在 10～12V 之间的某一定值。

1.6.7.2　三极管主要参数

(1) 电流放大系数。

a. 共射极电流放大系数 β。指当三极管接成共射极电路时,集电极电流的增量与基极电流增量之比(I_{CBO}忽略不计时)。即

$$\beta=\frac{\Delta I_C}{\Delta I_B}\quad \text{(该关系式在 } I_{CBO} \text{ 忽略不计时成立)}$$

b. 基极电流放大系数 α。指当三极管接成共基极电路时,集电极电流的增量与发射极电

流增量之比(I_{CBO}忽略不计时)。即

$$\alpha = \frac{\Delta I_C}{\Delta I_E}$$

(2) 极间反向电流。

a. 集-基极反向饱和电流 I_{CBO}。指当发射极开路时,集电极流向基极的反向电流。

b. 集-射极反向饱和电流 I_{CEO}。指当基极开路时,集电极直接流向发射极的反向电流,也称为穿透电流。

(3) 极限参数。

a. 集电极最大允许电流 I_{CM}。该参数表示当三极管的 β 值下降到其额定值三分之二时所允许的最大集电极电流。

b. 集-射极反向击穿电压 $U_{(BR)CEO}$。指当基极开路时集—射极之间的最大允许反向电压。

c. 集电极最大允许耗散功率 P_{CM}(该参数决定三极管的温升极限),$P_{CM}=I_C U_{CE}$。

1.6.8 晶体管极性判别

1.6.8.1 二极管极性判别(见表 1-17)。

表 1-17 二极管的极性判别

测试项目	测量参数	被测的正常值	极性判别
正向电阻	小功率: $R\times100$ 或 $R\times1k$ 档 中、大功率: $R\times1$ 或 $R\times10$ 档	几百欧至几欧 (硅管比锗管电阻大)	黑表棒接的是二极管正极 红表棒接的是二极管负极
反向电阻	同上	大于几百千欧	黑表棒接的是二极管负极 红表棒接的是二极管正极

1.6.8.2 三极管极性判别

将万用表置于电阻 $R\times1k$ 或 $R\times100$ 档,用红表棒接三极管的某一管脚(假设基极),再用黑表棒分别接另外两个管脚。如果表针指示的电阻值两次都很大,该管便是 NPN 管,其中红表棒所接的那一管脚是基极,如图 1-36 所示。

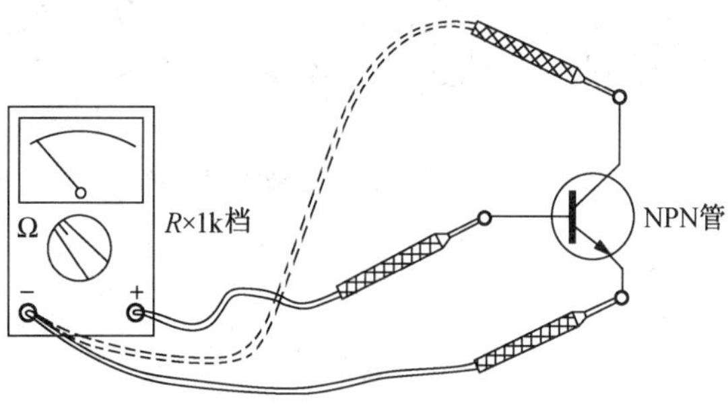

图 1-36 NPN 管基极判别图

若表针指示的两个阻值均很小,则说明这是一只 PNP 管,红表棒所接的那一管脚是基极。

如果是 NPN 型管,将红表棒接基极,用一个 100kΩ 电阻接于基极与黑表棒之间,黑表棒

分别去接另外两个电极，测出电阻值小的那个与黑表棒相接的管脚便是 NPN 管集电极，另一个就是发射极，如图 1-37 所示。如果是 PNP 型管，则黑表棒接基极，电阻 100kΩ 要接在基极与红表棒之间，同样电阻值小的一次红表棒接的就是 PNP 管集电极，另一个就是发射极。注意测量时不要让集电极和基极碰在一起，以免损坏晶体管。在测试中也可以用潮湿的手指代替 100kΩ 电阻捏住集电极与基极。

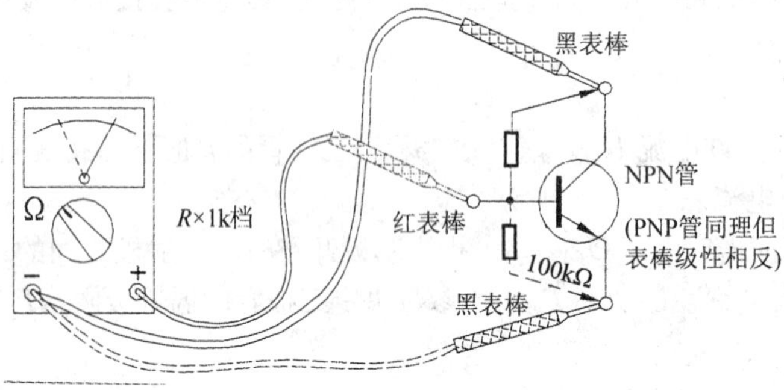

图 1-37　NPN 管集电极判别图

1.6.9　晶体管管脚图

晶体管管脚图如图 1-38 所示。

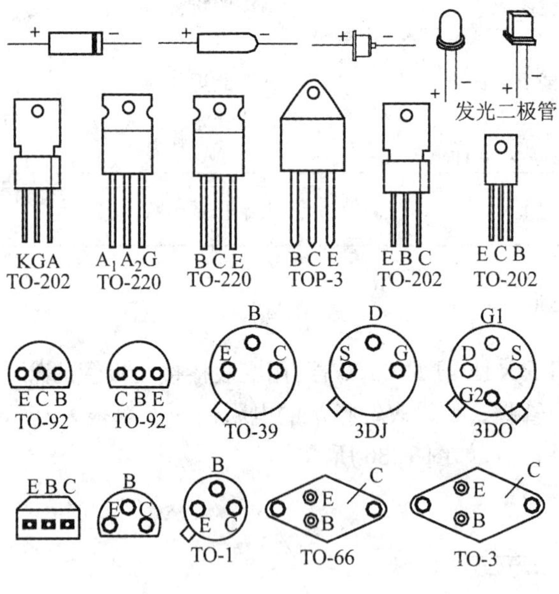

图 1-38　晶体管管脚图

1.7　集成电路

1.7.1　概述

集成电路是把一个个单元电路或一些功能块电路，甚至将某一整机的功能电路集中制造在一个芯片上，再封装于一标准外壳中的器件。集成电路有膜集成电路、半导体集成电路和混合集成电路，膜集成电路中又有薄膜与厚膜之分。半导体集成电路是利用半导体光刻掩膜技术将一些晶体管、电阻器、电容器、电感器及连接线制作在半导体材料或绝缘基片上，形成一个独立的完整电路，它的输入端、控制端、输出端均有标准的引出脚。半导体集成电路常称为“IC”。

1.7.2 集成电路型号命名

GB/T3430—1989 规定，集成电路型号命名由以下四部分组成：

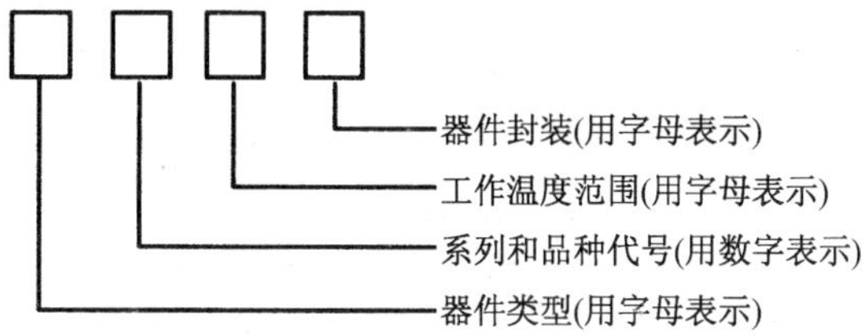

集成电路型号命名见表 1-18。

表 1-18 集成电路的型号命名

第一部分 用字母表示器件所符合的国家标准		第二部分 用字母表示器件的类型		第三部分 用阿拉伯数字表示器件的系列和品种代号	第四部分 用字母表示器件的工作温度范围		第五部分 用字母表示器件的封装	
符号	意义	符号	意义		符号	意义	符号	意义
C	中国制造	T	TTL	(用国际规定)	C	0℃～70℃	W	陶瓷扁平
		H	HTL		E	−40℃～85℃	B	塑料扁平
		E	ECL		R	−55℃～85℃	F	全密封扁平
		C	CMOS		M	−55℃～125℃	D	陶瓷直插
		F	线性放大器				P	塑料直插
		D	音响、电视				J	黑陶瓷直插
		W	稳压器				K	金属菱形
		J	接口电路				T	金属圆形
		B	非线性电路					
		M	存储器					
		μ	微型机电路					

1.7.3 集成电路分类

国际上是按使用功能对集成电路进行分类的。其具体划分如图 1-39 所示。

1.7.4 集成电路图形符号

集成电路的图形符号如图 1-40 所示。

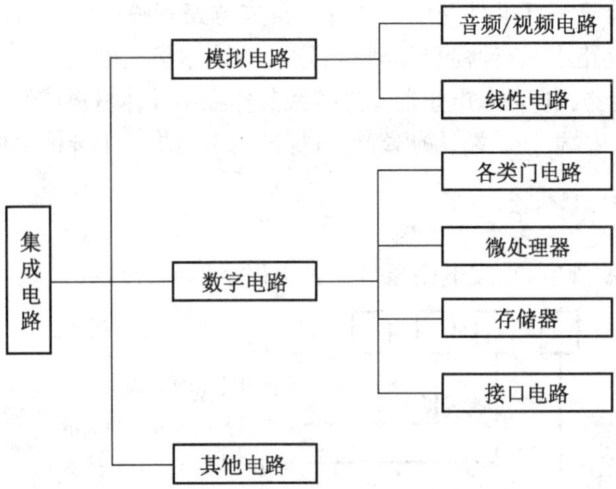

图 1-39 集成电路分类

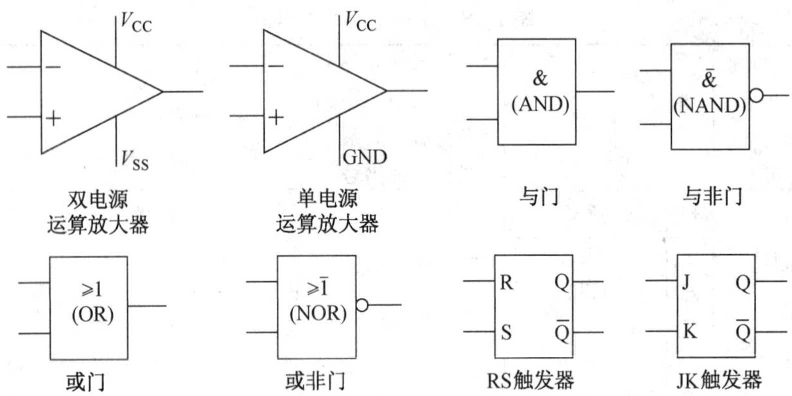

图 1-40 集成电路图形符号

1.7.5 集成电路参数

1.7.5.1 开环差模电压放大倍数 A_{od}

集成运放的开环差模电压放大倍数

$$A_{od}=\frac{\Delta u_o}{\Delta(u_- - u_+)}$$

其单位常用分贝(dB)表示,即 20lg | A_{od} | 。一般可达 100dB,高者可达 140dB。

1.7.5.2 输入失调电压 u_{os} 和温漂 dU_{os}/dT

如果集成运放差动输入级非常对称,当输入电压为零时,输出电压也为零。但实际上差动输入级不可能是完全对称的。当输入电压为零时,输出电压并不为零。如果在输入端外加一个合适的补偿电压时输出电压为零,则外加的补偿电压称之为输入失调电压 U_{os}。当 U_{os} 越小说明差动输入级对称性越好。另外,U_{os} 大小还随温度、电源电压和时间变化而变化。通常将输入失调电压 U_{os} 对温度的变化率称之为输入电压的温度漂移 dU_{os}/dT。一般以 μV/℃为单位。

1.7.5.3 输入偏置电流 I_{IB}

输入偏置电流是指常温下，输入信号为零时两个输入端的静态电流的平均值，即

$$I_{IB}=\frac{1}{2}(I_{B1}+I_{B2})$$

1.7.5.4 共模抑制比 K_{CMR}

共模抑制比单位为分贝

$$K_{CMR}=20\lg\left|\frac{A_{od}}{A_{oc}}\right|$$

式中：

A_{oc}——共模电压放大倍数。

A_{oc} 主要取决于前置级的对称性。前置级对称性越好，则 A_{oc} 越小，共模抑制比就越大。

1.7.6 集成电路外形图

集成电路的外形图如图 1-41 所示。

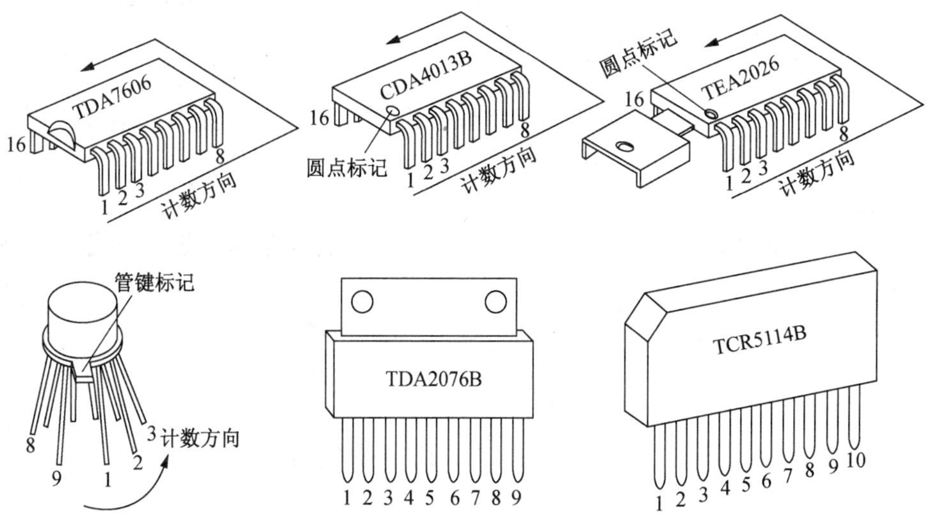

图 1-41 集成电路外形图

思考题

1. 常用元器件的型号命名由哪些部分组成？
2. 电阻率大的物质谓何物质？电阻率小的物质谓何物质？
3. 电阻的基本单位是什么？试写出电阻常用单位以及换算关系。
4. 电阻器分哪几大类？
5. 固定电阻器标称阻值有几种标志方法？
6. 试问用 T、X、J 和 Y 字母表示材料的电阻器是什么电阻器？

7. 试问用 S 和 H 字母表示材料的电位器是什么电位器？

8. 电位器的阻值随旋转角度变化有哪几种规律？它们各适用于哪些场合？

9. 音量调节电位器应采用何种类型的电位器？

10. 试画出各种固定电阻器的图形符号。

11. 试画出可变、半可变电阻器的图形符号。

12. 普通电阻器按其阻值是否能调节，可分为几类？

13. 试说明色环电阻器上的各色环表示什么？并请写出 0 ～ 9 的表示颜色。

14. 利用万用表检查电阻值小于 10Ω、100Ω、1kΩ、100kΩ 和 1MΩ 的电阻时，应当使用万用表的什么档？并应分别将量程放在什么档？

15. 如何使用万用表检查电位器的好坏？

16. 请写出电阻器的各种允许偏差。

17. 试写出四环和五环色环电阻的允许偏差。

18. 如何判别电阻器质量的好坏？

19. 如何选用电阻器？

20. 考虑阻值精确、性质稳定，能承受较高温度时，宜采用何种材料的电位器？

21. 试各举三例说明电阻器的直接标志法、文字符号法、数码标志法和色环标志法。

22. 请画出电位器阻值与转角关系的图形。

23. 如何判别电位器质量的好坏？

24. 试问用 Y、I、B、L、C、Z、N、D 和 A 字母表示材料的电容器是什么电容器？

25. 请用电容器的分类代号试编几种电容器。

26. 电容器分哪几类？

27. 试着对照书中的例题自己编写几个有关电阻器、电容器、电感器、扬声器、二极管和三极管的例子。

28. 如何用万用表检测固定电容器和可变电容器的质量？

29. 如何区分电容器的正、反向的漏电流？

30. 请画出各种电容器的图形符号。

31. 请仔细看书中有关电容器的各种标志方法，并将它们熟记。

32. 如何选用电容器？

33. 如有一只型号为 LGX 的电感器，请说出它是什么电感器？如是 ZLX 呢？

34. 请画出各种电感器的图形符号。

35. 如何判别电感器质量的好坏？

36. 电声器件分哪几类？

37. 传声器有几种？请画出它们的图形符号。

38. 拾音器有几种？请画出它们的图形符号。

39. 扬声器有几种？请画出它们的图形符号。

40. 试写出 5 英寸×7 英寸动圈式扬声器的型号。

41. 当变压器的初级输入 220V、50HZ 交流电时，变压器的变压比为 2∶1，试问变压器的次级输出多少伏电压？输出的频率是多少？

42. 试画出各种变压器的图形符号。

43. 什么是变压器的变压比和效率？并请写出它们的式子。

44. 低频变压器的主要作用有哪些？

45. 中频变压器在调幅和调频收音机中的谐振频率各是多少？

46. 何谓半导体？它们基本上由哪些材料组成？

47. 试简述什么是本征半导体？

48. 试简述什么是杂质半导体？

49. 试简述半导体的单向导电性。？

50. 请说明材料为 A、B、C、D 的二极管和三极管，并各举一例说明低频、高频和小功率、大功率三极管。

51. 请说明什么是三极管的小功率、大功率？什么是三极管的高频、低频？

52. 请画出半导体二极管和三极管的图形符号。

53. 二极管正向导通时硅管和锗管的压降各为多少伏？

54. 试画出二极管的伏安特性曲线图。

55. 稳压二极管是利用二极管的伏安特性曲线的什么原理工作的？它工作在什么区域？

56. 试画出三极管的输出特性曲线图。

57. 试写出三极管的电流放大系数 β 的计算公式 。

58. 如何判别二极管的极性？

59. 如何判别 NPN 三极管的极性？如何判别 PNP 三极管的极性？

60. 在一个共发射极放大的电路中，测得某三极管基极电流 $I_B=100\mu A$，集电极电流 $I_C=22mA$ ，求这只三极管的电流放大倍数。

61. 在共发射极放大电路中的 NPN 型晶体三极管，在集电极和基极之间应施加什么偏置电压？施加在基极和发射极之间的应是什么偏置电压。

62. 晶体三极管有哪三个极？它们用什么字母表示？

63. 晶体三极管按其组成材料可分哪几类？按其 PN 结可分几类？

64. 试画出运算放大器、与门、与非门、或门、或非门的图形符号。

65. 试画出 RS、JK 触发器的图形。

66. 请写出线性集成电路的开环差模电压放大倍数的计算式。

2　电子产品生产工艺

2.1　安全生产

安全是人类从事各种工作、学习和娱乐的基本保障。随着电子产品的高速发展，现代人的生活几乎离不开用电，人类也更加重视用电安全。在长期生活实践中，人类总结了安全用电的经验，积累了丰富的安全用电知识和数据，以便让后人掌握这些知识，防患于未然。

2.1.1　触电伤害

人体的体电阻是能够导电的，只要有足够（大于 3mA）的电流流经人体就会对人造成伤害，这就是我们通常所说的触电。由于触电伤害事先根本无法预测，因此，一旦发生触电伤害时，后果将十分严重。

影响触电伤害的主要因素有以下几个方面：

(1) 电流大小。电流流经人体的大小直接关系到生命的安全，当电流小于 3mA 时不会对人体造成伤害，人类利用安全电流的刺激作用制造医疗仪器就是最好的证明。电流对人体的作用见表 2-1。

表 2-1　电流对人体的作用

电流/mA	对人体的作用
<0.7	无感觉
1	有轻微感觉
1～3	有刺激感，一般电疗仪器取此电流
3～10	有痛苦感，可自行摆脱
10～30	引起肌肉痉挛，短时间无危险，长时间有危险
30～50	强烈痉挛，时间超过 60s 即有生命危险
50～250	产生心脏室性纤颤，丧失知觉，严重危害生命
>250	短时间内（1s 以上）造成心脏骤停、体内电灼伤

(2) 人体电阻。人体电阻是一个不确定的电阻，它随皮肤的干燥程度不同而不同，皮肤干燥时电阻可呈 100kΩ 以上，而一旦潮湿，电阻可降到 1kΩ 以下。人体电阻还是一个非线性电阻，它随人体间的电压变化而变化。从表 2-2 中可以看出，人体电阻阻值随电压的升高而减小。

表 2-2　人体电阻阻值随电压的变化

电压/V	12	31	62	125	220	380	1000
电阻/kΩ	16.5	11	6.24	3.5	2.2	1.47	0.64
电流/mA	0.8	2.8	10	35	100	268	1560

(3) 电流种类。电流种类的不同对人体造成的损伤也不同。交流电会造成电伤和电击的同时发生，而直流电一般只引起电伤。频率在 40～100Hz 的交流电对人体最危险，日常使用的市电工频为 50Hz，就在该危险频率范围内，因此特别要注意用电安全。当交流电频率为 20000Hz 时对人体危害很小，一般的理疗仪器采用的就是接近 20000Hz，而偏离 100Hz 较远的频率。

(4) 电流作用时间。电流对人体的伤害程度同其作用时间的长短密切相关。电流与时间的乘积也称为电击强度，用来表示电流对人体的危害。触电保护器的一个重要技术参数就是额定断开时间与漏电电流的乘积应小于 30mAs，实际使用的产品可以达到小于 3mAs，因此能有效防止发生触电事故。

2.1.2 预防触电

在电的安全使用中任何一种措施或保护器都不是万无一失的，预防触电最保险的方法莫过于提高安全意识和警惕性。

2.1.2.1 安全制度

各种用电场所都制订有各种各样的安全使用电器的制度，这些制度是在工作实践中不断积累出来的。

2.1.2.2 安全措施

a. 在所有使用市电场所装设漏电保护器。

b. 所有带金属外壳的电器及配电装置都应该装设保护接地或保护接零。

c. 对正常情况下的带电部分，一定要加绝缘防护，并置于人不容易碰到的地方。例如输电线、电源板等。

d. 随时检查所用电器插头、电线有无破损老化，并及时更换。

e. 手持电动工具应尽量使用安全电压工作。常用安全电压为 36V 或 24V，特别危险的场所应使用 12V。

2.1.2.3 安全操作

a. 在任何情况下检修电路和电器都要确保断开电源，并将电源插头拔下。

b. 遇到不明情况的电线，应认为它是带电的。

c. 不要用湿手开关或插拔电器。

d. 尽量养成单手操作电工作业。

e. 遇到大容量的电容器要先放电，然后进行检修。

f. 不在身体不适或疲倦的状态下从事电工作业。

2.1.3 电子装配安全操作

电子实习、电子实验、电子产品研制和电器维修的基本特点是个人制作，整个制作过程"弱电"较多，但是少不了带有"强电"，因此安全用电是电子装配操作的重点。

2.1.3.1 安全用电基本措施

a. 工作室内的电源应符合国家电气安全标准。

b. 工作室内的总电源应装有漏电保护开关。

c. 工作室或工作台上应有便于操作的电源开关。

d. 从事电力电子技术工作时，应设置隔离变压器。

e. 调试、检测较大功率电子装置时，工作人员不应少于两人。

f. 测试、装接电子线路应采用单手操作。

2.1.3.2 预防烫伤

烫伤在电子装配操作中发生较为频繁，这种烫伤一般不会造成严重后果，但会给操作者带来痛苦和伤害，所以要注意以下几点操作规范：

a. 工作中应将电烙铁放置在烙铁架上，并将烙铁架置于工作台右前方。

b. 观察电烙铁的温度，应用电烙铁头去熔化松香，千万不要用手触摸电烙铁头。

c. 在焊接工作中要防止被加热熔化的松香及焊锡溅落到皮肤上。

d. 通电调试、维修电子产品时，要注意电路中发热电子元器件（散热片、功率器件、功耗电阻）可能造成的烫伤。

2.1.3.3 预防机械损伤

机械损伤在电子装配操作中较为少见，但违反安全操作规定仍会造成严重伤害的事故。例如：

a. 在钻床上给印制板钻孔，留长发或戴手套操作是严重违反钻床的操作规程。

b. 使用螺丝刀紧固螺钉时，可能打滑伤及自己的手。

c. 剪断印制板上元器件引线时，可能被剪断的线段飞射迸伤眼睛。

2.1.4 电气消防与触电急救

2.1.4.1 电气消防

a. 发现电子装置、电缆等冒烟起火，要尽快切断电源。

b. 灭火时不可将身体或者灭火工具触及电子装置和电缆。

c. 发生电器火灾时，应使用砂土、二氧化碳或四氯化碳等不导电的灭火介质。绝对不能使用泡沫或水进行灭火。

2.1.4.2 触电急救

a. 发生触电事故时，千万不要惊慌失措，必须以最快的速度使触电者脱离电源。这时最有效的措施是切断电源。在一时无法或来不及找寻电源的情况下，可用绝缘物（竹竿、木棒或者塑料制品等）移开带电体。

b. 抢救中要记住触电者未脱离电源前，其本身是一个带电体，抢救时会造成抢救者触电伤亡，所以要在保证自己不会触电的前提下做到尽可能的快。

c. 触电者脱离电源后，还有心跳、呼吸的应尽快送医院进行抢救。

d. 如果心跳已停止，应立即采用人工心脏挤压方法，使患者维持血液循环。如果呼吸已停止，应立即采用口对口人工呼吸方法。

e. 心跳、呼吸全停止时，应该同时采用上述两种方法，并且边急救边送医院作更进一步的抢救。

2.2 电子产品生产的基本知识

2.2.1 生产工艺的重要性

电子产品的内涵极为广泛，既包括电子材料、电子元器件，又包括将它们按照既定的装配工艺程序、设计装配图和接线图，按一定的精度标准、技术要求、装配顺序安装在指定的位置上，再用导线把电路的各部分相互连接起来，组成具有独立性能的整体。

一台完善、优质、使用可靠的电子产品（整机），除了要有先进的线路设计、合理的结构设计、采用优质可靠的电子元器件及材料之外，如何制订合理、正确、先进的装配工艺，以及操作人员根据预定的装配程序，认真细致地完成装配工作都是非常重要的。

2.2.2 电子产品装配步骤

电子产品装配工作主要是指钳装、电气安装和装配后质量检验。生产实践证明，良好的电接触是保证电子产品质量和可靠性的重要因素，电子产品发生故障跟电气安装的质量有密切关系。例如，焊接时若出现假焊、虚焊、错焊和漏焊，将会造成接线松脱、接点短路或开路；高频装置中如果接线过长、布线不合理，将会造成高频电路工作不稳定或不正常。因此，要使装配出来的产品达到预期的设计目的，务必十分注重装配质量，生产操作人员必须严肃认真地做好每一道细小的生产环节。

装配工作是一项复杂而细致的工作。电子产品装配原则是先轻后重、先铆后装、先里后外、先平后高，上道工序不得影响下道工序。

2.2.2.1 装配前的技术准备和生产准备

(1) 技术准备工作。技术准备工作主要是指阅读、了解产品的图纸资料和工艺文件，熟悉部件、整机的设计图纸、技术条件及工艺要求等。

(2) 生产准备工作。

a. 工具、夹具和量具的准备。

b. 根据工艺文件中的明细表，备好全部材料、零部件和各种辅助用料。

2.2.2.2 装配操作的基本要求

(1) 零件和部件应清洗干净，妥善保管待用。

(2) 备用的元器件、导线、电缆及其他加工件，应满足装配时的要求。例如，元器件引出线校直、弯脚等。

(3) 采用螺钉连接、铆接等机械装配的工作应按质按量完成好，防止松动。

(4) 采用锡焊方法安装电气时，应将已备好的元器件、引线及其他部件焊接在安装底板所规定的位置上，然后清除一切多余的杂物和污物，送交下道工序。

2.2.2.3 电子产品装配工艺的技术总要求

技术要求包括两个方面：一是机械装配；二是电气安装。

(1) 机械装配的工艺要求。

a. 螺钉连接。根据安装图纸及说明，选用规定的螺钉、垫圈，采用合适工具把它拧紧在指定的位置上。

b. 铆钉连接。装配图纸上一些需要连接并不再拆动的地方常采用铆钉连接。在铆接前应按图纸要求选用铆钉，铆接时应符合铆加工的质量标准。

c. 胶接及其他。对需要胶接的部件，要选用符合胶接的粘合剂，并按粘合剂工艺要求胶接好连接件。

(2) 电气安装的工艺要求。电气安装应确保产品电气性能可靠、外形美观而且整齐、一致性好。电气安装的工艺要求如下：

a. 对电气安装所用的材料、元器件、零部件和整件均应有产品合格证；对部分元器件应按抽检规定进行抽检，在符合要求的情况下才准许使用。否则不得用于安装使用。

b. 装配时，所有的元器件，应做到方向一致，整齐美观；标志面应朝外，以便于观察检验。

c. 被焊件的引出线、导线的芯线与接头，在焊接前应根据整机工艺文件要求，分别采用插接、搭接或绕接等方式固定。对于一般家用电器，较多使用插接方式焊接。

d. 元器件引出线、裸导线不应有切痕或钳伤。如需要套绝缘套管，应在引线上套上适当长度和大小的套管。多股导线的芯线加工后不应有断股现象存在。

2.2.3 工具的使用及维护

使用合适的工具，可以大大提高装配工作的效率和产品质量。

电子产品装配常用的工具有：电烙铁、尖嘴钳、斜口钳、镊子、剪子、改锥（大中小各一件）、钢皮尺、扳手等普通工具。专用工具有导线剥头钳、开口螺钉旋具等。

电烙铁是手工施焊的主要工具，是电子产品装配人员常用工具之一，选择合适的电烙铁，合理地使用是保证焊接质量的基础。

由于用途、结构的不同，电烙铁种类较多。

按加热方式分，有直热式、感应式、气体燃烧式等；

按电烙铁发热能力分，有 20W、30W、……；

按功能分，有单用式、两用式、调温式等。

最常用的是单一焊接用的直热式电烙铁。

2.2.3.1 电烙铁的种类

(1) 直热式电烙铁。直热式电烙铁有内热式电烙铁和外热式电烙铁两种。其特点如下：

a. 内热式电烙铁。内热式电烙铁具有发热快(通电 2 分钟后即可使用)、体积小、重量轻和耗电省，热效率高等优点，因此获得广泛使用。由于它的发热器件装在烙铁头内部，热量利用率可达到 85%～90%以上。此种电烙铁的常用规格为 20W、50W 等，由于它的热效率高，20W 内热式电烙铁相当于 25W～45W 外热式电烙铁。内热式电烙铁比较适用于晶体管等小型电子元器件和印制电路板的焊接。

内热式电烙铁的烙铁芯是用比较细的镍铬电阻丝绕在瓷管上制成的，其电阻约为 2.5kΩ(20W)，烙铁的温度一般可达 350℃左右。

b. 外热式电烙铁。外热式电烙铁具有功率范围大，但发热慢的特点。这种电烙铁头是安装在烙铁芯里面的，常用规格为 25W、45W、75W、100W 等。烙铁芯的功率不同，其内阻也不同。25W 烙铁的阻值约为 2kΩ，45W 烙铁的阻值约为 1kΩ，75W 烙铁的阻值约为 0.6kΩ，100W 烙铁的阻值约为 0.5kΩ。

外热式电烙铁的烙铁芯是将电热丝平行地绕制在一根空心瓷管上构成，中间由云母片绝缘，并引出两根导线与 220V 交流电源连接。

(2) 恒温电烙铁。恒温电烙铁升温时间快，只需 40～60s。它是借助于电烙铁内部的磁性开关而达到恒温的目的，由于是断续加热，可比普通电烙铁省电二分之一左右。它的烙铁头始终保持在适于焊接的温度范围内，焊料不易氧化，可减少虚焊，提高焊接产品质量。又由于它的温度变化范围很小，电烙铁不会发生过热现象，从而延长了使用寿命，同时也能防止被焊接的元器件因温度过高而损坏。

恒温烙铁头采用镀铁镍新工艺，使用寿命长，节约铜材，节省修整烙铁头的工时。此外，恒温电烙铁还有体积小、重量轻的优点，可以减轻操作者的劳动强度。

(3) 吸锡电烙铁。吸锡电烙铁是将活塞式吸锡器与电烙铁熔为一体的拆焊工具。它具有加热，吸锡两种功能。这种电烙铁的不足之处是每次只能对一个焊点进行拆焊。吸锡器也可单独作为一种工具，使用时要及时清除吸入的锡渣，保持吸锡孔通畅。

2.2.3.2 电烙铁的组成与规格

电烙铁一般由烙铁头、烙铁芯、烙铁身、烙铁手柄、电源引线及插头等部分组成。

电烙铁有 20W、25W、45W、75W、100W 等数种规格。电烙铁上标出的功率，实际上是单位时间内消耗电源的能量，而并非电烙铁的实际功率。一般功率越大，烙铁的温度越高(在相同加热条件下)。

2.2.3.3 电烙铁的检查

(1) 使用前的检查：电源线有无破损，手柄和烙铁头不能松动。

(2) 用万用表检查：用万用表欧姆档测量电烙铁插头电源端，内阻应是 0.5～2kΩ 左右，功率越大，电热丝内阻越小。检查电烙铁的绝缘电阻应是大于 2～3MΩ，基本处于绝缘状态。

2.2.3.4　电烙铁使用时应注意的事项

(1) 烙铁头初次通电升温时，应先浸上松香再把焊锡均匀溶化在烙铁头上，即进行搪锡或上锡。

(2) 电烙铁内的加热芯在加热状态下应避免震动，使用时应轻拿轻放，不能用来敲击。

(3) 使用电烙铁时应握持其手柄部位，常用的握持方法有握笔型、反握型和正握型等三种。

a. 握笔型：此法适用于小功率的电烙铁，焊接散热量小的被焊件，如焊接收音机、电视机的印刷电路板及其维修。

b. 反握型：就是手心朝上握住手柄，此法适用于大功率电烙铁，焊接散热量较大的被焊件。这种握法需要一段时间才能适应，但是动作稳定，不易疲劳。

c. 正握型：就是手心朝下握住手柄，此法使用的电烙铁也比较大，且多为弯形烙铁头，使用弯把烙铁时一般用此种握法。

(4) 电烙铁金属管的温度很高，一般大于 200℃，因此千万不可直接用手触摸。

(5) 停止使用时，应将电源插头拔出。

(6) 电烙铁头要经常保持清洁，间隔一定的时间应将烙铁头取出，倒去氧化物，重新插入拧紧，防止烙铁头与加热芯烧结在一起。

(7) 不可将烙铁头上多余的锡乱甩，而应注意左右他人的安全。

(8) 烙铁头应经常保持清洁，可以蘸一些松香清洁，也可用湿的耐高温海绵擦除烙铁头上的脏物。

2.2.3.5　烙铁头的形状及加工

(1) 烙铁头的形状。烙铁头通常用紫铜棒锉成不同的形状，供各种焊接使用。直热式烙铁头多制成錾式，角度有 45°、10°～25°等几种，宽窄亦不相同，参见图 2-1(a)、(b)所示。图中(c)、(e)为内热式烙铁头，其余均为外热式烙铁头。在焊接装配密度较大的产品时，为了避免烫伤周围的元器件及导线，便于接近深处的焊接点可使用图 2-1(c)所示的加长錾式烙铁头。

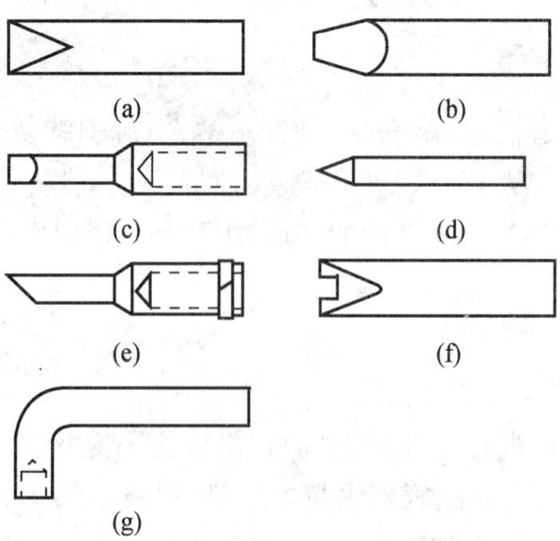

图 2-1　各式烙铁头外形

对于錾式烙铁头，角度大的热量比较集中，温度下降较慢，适合于焊接一般焊接点；角度小的温度下降快，适合于焊接温度比较敏感的元器件。

焊接精密电子器件的小型焊接点时，烙铁头常做成锥形，见图 2-1(d)。

焊接印制板及一般焊接点时，宜使用内热式圆斜面的烙铁头，见图 2-1(e)。

焊接印制板时，还可使用图 2-1(f)所示的凹烙铁头和图 2-1(g)所示的空芯烙铁头，使用这两种烙铁头可使焊接更为方便，但修整这两种烙铁头较麻烦。

(2) 烙铁头的修整和镀锡。烙铁头使用一段时间后，表面有黑灰色氧化层而影响上锡时，要用砂纸去掉；轻度磨损时，可用剪刀剪去尖脚；磨损厉害凹凸不平时，应用锉刀进行修整(断电操作，重新镀锡)。

修整后的烙铁应立即镀锡，方法是将烙铁头装好通电，烙铁蘸上锡后在松香中来回摩擦，直到整个烙铁修整面均匀镀上一层锡为止。应该注意，烙铁通电后一定要立即蘸上松香，否则表面会生成难镀锡的氧化层。

2.3 电子产品生产工艺

2.3.1 电子产品机械装配工艺

电子产品安装时，需要先将各种零件固定在底座或底板上，然后才能进行电气安装。零件的固定方法通常有螺钉连接、铆钉连接、焊接及胶接等几种形式。电子产品在不同的环境中，可能受到振动、冲击等机械力作用，因此装配必须牢固、可靠。

2.3.1.1 螺钉连接

螺钉连接是指采用螺钉、螺栓、螺母及各种垫圈(平垫圈、弹簧垫圈、内齿弹性垫圈、外齿弹性垫圈、波形垫圈等)，将各类元器件和零、部件紧固地安装在机器规定位置上的过程。电子产品装配中螺钉连接应用很多，它具有装拆简单、连接牢靠、调节更换方便等优点。

(1) 元器件安装事项。安装时应按工艺顺序进行，并符合图纸的规定。当安装部位全是金属件时，应使用平垫圈，其目的是保护安装表面不被螺钉或螺母擦伤，增加螺母的接触面积，减小连接件表面的压强。

紧固成组螺钉时，必须按照一定的顺序，交叉、对称地逐个拧紧。若把某一个螺钉拧得很紧，就容易造成被紧固件倾斜或扭曲；再拧紧其他螺钉时，会使强度不高的零件(如塑料、陶瓷和胶木件等)碎裂。

螺钉拧紧的程度和顺序对装配精度和产品寿命有很大关系，切不可忽视。

(2) 防止紧固件松动的措施。为了防止紧固件松动或脱落，应采取相应的措施，如图 2-2

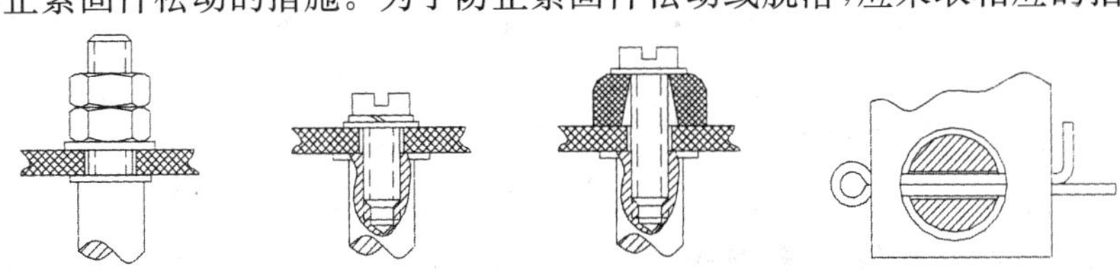

(a) (b) (c) (d)

图 2-2 紧固件防松动措施

所示。其中图(a)是利用双螺母互锁起到制动作用，一般在机箱接线柱上用得较多；图(b)是用弹簧垫圈制止螺钉松动，常用于紧固部件为金属的元器件；图(c)是靠橡皮垫圈起制动作用；图(d)是用开口销钉制动，多用于有特殊要求的器件的大螺母上。

(3) 常用元器件的安装。

a. 胶木件和塑料件的安装。胶木件脆而易碎，安装时应在接触位置上加软垫(如橡皮垫、软木垫、铝垫、石棉垫等)，以便其承受压力均匀。切不可使用弹簧垫圈。

塑料件一般较软、易变形，可采用大外径钢垫圈，以减小单位面积的压力。

b. 大功率晶体管散热片的安装。大功率晶体管都应安装散热片。散热片有些在出厂时已安装好，有些则要在装配时将散热片装在管子上，如图 2-3 所示。安装时，散热片与晶体管应接触良好，表面要清洁。如果在两者之间加云母片，需在云母片两面涂些硅脂，使接触面密合，提高散热效率。

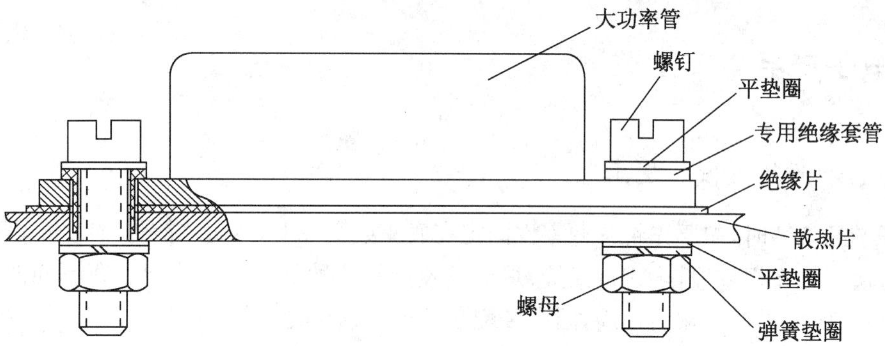

图 2-3　大功率晶体管散热片的安装

c. 屏蔽件的安装。电子产品中有些器件需要加屏蔽罩，有些单元电路需用屏蔽盒，有些部件需要加隔离板，有些导线要采用金属屏蔽线。采用这些屏蔽措施是为了防止电磁能量的传播或将电磁能量限制在一定的空间范围之内。

在用铆接与螺钉装配的方式安装屏蔽件时，安装位置一定要清洁，可用酒精或汽油清洗干净，漆层要刮净。如果接触不良，产生缝隙分布电容，就起不到良好屏蔽效果。

2.3.1.2　铆装和销钉连接

用各种铆钉将零件、部件连接在一起的过程称为铆接。铆装属于不可拆卸的安装。电子产品装配用的铆钉是铜或铝制作的，其类型有半圆头铆钉、平锥头铆钉、沉头铆钉和空心铆钉等。铆件成形后不应有歪、偏、裂、不光滑、圆弧度不够等现象，更不允许出现被铆件松动的情况。

电子产品中，铆钉连接应用十分广泛，如固定冲制焊片的冲胀铆、小型电子管固定夹与壁板的翻边铆、薄壁零件间的成形铆等等。

销钉连接在电子产品装配中应用也较多，因为这种连接安装方便，拆卸容易。通常，按其作用分为紧固销和定位销两种，按其结构形式有圆柱销、圆锥销及开口销。

圆柱销是靠过盈配合固定在孔中的。装配时先将两个零件压紧在一起同时钻孔，再将合适的销钉涂少许润滑油，压入孔内，操作时用力要垂直、均匀、不能过猛，以免将销钉头镦粗或变形。

圆锥销通常采用 1/40 的锥度将两个零件、部件连接为一整体。如果能用手将圆锥销塞进孔深的 80%～85%，则说明配合正常，剩下长度用力压入，即完成了锥销连接。

2.3.1.3 粘接连接

将两个元器件用适当粘合剂粘接在一起的装配方法称为粘接(或胶接)。在电子产品中通常采用粘合剂粘接较轻的器件及不便于螺装和铆装的器件。粘接具有方法简便、成本低廉、设备简单、重量轻、密封性好、机械强度较高(如果粘接得好，其强度甚至比材料本身强度还要好)、电气绝缘性能良好和高频损耗较小等优点。

粘合剂的种类很多，应用范围日趋广泛，下面介绍常用粘合剂的有关性质。

(1) KH-501 常温快速粘合剂。KH-501 胶在室温下能迅速固化，不需加热加压，使用非常方便。它对金属、陶瓷、玻璃、塑料、橡胶等材料都具有良好的胶接性能，特别适用于表面光滑无孔的小型零件的胶接和固定。

具体操作方法是将胶接件表面用砂纸(细)打磨后用丙酮、甲苯溶剂除去表面油污，把 501 胶涂在胶接零件的一个表面上，然后将两胶接面相互研磨一下，使胶液均匀分布在两个面上时，对准位置稍加压力或靠零件自重压固(若要求快速胶接，则可将已涂胶的两零件研磨几下后立即分开，在空气中暴露几秒钟，再立刻贴合)，最后在室温下静置 10～30 分钟即可粘合牢靠，但一般需放置 24 小时才可达到强度高峰。

(2) 溶剂型粘合剂。溶剂型粘合剂适用于某些热塑性塑料之间的胶接。因为热塑性塑料大部分都有相应的溶剂，所以可以借助溶剂液进行胶接。胶接的原理是两塑料零件在溶剂中局部溶解、软化、施加压力使其贴合在一起，待溶剂挥发后即将胶接件粘合牢固。这种胶接的强度较小。

(3) 环氧树脂。环氧树脂胶是一种多组分粘合剂，以环氧树脂为基体，加入一定数量的固化剂配制而成。可用于胶接铝、铜、钢等各种金属以及橡胶、塑料(聚乙烯、聚苯乙烯、聚四氟乙烯、有机硅树脂除外)、陶瓷、玻璃、木材及云母等各种非金属材料。它是一种高强度粘合剂，并有良好的绝缘性能和力学性能，属于结构型粘合剂，可用于受力部位的胶接。它在电子产品装配、检修中应用相当广泛。

2.3.2 电气安装的工艺

电气的安装准备工艺与装配，以及元器件、导线、电缆装配前的加工处理统称为电气安装的准备工艺。准备工艺是产品安装的重要工序，有了良好的准备工艺，才可能有优质、可靠的电气连接质量。电气安装的准备工艺主要包括有导线加工、浸锡、元器件引线成形、屏蔽线及同轴射频电缆加工等内容。

2.3.2.1 焊料与焊剂

(1) 焊料。凡是用来熔合两种或两种以上的金属面，使之成为一个整体的金属或合金都叫焊料。按焊料的组成成分可分为锡铅焊料、银焊料和铜焊料，在锡铅焊料中，熔点在 450℃ 以上的称为硬焊料，熔点在 450℃ 以下的称为软焊料。在电子装配中多用锡铅焊料(简称焊锡)。

焊锡由二元或多元合金组成。通常所说的焊锡是指锡和铅的二元合金，即锡铅合金。它是种软焊料。图 2-4 给出了锡铅合金熔化温度随着锡的含量而变化的情况，称为锡铅合金状态图。从图中可以看出：B 点合金可由固体直接变成液体或从液体直接冷却成固体，中间不经过半液体状态，因此称 B 点为共晶点。按共晶点配比的合金称为共晶合金。共晶合金是合金焊料中较好的一种，其优点是熔点最低、结晶间隔很短、流动性好、机械强度高，所以，在电子产品的焊接中都采用这种比例的焊锡。

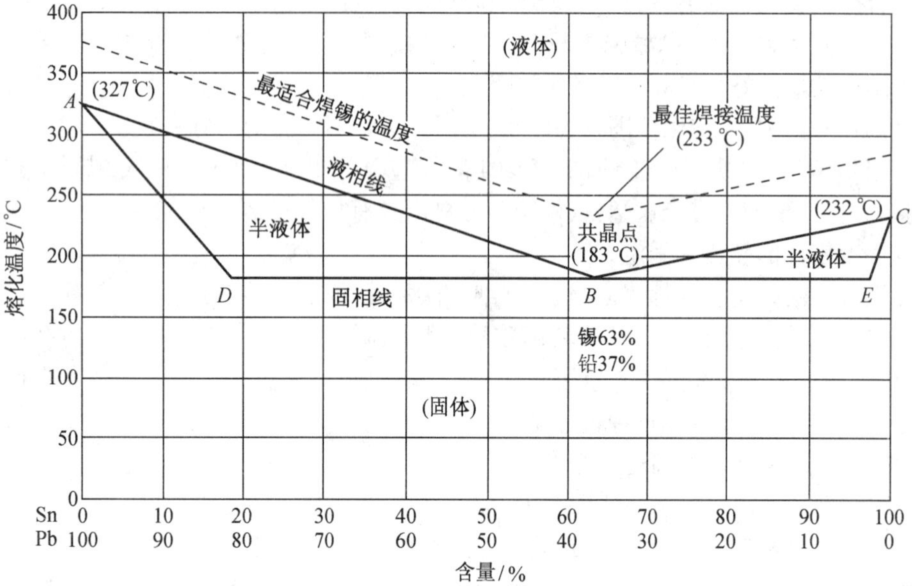

图 2-4　锡铅合金的状态图

共晶锡铅合金的含锡量为 63%，含铅量为 37%，按此配比的焊锡叫共晶焊锡，其熔化温度为 183℃。

焊料的形状有管状、扁带状、球状、饼状、圆片等几种。常用的焊锡丝，在其内部夹有固体焊剂松香。常用焊锡丝直径有 1.2mm、1.5mm、2.0mm、2.5mm、3.0mm 等多种规格。

(2) 助焊剂。焊接时，为了使熔化的焊锡能粘结在被焊金属表面上，就必须借助化学的方法将金属表面的氧化物除去，使金属表面能显露出来，凡是具有这种作用的化学品，称为助焊剂。电子装配时常用焊接方法实施电的连接，而助焊剂便成为获得优质焊接点的必要工艺措施。

a. 助焊剂的作用。

• 除去氧化膜与杂质。助焊剂中的氯化物、酸类同氧化物发生还原反应，从而除去氧化膜，反应后的生成物变成悬浮的渣，漂浮在焊料表面。

• 防止氧化。由于焊接时必须把被焊金属加热到使焊料发生润湿并发生扩散的温度，但是随着温度的升高，金属表面的氧化就会加热，而助焊剂此时就在整个金属表面上形成一层薄膜，包住金属使其同空气隔绝，从而起到加热过程中防止氧化的作用。

• 减小表面张力，增加焊锡流动性，有助于焊锡润湿焊件。当焊料熔化后，将贴附于金属表面，但由于焊料本身表面张力的作用使焊料变成球状，从而减小了焊料的附着力，而助焊剂则有减小表面张力，增加流动的功能，故使焊料附着力增强，使焊接质量得到提高。

b. 对助焊剂的要求。

• 熔化温度必须低于锡的熔化温度，并在焊接温度范围内具有足够的热稳定性。

• 应有很强的去金属表面氧化物的能力，并有防止再氧化的作用。

• 在焊接温度下能降低焊锡的表面张力，增强浸润性，提高焊锡的流动性能。

• 残余物易清除，并无腐蚀性。

• 焊接时，助焊剂不宜产生过多的挥发性气体，尤其不应产生有毒或刺激性的气体。

• 助焊剂的配制过程应简单。

c. 助焊剂的选用。一般应根据金属的焊接性能来选用相应的助焊剂。

• 铂、金、银、铜、锡等金属可焊性较强，多选用松香及其配制液作助焊剂。

• 铅、黄铜、青铜、铍青铜及带有镍层的金属可焊性较差，应选用有机助焊剂、120 焊剂等活性焊剂。

• 焊接半密封器件，必须选用焊后残留物无腐蚀性的焊剂，如松香酒精焊剂、601 焊剂、701 焊剂等。

(3) 阻焊剂。在进行浸焊、波峰焊时，往往会发生焊锡桥连，造成短路的现象，尤其是高密度的印制板更为明显。阻焊剂是一种耐高温的涂料，它可使焊接只在需要焊接的点上进行，而将不需要焊接的部分保护起来。应用阻焊剂可以防止桥连、短路等现象发生，减少返修，提高劳动生产率，节约焊料，并可使焊点饱满，减少虚焊发生，提高了焊接质量。印制板板面部分由于受到阻焊膜的覆盖，热冲击小，使板面不易起泡、分层，焊接成品合格率上升。

(4) 烙铁头温度。电烙铁头的温度应为 233℃，这样能使焊接质量最好。

2.3.2.2 导线加工及引出线处理

绝缘导线的加工过程可分为：剪裁、剥头、捻头（指多股芯线）、浸锡和清洁等。正确的导线线头加工，可提高安装工作的生产效率，并改善产品焊接质量。

(1) 剪线。绝缘导线在加工时，应先剪长导线，后剪短导线，这样可节约线材。手工剪切绝缘导线时要先拉直再剪，细裸铜导线可用人工拉直再剪。剪线要按工艺文件的导线加工表所规定的要求进行，长度要符合公差要求，而且不允许损坏绝缘层。如无特殊公差要求，则可按表 2-3 选择长度公差。

表 2-3　绝缘导线长度公差

长度/mm	50	50～100	100～200	200～500	500～1000	1000 以上
公差/mm	+3	+5	+5～+10	+10～+15	+15～+20	+30

剪线工具和设备有剪刀、斜口钳、钢丝钳、自动剪线机、半自动剪线机等。

(2) 剥头。剥头是把绝缘线两端各去掉一段绝缘层，而露出芯线的过程。使用剥头钳时要对准所需要的剥头距离，选择与芯线粗细相配的钳口。蜡克线、塑胶线可用电剥头器剥头。剥头长度应符合工艺文件（导线加工表）的要求。无特殊要求时，可按照表 2-4 选择剥头长度，如图 2-5 所示。

表 2-4　导线剥头长度

芯线截面积/mm^2	1 以下	1.1～2.5
剥头长度/mm	8～10	10～14

剥头所使用的工具有剪刀、剥头钳、电剥头器、剥头机等。

(3) 捻头。多股芯线经过剥头以后，芯线有松散现象，必须再一次捻紧，以便浸锡及焊接。捻线时用力不宜过猛以免细线捻断。捻线角度一般在 30°～45°之间，如图 2-6 所示。捻线可采用捻头机，或用手工捻头。

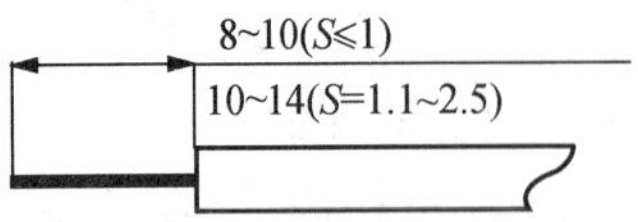

图 2-5 绝缘导线剥头长度

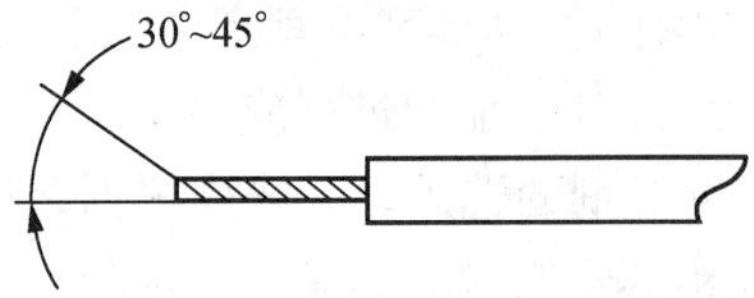

图 2-6 多股芯线的捻线角度

(4) 搪锡(浸锡)。

a. 芯线浸锡。经过剥头和捻头后的绝缘导线应在较短时间内进行浸锡。否则会使剥头、捻头的芯线重新氧化，造成浸锡不良，尤其是霉雨季节，更应尽量缩短剥头到浸锡的间隔时间。当芯线浸锡时不能触到绝缘层端头，应距端头 2mm 左右，浸锡时间一般为 1～3s。

b. 裸导线浸锡。凡要进行浸锡的裸导线、铜带、扁铜带等都要经过去氧化层污垢处理，可用刀具、砂纸刮磨，或在专用设备上清除，然后再蘸上助焊剂去浸锡。镀银线浸锡时，操作人员应戴工作手套，以保护被镀银层。

c. 元器件引线、焊片的浸锡。各种元器件需要浸锡时，都要去掉氧化层和油污。无孔焊片浸锡的深度要根据焊点大小或工艺的规定；有孔的小型焊片浸锡要浸过孔 2～5mm，如图 2-7所示。浸完锡不要将孔堵塞，如果孔堵了可重浸一次甩去多余锡，否则芯线将无法穿过焊片孔进行绕接。

电阻器、电容器、电感器和晶体管的引出线如果不直，可用平口钳或在专用调直机上调直，然后用细砂纸或刀具清除氧化层。操作时应在距器件根部 2～5mm 处开始去除氧化层，如图 2-8 所示。去除表面氧化层时，只要见到金属本色即可。从去氧化层到浸锡的间隔时间要短，最长不超过几个小时。一般浸锡时间为 2～5s，过长易造成元器件引出线脱落和器件损坏，过短易产生预热不充分而浸锡不良。晶体管、集成电路或其他怕热器件，浸锡时最好用易散热工具夹持其引线上端，这样可防止大量热量传导到器件内部造成损坏。浸锡以后应立即浸入酒精散热。

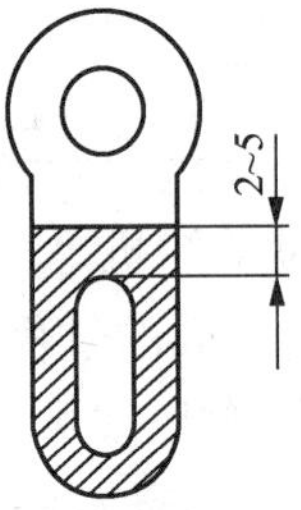

图 2-7 焊片浸锡

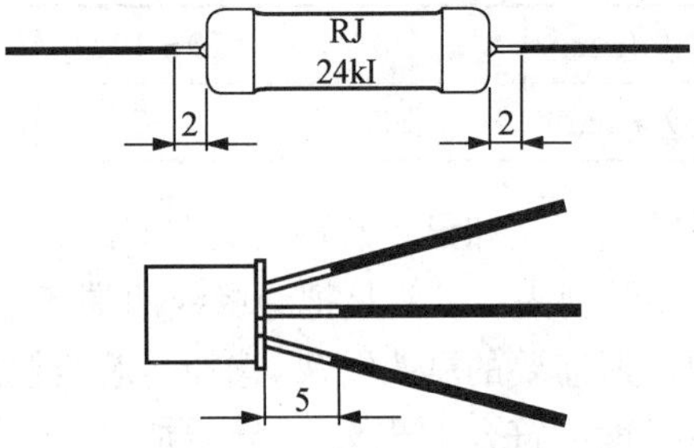

图 2-8 元器件引线浸锡

已经浸过锡的焊片、引线等，其锡层要光亮、均匀、牢固、无气孔状和锡瘤物。

浸锡的工具和设备有刀具、钳子、电炉、锡锅或超声波锡锅。焊料可选用 HLSnPb39 铅锡焊料，它的熔化温度较低(183℃)。助焊剂可采用中性松香酒精焊剂(比例为 3∶7)。电子产品不准使用酸性或碱性助焊剂。

2.3.2.3　屏蔽线的加工

为了防止因导线电场或磁场的干扰而影响电路正常工作，可在导线外加上金属屏蔽层，这样就构成了屏蔽导线。屏蔽导线端头外露长度直接影响到屏蔽效果，因此对屏蔽导线加工必须按工艺文件执行。

(1) 屏蔽导线端头去除屏蔽层长度。屏蔽导线的屏蔽层到绝缘层端头的距离应根据导线工作电压而定，一般可按表 2-5 选用。

表 2-5　屏蔽导线端头去除屏蔽层长度

工作电压/V	去除长度 L/mm	图例：
600 以下	10～20	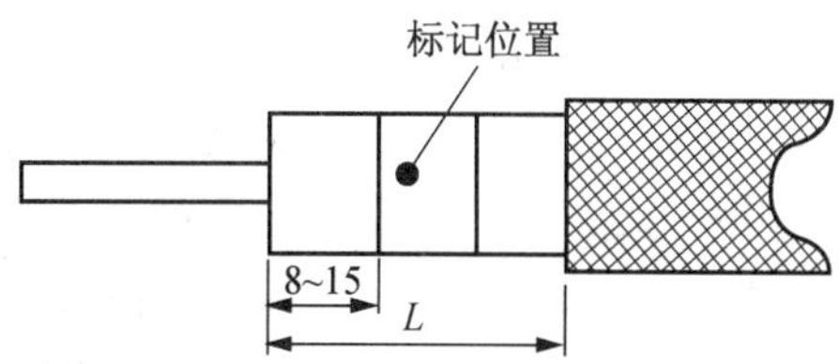
600～3000	20～30	
3000～10000	30～50	

(2) 屏蔽导线端头处理方法。

a. 屏蔽导线的端头处理方法如图 2-9 所示。如其绝缘层有棉织蜡克层或塑胶层，应先剪去适当长度的屏蔽层以后，在屏蔽层内套一黄蜡管或缠黄绸布 2～3 层，再在它上面用 ϕ0.5～ϕ0.3mm 的镀银铜线密绕数圈，长度为 2～6mm；然后将密绕的铜线焊在一起(应焊一周)，焊接时间要快，以免烫伤绝缘层；最后留出一定长度作接地线。

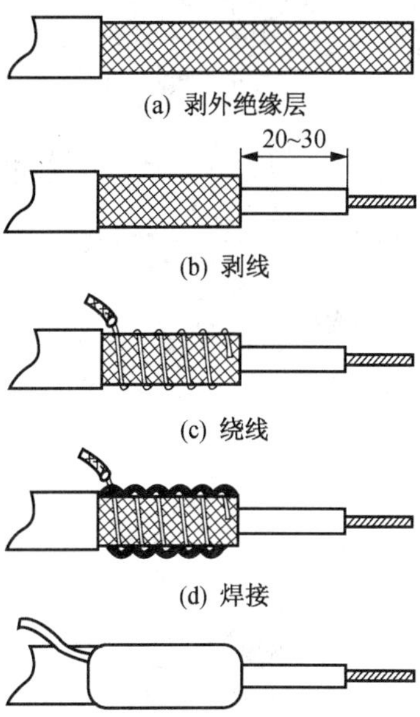

图 2-9　屏蔽导线端头处理方法

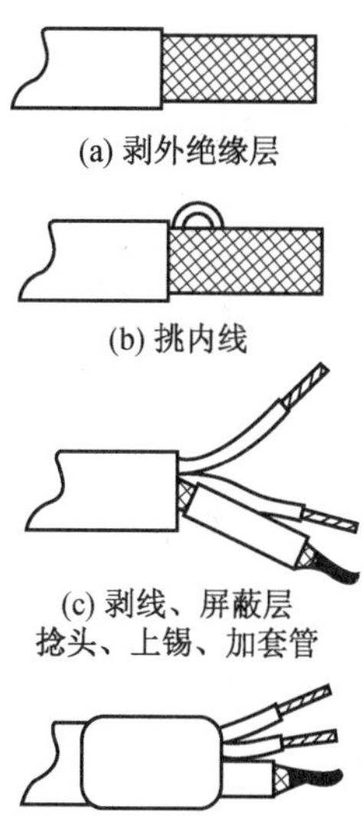

图 2-10　屏蔽层中间抽头方法

b. 屏蔽层中间抽头方法如图 2-10 所示。即应先用划针在屏蔽层的适当位置拨开一小槽,用镊子(或穿针)抽出绝缘线,将屏蔽层拧紧,并在屏蔽层端部浸锡。注意浸锡时应用尖嘴钳夹持,不让锡渗冷却而形成硬结。

2.3.2.4 导线的走线及安装

生产电子产品时,为得到有一定强度和焊接质量的焊接点,在焊接前都要进行可靠的连接。由于各类产品的结构形式与使用要求的不同,焊接前各种连接点的结构及外形又有很大的差异,所以被焊接在这些接点上的元器件安装方法是不相同的。

(1) 走线。

a. 走线原则:①以最短距离连线;②直角连线;③平面连线;④导线的根部不能受力,并且要顺着接线端子的方向走线,焊接后再改变走线方向会使导线从根部折弯,造成导线断线。

这些原则有相互矛盾的地方,在坚持原则的情况下,可根据具体的情况灵活掌握。另外,对于走线来说,并不是光靠连线就可以解决的,必须把它同元器件的排列一起考虑。以最短距离连线,是解决交流声和噪声的重要手段,但在连线时则需要松一些,以免在拉动端子时导线的细弱处受力被扯断。此外,导线要留有充分的余量,以便在组装检验及维修时备用。

b. 走线要领:①沿接地线走;②电源(交流电源)线和信号线不要平行;③接地点集中在一起;④不要形成环路;⑤离开发热体;⑥不能在元器件上走线。

(2) 扎线。所谓扎线,就是把导线捆扎起来,这样做一方面可以将连线整齐地归纳在一起,少占空间;另一方面也有利于稳定质量。

a. 扎线要领:①导线的确认;②不能将力量集中在一根线上;③不能扎得太松。

b. 扎线用品:①捆扎线;②扎线带;③线卡。

c. 制造要领:①要求线端留有一定的长度,应从线端开始扎线;②重点在于走线和外观,应排列整齐,而且要有棱有角;③为防止连线错误时,可按各分支扎线;④扎线的间距标准为50mm,可根据连线密度及分支数量改变。如图 2-11 所示。

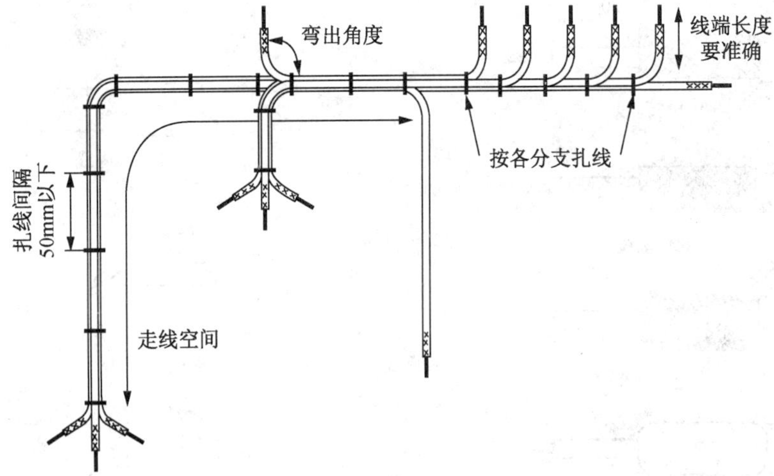

图 2-11 扎线制造要领

(3) 导线的安装。

a. 导线同接线端子的连接。

• 绕焊：把经过上锡的导线端头在接线端子上缠上一圈，用钳子拉紧缠牢后进行焊接。如图 2-12(a)、(b)所示。注意导线一定要紧贴端子，一般 $L=1\sim3$mm 为宜。该连接可靠性最好。

• 钩焊：把经过上锡的导线端头弯成钩形，钩在接线端子上并用钳子夹紧后施焊，如图 2-12(c)所示。端头处理与绕焊相同，这种方法强度低于绕焊，但操作简便。

• 搭焊：把经过上锡的导线端头搭在接线端子上施焊，如图 2-12(d)，这种连接最方便，但强度可靠性最差，仅用于临时连接或不便于缠与钩的地方及某些接插件上。

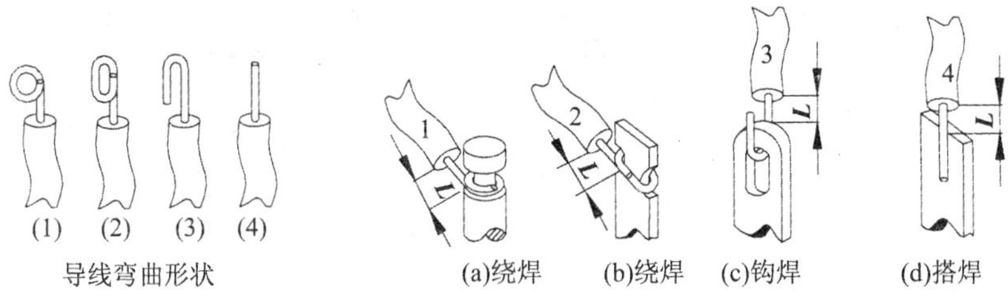

图 2-12　导线与接线端子连接图

b. 导线与导线的连接。导线之间的连接以绕接为主，如图 2-13 所示。

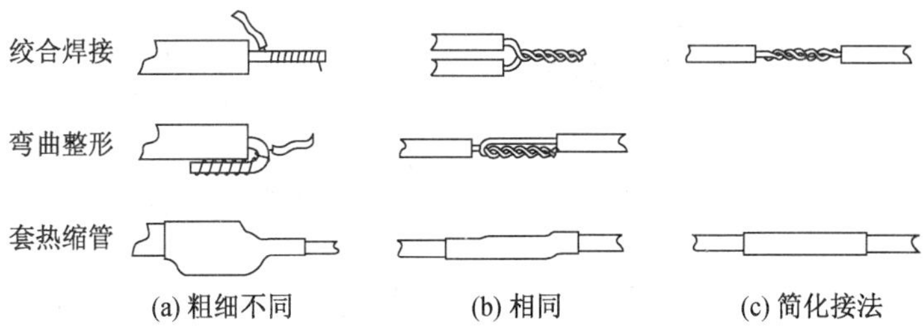

图 2-13　导线与导线连接图

2.3.2.5　元器件装配工艺

(1) 引线成型。元器件引线成型是指小型元器件而言，它可用跨接、立、卧等方法焊接，并要求受振动时器件原位置不变动。如果是大型元器件，必须用支架、卡子等固定在安装位置上，不可能像小型元器件悬浮跨接，单独立放。

以元器件脚高度为例，一般晶体管：5～10mm；瓷片电容：2～5mm；电解电容：0～5mm。电阻可卧底或抬起一些高度等。

引线折弯成型要根据焊点之间的距离做成需要的形状，图 2-14 为引线成型后的各种形状，引线折弯时要在离其根部 2mm 外进行。

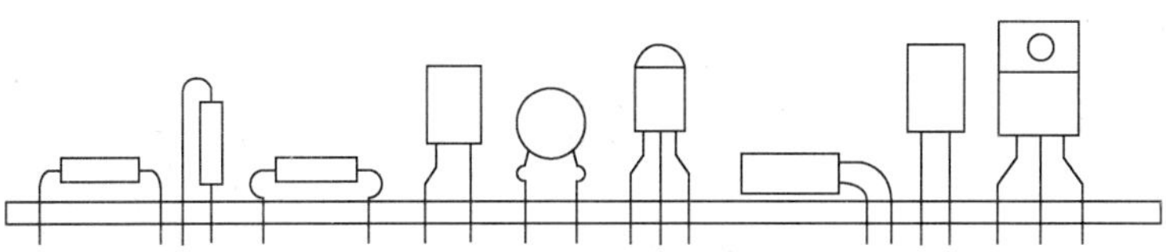

图 2-14　元器件引脚成形图

(2) 元器件装配的主要技术要求。

a. 标记安装时，字体应向上或向外，便于目视。

b. 中频变压器要与底板吻合。

c. 位置上下、水平、垂直、对称，要做到美观、整齐，同一类元器件高低应一致。

d. 元器件、导线绕头一般一圈到底，并用尖嘴钳夹紧。

e. 元器件的放置要平稳，支承力尽可能相等，弯脚应成圆弧形，并不可齐根弯。

f. 晶体管、集成电路焊接速度要快，要注意脚的极性。

(3) 接点的焊接。在焊接时焊点会出现如图 2-15 所示的几种情况。

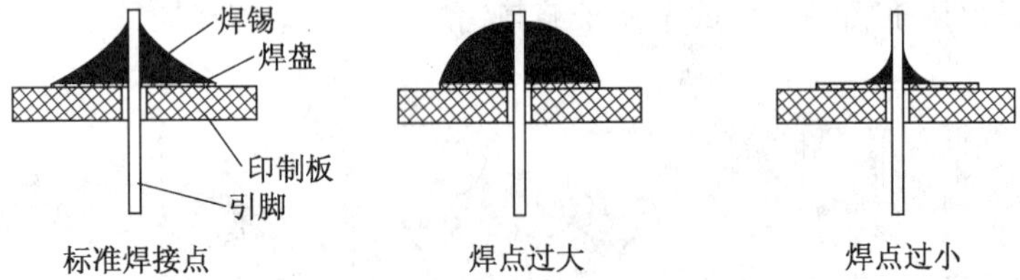

图 2-15　焊点分析图

a. 对焊接点的技术要求。

• 焊接点要牢固，具有一定的强度。
• 接触电阻要小，吃锡透彻，无虚焊、假焊及漏焊。
• 焊点大小均匀，圆滑，满焊、无生焊。
• 焊接点表面要整洁、无杂物残留。
• 焊点之间不应搭焊、碰焊，以防短路。
• 焊点表面应有良好的光泽，无毛刺、无拖锡，防止尖端放电。

b. 焊接注意事项。

• 烙铁头温度(233℃)掌握要适当。
• 焊接时间要适当。
• 焊料与焊剂使用要适量。
• 焊点未冷却前不准摇动焊接物，以防焊点表面粗糙及虚焊。
• 不应烫伤周围的元器件及导线。

c. 焊接 MOS 集成电路应注意事项。

• 使用的仪器和工具都必须接地良好。
• 焊接时宜使用 20W 内热式电烙铁；若用普通电烙铁，则烙铁头应接地。
• 焊接时间不要超过 5s，不允许在一个焊点上连续焊多次。
• 焊接线路板时，插脚应全部短路，并一次将整个电路板焊完。如有困难时，可将焊不完的板子包上屏蔽层放入金属盒内。

2.3.2.6　焊接技术

电子产品的焊接方法主要有手工焊、浸焊和波峰焊等。

(1) 手工焊接法。

a. 准备。首先准备好被焊件、焊锡丝和电烙铁，随后左手拿焊丝，右手握电烙铁(烙铁头上已上锡)，随时准备进入焊接状态。

b. 加热被焊件。把烙铁头放在接线端子和引线上进行加热。

c. 放上焊锡丝。被焊件经过加热达到一定温度后，立即将左手的焊锡丝放到被焊件上熔化适量的焊料，而不是直接加在烙铁头上。

d. 移开焊锡丝。当焊锡丝熔化一定量(焊锡不能太多)之后，迅速移开焊锡丝。

e. 移开烙铁。当焊料的扩散范围达到要求后，移开电烙铁。撤离烙铁的方向和速度的快慢与焊接质量有关，操作时应特别注意。

完成上述五个步骤后，在焊料尚未安全凝固以前，不能改变被焊件的位置，以防焊点虚焊、粗糙。

(2) 机械焊接法。

a. 浸焊。浸焊是将安装好的印制板浸入熔化状态的焊料液，一次完成印制板焊接，焊点以外不需连接的部分通过在印制板上的阻焊剂来实现。图 2-16 所示为现在小批量生产中仍在使用的浸焊设备示意图。夹持式由操作者掌握浸入时间，通过调整夹持装置可调节浸入角度，这种浸焊设备自动恒温，一般还配置预热及涂助焊剂的设备。

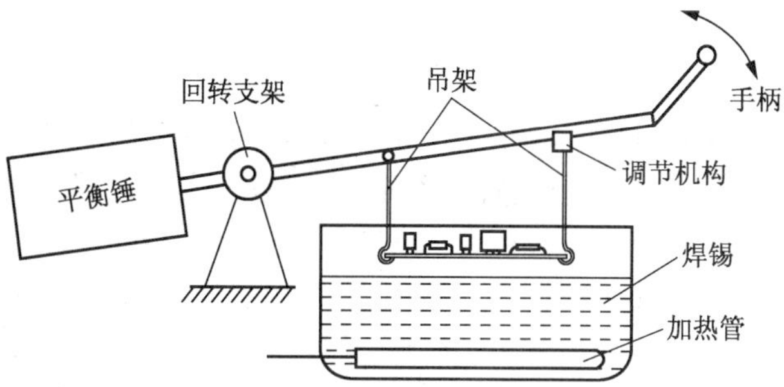

图 2-16　浸焊示意图

b. 波峰焊接。对大批量印制板的自动焊接常采用波峰焊。图 2-17 为波峰焊示意图，波峰由机械或电磁泵产生，并可控制。印制板由传送带按一定速度和倾斜度通过波峰完成焊接。图 2-18 所示为两种目前常用的波峰焊接机的示意图。

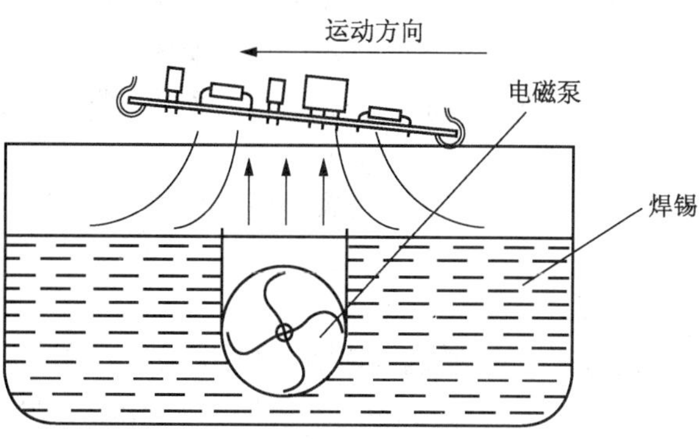

图 2-17　波峰焊示意图

波峰焊时，应考虑解决以下的工艺技术问题：

- 选择助焊剂。
- 选择预热温度。
- 选择传送倾斜度。
- 选择传送速度。
- 选择锡焊温度。
- 选择波峰高度及形状(有双峰、Ω 峰、喷洒峰、气泡峰等)。

• 选择冷却方式(有自然冷却、风冷、汽冷等)及冷却速度。

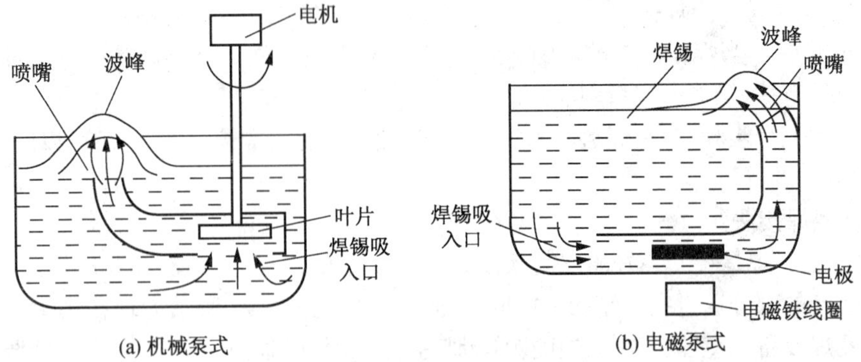

图 2-18　波峰焊机示意图

2.3.3　印制线路板

印制线路板是以绝缘板为基材,切成一定尺寸,其上至少附有一个导电图形,并布有孔(如元件孔、紧固孔、金属化孔等)以代替装置电子元器件底盘,实现元器件之间的相互连接,这种布线板称为印制线路板。常用印制板标称厚度有 0.2mm、0.3mm、0.5mm、0.7mm、0.8mm、1.2mm、1.5mm、2mm、2.5mm、3mm 等,对于插入式印制板,一般厚度选 1.5mm;多层板的厚度选用 0.2mm、0.3mm、0.5mm 等。铜箔厚度系列为 18μm、25μm、35μm、50μm、70μm、105μm,误差不大于±5μm,一般最常用的为 35μm、50μm。

2.3.3.1　印制线路板的分类

(1) 按结构分类。

a. 单面印制板。在厚度为 1～2mm 绝缘基板的一面敷有铜箔。

b. 双面印制板。在厚度为 1～2mm 绝缘基板的两面均敷有铜箔。

c. 多层印制板。由几层较薄的单面板或双面板叠合而成,厚度一般为 1.2～2.5mm,常用的有 4～6 层。

d. 软性印制板。以厚度为 0.25～1mm 的软质绝缘材料作为基材,在其一面或两面敷有铜箔。

(2) 按印制板加工工艺分类。

a. 先在绝缘底板(也称为基板)上敷满金属箔,然后用某种方法有选择性地除去部分金属箔而形成所需的电路。目前普遍采用的是腐蚀去箔法,最常用的腐蚀液是 $FeCl_3$,其原理为氧化-还原反应

$$2FeCl_3 + Cu \rightarrow 2FeCl_2 + CuCl_2$$

b. 直接在绝缘底板上制作金属电路,如金属箔冲压法、银浆印刷法和电镀法等。

c. 印制板绝缘底板和电路一次制成法。

2.3.3.2　印制板的排版设计

(1) 印制板中的干扰及其抑制。

a. 地线的共阻抗干扰及抑制。产生此类干扰的原因在于两个或两个以上回路公用一段地线。设计印制板时，应尽量避免不同回路电流同时流经某一段公用地线，常采用：

• 并联分路式：将印制板上几部分地线分别通过各自地线汇总到线路的总接地点。在实际设计中，印制电路的公共地线一般设在印制板的边缘，并较一般导线宽，各级电路就近并联接地。

• 大面积覆盖接地：在高频电路中，可采用扩大印制板的地线面积来减少地线中的感抗，同时对电场干扰起屏蔽作用。

• 地线的分线：在同一块印制板上，如布设模拟地线和数字地线，两种地线要分开，以抑制相互干扰。

b. 电源干扰的抑制。布线时，电源线不走平行、大环行线；电源线与信号不要太近且避免平行。

c. 磁场干扰的抑制。布设时，尽量减少磁力线对印制导线的切割，两磁性元件相互垂直以减少相互耦合，对干扰源进行屏蔽。

d. 热干扰的抑制。布局时尽量使电源变压器、功率器件、大功率电阻等发热元器件（即热源）置于容易散热的位置；怕热及热敏感元器件远离热源，并加装散热片及屏蔽。

(2) 元器件的布局与排列。

a. 元器件布局原则。

• 元器件在整个版面布局均匀，疏密一致。

• 元器件不要占满板面，四周留边，便于安装固定。

• 元器件布设在板的一面，每个引脚单独占用一个焊盘。

• 元器件设局不可上下交叉，相邻元器件保持一定间距，注意安全间隙电压 200V/mm。

• 元器件安装高度应尽量低，以提高稳定性和防止相邻元件碰撞。

• 根据在整机中安装状态确定元器件轴向位置，为提高元件在板上稳定性，使元件轴向在整机内处于竖立状态。

• 元器件两端跨距应稍大于轴向尺寸，弯脚应留出距离，防止齐根弯曲损坏元件。

b. 元器件的排列方式。

• 不规则：这种排列方式一般元件以立式固定为主，元件排列杂乱无章，但印制导线布设方便，印制导线短而少，可减少线路板的分布参数，抗干扰能力强，适用于高频线路中。

• 规则：元器件轴线方向与印制板四边并行或垂直，一般元件以卧式固定为主，这种排列整齐美观，便于安装、调试、维修。

2.3.3.3 印制板草图绘制

排版设计不是单纯地按照原理图连接起来，而是采取一定的抗干扰措施，遵循一定的设计原理，合理地进行布局，使整机安装方便、维修容易。因此，无论是手工排版还是利用计算机布线，都要经过草图设计这一环节。

(1) 焊盘及印制导线。

a. 焊盘、过孔及钻孔的尺寸。焊盘的尺寸与钻孔孔径、最小孔环宽度等因素有关。为保证焊盘上基板连接的可靠性，应尽量增大焊盘尺寸，但同时还要考虑布线密度。一般焊盘的环宽不小于 0.3mm，焊盘的尺寸不小于 ϕ1.3mm。实际焊盘的大小一般按表 2-6 的推荐来选用。焊盘、过孔一般必须在印制电路网络线的交点位置上；金属化孔壁厚 0.2mm 左右。

表 2-6　钻孔孔径与最小焊盘直径

钻孔直径/mm	精度等级	0.4	0.5	0.6	0.8	0.9	1.0	1.3	1.6	2.0
最小焊盘直径/mm	Ⅰ级①	1.2	1.2	1.3	1.5	1.5	2.0	2.5	2.5	3.0
	Ⅱ级②	1.3	1.3	1.5	2.0	2.0	2.5	3.0	3.5	4.0

注：① 允许偏差±0.05～±0.1mm，数控钻孔。

② 允许偏差±0.10～±0.15mm，手工钻孔。

b. 焊盘的形状。焊盘的形状有圆形、方形、椭圆形、长方形、卵圆形、切割圆形等，如图 2-19 所示。

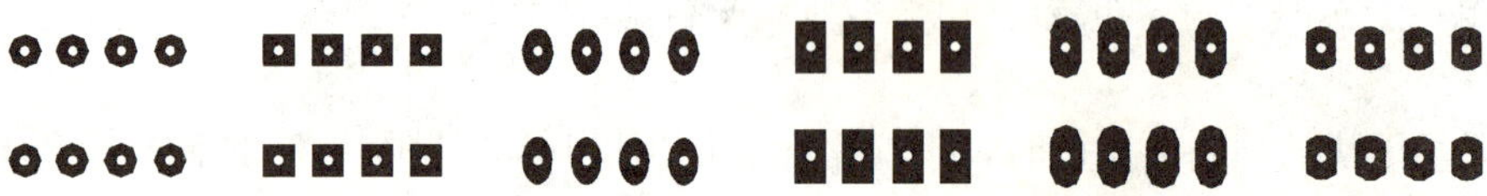

图 2-19　焊盘图形

圆形焊盘外径一般为 2～3 倍的孔径，孔径大于引线 0.2～0.3mm；其余形状的焊盘应控制钻孔与焊盘边界的最小距离尺寸。

c. 印制导线。

• 输入输出端用的导线应尽量避免相邻平行。最好加线间地线，以免发生反馈耦合。

• 印制板导线的最小宽度主要由导线与绝缘基板间的粘附强度和流过它们的电流所决定。当铜箔厚度为 0.05mm、宽度为 1～15mm 时，通过 2A 的电流，温度不会高于 3℃。因此，导线宽度为 1.5mm 即可满足要求，一般导线的宽度在 0.3～1.5mm，电源线、接地线一般取 1.5～2mm，线间距离考虑安全间隙电压为 200V/mm，最小间隙大于 0.3mm，一般宽度与间隙大于 1mm。对于集成电路，尤其是数字电路，通常选 0.02～0.3mm 导线宽度。当然只要允许，还是尽可能用宽线，尤其是电源线和地线。导线的最小间距主要由最坏情况下的线间绝缘电阻和击穿电压决定。对于集成电路，尤其是数字电路，只要工艺允许，可使间距小至 5～8mm。

• 印制导线拐弯处一般取圆弧形，而直角或夹角在高频电路中会影响电气性能。此外，尽量避免使用大面积铜箔，否则，长时间受热时，易发生铜箔膨胀和脱落现象。必须用大面积铜箔时，最好用栅格状，这样有利于排除铜箔与基板间粘合剂受热产生的挥发性气体。

(2) 草图的绘制。

a. 分析原理图。分析原理图的目的是为了在设计过程中掌握更大的主动性，且要达到如下目的：

• 理解原理图的功能原理，找出可能引起干扰的干扰源，并采取相应的抑制措施。

• 熟悉原理图中的每个元器件，掌握各元器件的外形尺寸、封装形式、引线方式、排列顺序、各管脚功能，确定发热元件所安装散热片的面积，以及确定哪些元器件在板上、哪些在板外。

• 确定印制板参数，根据线路的复杂程度来确定印制板应采取单面还是双面；根据元器件尺寸，元器件在板上的安装方式，排版方式和印制板在整机内的安装方式综合确定印制板的尺寸和厚度等参数。

• 确定对外连线方式，根据布置在面板、底板、侧板上的元器件的位置来具体确定。

b. 单面板的排版设计。排版设计是一项十分灵活的工作，一般遵循以下原则：

• 根据与面板、底板、侧板等联结方式，确定与之有关的元器件在印制板上的具体位置，然后决定其他元器件的布局。布局要均匀，有时为了排列美观和减少空间，将具有相同性质的元器件布设在一起，由此可能会增加印制导线的长度。

• 元器件在纸上位置被安放后，就可以开始布设印制导线。如图 2-20 所示。布设导线时，要尽量使走线短、少。线路中，由于解决交叉现象而导致印制导线变得很长，而可能产生干扰时，可用"飞线"来解决。"飞线"即在印制导线的交叉处切断一根，从板的元件面用一短接线连接。但"飞线"过多，会影响印制板的质量，应尽量少用。

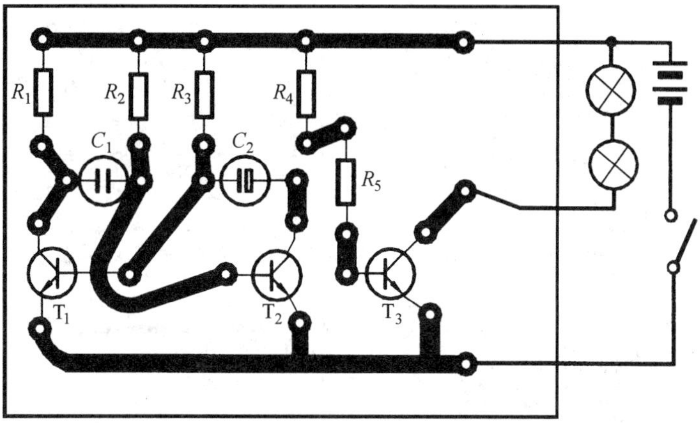

图 2-20　单线不交叉草图

需要指出的是，一个令人满意的排版设计常常是经多次调整元件位置和方向，多次调整印制导线的布局后最终才确定的，因此要反复推敲、斟酌。

c. 正式排版草图的绘制。为了制作照相底图而必须绘制一张正式排版草图。草图要求排版尺寸、焊盘位置、印制导线的连接与布设、板上各孔的尺寸与位置均和实际板相同并标出，同时应注明线路板的技术要求。图的比例可根据印制板的图形密度与精度按 1∶1、2∶1、4∶1等不同比例。

图 2-21 所示为草图的具体绘制步骤。技术要求包括：焊盘的内、外径；线宽；焊盘间距及公差；板料及板厚；板的外形尺寸及公差；板面镀层要求；板面助焊、阻焊要求等。

d. 双面板排版草图设计与绘制。除与上述单面板设计绘制过程相同外，还应考虑以下几点：

• 元器件布在一面，主要印制导线布在另一面，两面印制导线尽量避免平行布设，力求相互垂直，以减少干扰。

• 两面印制导线最好分布在两面，如在一面绘制，则用双色区别，并注明对应层颜色。

• 两面焊盘严格对应。

• 两面彼此连接的印制线，需要金属化孔实现。

(3) 照相底图的绘制。照相底图是用来照相制版的比例精确的图纸，也叫黑白图，它是依据预先设计的布线草图绘制而成的。制作一块标准印制板，一般需绘制三种照相底图：一是导电线底图(如图 2-22 所示)；二是印制板表面阻焊层底图；三为标志有印制板上所装所连元器件位置及名称等文字符号的底图。对结构简单、元器件较少的印制板或元器件有规则排列的

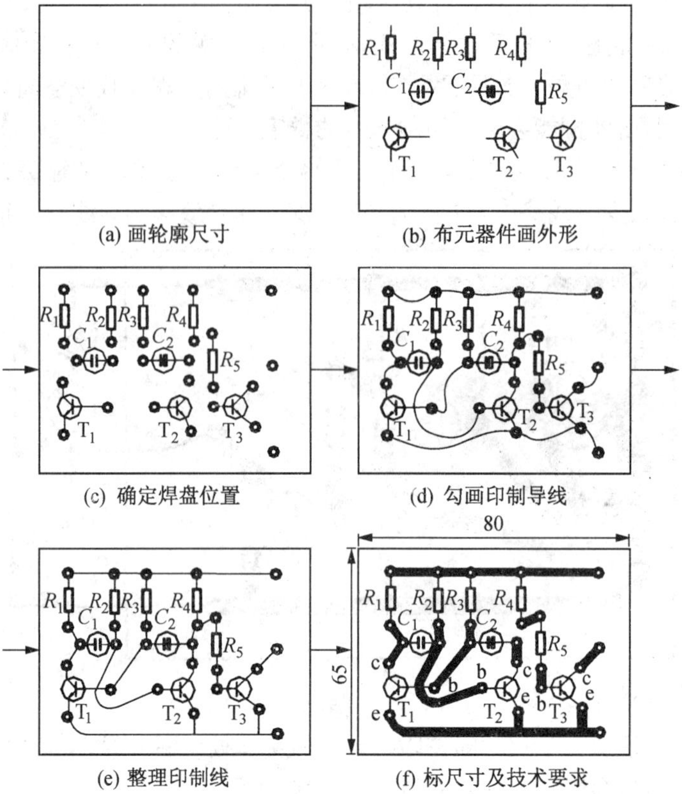

图 2-21　草图绘制过程

印制板，有时可将文字符号底图与导线图形合并，与导电图一起蚀刻在印制板上，或干脆省略文字符号底图。

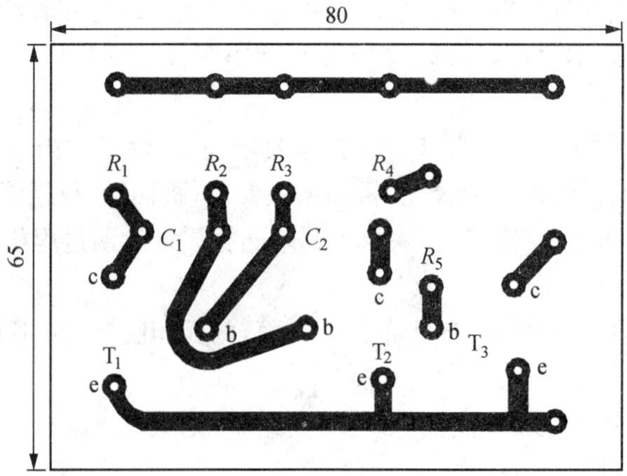

图 2-22　照相底图

绘制照相底图要求：

a. 一般绘制成与布线草图相同的照相底图，对高要求的场合，可按适当比例放大。

b. 印制焊盘、导线均按草图标志尺寸绘制。

c. 版面清洁，焊盘、导线光滑，无毛刺，要保证足够的安全间隙。

d. 注明印制板的技术要求。

2.3.4 屏蔽与散热

为了达到电子产品或系统某一性能指标，常常需要设置为数较多的，具有多种功能的系统、分系统、装置和设备。因此，如何控制、降低它们工作时的温升，防止、减少电磁干扰，是设备或系统正常工作的重要保证。

2.3.4.1 屏蔽

屏蔽是用导电或导磁材料制成的盒、壳、屏、板等形式，将电磁能限制在一定的空间范围内，使场的能量从屏蔽体的一面传到另一面时受到很大衰减的防电磁干扰措施。屏蔽也可认为是一种防止电磁耦合所采取的隔离方法。

(1) 静电或电场屏蔽。电场屏蔽主要是为防止或抑制寄生电容耦合。电场屏蔽方法简单，即在干扰源与受感器之间放置一块接地良好的金属板，把干扰源与受感器之间寄生电容短接到地。

(2) 恒定磁场和低频磁场的屏蔽。磁屏蔽主要是为防止磁感应，即抑制寄生电感耦合。其方法是采用高导磁率材料制成屏蔽盒起磁分路作用，而达到屏蔽效果。

(3) 电磁场屏蔽。电磁场屏蔽主要是为防止高频电磁场的干扰，即电磁场耦合和辐射电磁场干扰。其方法是采用导电性能良好的材料做屏蔽体，并有良好接地即可。

(4) 电路的屏蔽。为了防止外界电磁场(波)对电子设备内的电路进行干扰，以及防止设备内各电路之间的相互干扰，有时对电路需实行电磁屏蔽。其中，对于振荡、混频器、放大器、滤波器等都应分别给予屏蔽，低频电路如果不是大电流的，一般可不屏蔽。例如同样是接收设备，广播放音机中的各个单元电路除少数器件(如中周)外，基本上不屏蔽；而通讯接收机中就划成很多屏蔽单元，并且对大部分单元电路进行屏蔽。

(5) 导线屏蔽。导线的屏蔽，通常是在导线外面套上一层金属丝的编织物，导线当中的导体称为芯线(内导体)，套在外面的金属丝编织物称为隔离皮(屏蔽层)，为防止芯线与隔离皮短路，它们之间衬有绝缘材料。这种有隔离皮的导线，较细者称为屏蔽线，较粗者称为隔离电缆。

使用屏蔽线和隔离电缆时，屏蔽层(隔离皮)必须接地，否则不具有屏蔽作用。屏蔽层接地有两种方式，一种是隔离皮一端接地，它可以起到电场屏蔽效果；另一种是隔离皮两端接地，它可以屏蔽电磁场。

2.3.4.2 散热

电子元器件的故障率随元器件的温度升高呈指数关系增加，电子设备温度升高会使内电路的性能急剧下降。因此，为了提高电子设备的性能和可靠性，在电子设备结构设计时，必须对设备和元器件的热特性进行分析和讨论，采取各种结构措施控制电子设备的温度。

电子元器件(或设备)产生的热量可以用各种方法散热，单独地或由几种散热方法联合作用，将热量从元器件上(或设备中)带走，或传递到设备外的周围空气中去。电子元器件散热措施有两种，一种是自然散热，另一种是人工散热，而人工散热又有强迫散热和蒸发散热等方式。

(1) 自然散热。目前，绝大部分热功率密度不大的电子设备及终端设备，几乎全部采用自然散热。自然散热是电子元器件及设备的基本散热方式。通过合理的结构设计可保证电子设备在允许的温度范围内可靠地工作。自然散热不但可靠性高，而且非常经济，又无噪声，所以被广泛使用。

(2) 人工散热。某些大中功率电子设备或元器件必须采用人工散热，即强化对流散热，以控制设备温升，保证设备(或大功率元器件)可靠地进行工作。人工散热一般用风机冷却。

附 常用电子仪器仪表

1. 万用表

万用表实际上是一种三用表，它可测量交直流电压、直流电流和电阻。一般普通万用表的电流档量程仅能测量直流电流，而有些较高级的万用表还有交流电流档，可用来检测交流电流。

检测电阻值时，应将万用表的量程档放在电阻档，比如说检查电阻值小于 10Ω、100Ω、1kΩ、100kΩ 和 1MΩ 的电阻时，应当分别将量程放在 $R\times1$、$R\times10$、$R\times100$、$R\times1\text{k}$ 和 $R\times10\text{k}$ 档，这样才能精确地测量。

检测直流电压时，应将万用表的量程档放在直流电压档，比如说检查电压值小于 0.1V、0.5V、2.5V、10V、50V、250V 和 1kV 的电压时，应当分别将量程放在 0.1V、0.5V、2.5V、10V、50V、250V 和 1kV 档进行测量。

检测直流电流时，应将万用表的量程档放在直流电流档，比如说检查电流值小于 5mA、50mA、500mA 和 10A 的电流时，应当分别将量程放在 5mA、50mA、500mA 和 10A 档进行测量。

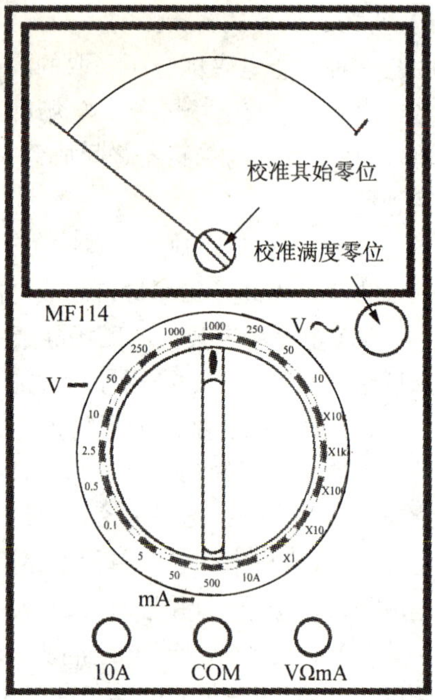

图 2-23 万用表

检测交流电压时，应将万用表的量程档放在交流电压档，如检查交流电压值小于 10V、50V、250V 和 1kV 的电阻时，应当分别将量程放在 10V、50V、250V 和 1kV 档进行测量。

以上是使用中必须严格要求的，否则会损坏万用表。

表中的 COM 插座是公共端，应插入黑表棒，也是我们常说的负极。表中的 VΩmA 插座是测量正极，应插入红表棒，也是我们常说的正极。表中的 10A 插座是直流电流 10 安培档的专用端。

由于万用表的表头是利用电磁偏转原理，因此它显示是非线性的。为此我们人为地利用标准表头进行对照，而后画出其各档的刻度。为了减小非线性误差，我们将表头的刻度中心作为基准点来校准，尽可能使用万用表面板刻度的中间三分之一进行检测，以便能更好地达到精确测量。

2. 直流稳压电源

DF1701S 是具有双路输出的可调式直流稳压、稳流电源，双路电源可进行串联和并联使用，也能单路输出使用。电压从 0V 到 30V 连续可调，额定输出电流 3A。图中的 ON(OFF) 按钮是稳压源的电源开关，图中的 CURRENT 旋钮是调节输出电流的旋钮，图中的 VOLTAGE 旋钮是调节输出电压的旋钮，输出的大小可通过数字显示的值来确定。要准确获得所需输出电压时，可在输出端接上万用表检测实际输出值。图 2-24 下部标有正(+)、负(−)的接线端子是稳压电源的输出端，接线时务必区分其极性。

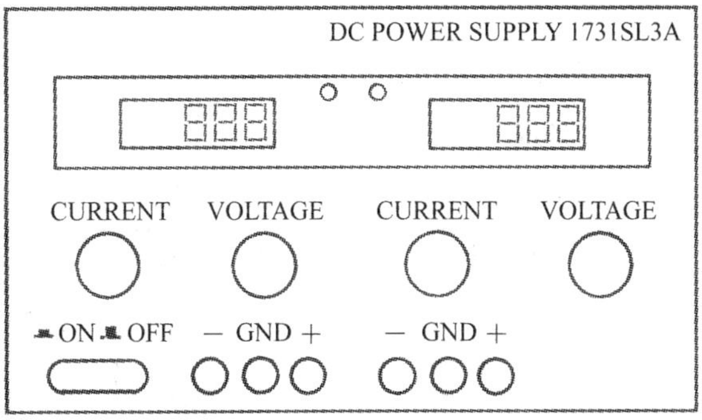

图 2-24　直流稳压电源

3. 函数信号发生器

函数信号发生器是一种能产生正弦波、三角波、方波和矩形波的仪器设备，它能使输出的正弦波、三角波、方波和矩形波连续、可调。它的可调性包括频率、幅度、输出匹配和增益衰减，还可对脉冲的占空比、直流偏置进行调节。

图 2-25 是 SG1648 功率函数信号发生器的面板图。从图中可看出，函数信号发生器频率显示采用数字式，输出幅度采用表头显示。SG1648 功率函数信号发生器的输出频率范围在 0.2Hz 到 2MHz，总共分七档，可通过频率倍率按键选择，只需将显示值乘以频率倍率就能得出实际频率。显示单位选择见图 2-25 中按键，它能将显示数值在 kHz、Hz 之间进行切换。如果遇上所需频率有偏差时，可以通过调节频率调节、频率微调旋钮来进行修正。频率调节旋钮能进行快速调节频率，俗称粗调。频率微调旋钮能进行细微调节频率，俗称微调。

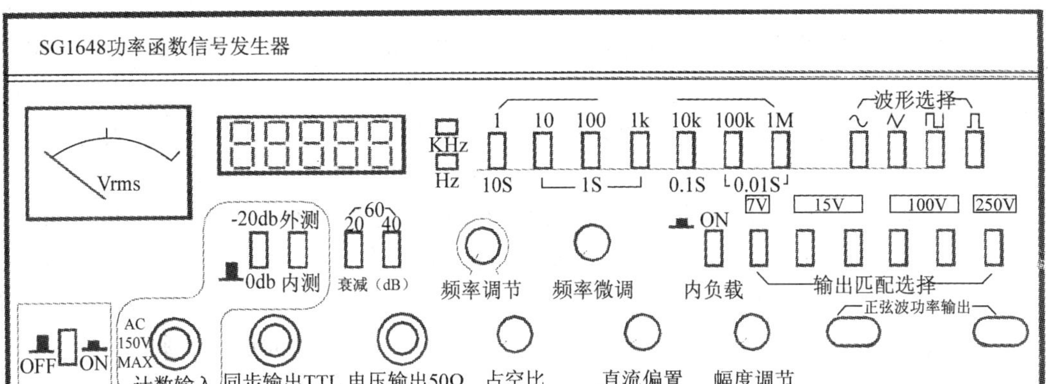

图 2-25　函数信号发生器

图 2-25 右上部有四个波形选择按键，它们分别是正弦波、三角波、方波和矩形波的选择按键，以供操作者选用。

图 2-25 右中部有 7V、15V、100V 和 250V 四组输出匹配选择，当选择其中某一档输出时，左边表头中显示的刻度就应乘上相应输出匹配选择的值，否则读数是不准确的，面板上还有一个幅度调节旋钮，可以在各档的范围内任意设置所需的输出幅度值。

另有一种 DF16318 功率函数信号发生器的功能和 SG1648 功率函数信号发生器相同，只不过是输出幅度采用数字显示。

4. 双踪示波器

双踪示波器(见图 2-26)各功能说明如下：

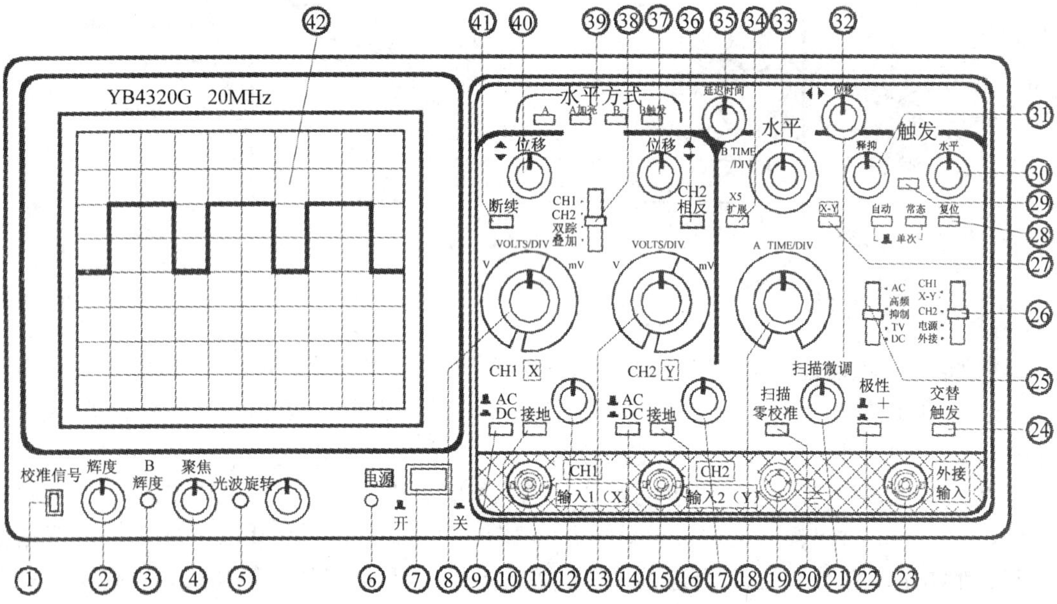

图 2-26 双踪示波器

① 校准信号输出端子(CAL)。提供 1kHz±2%，$2V_{p-p}$±2%方波作本机 Y 轴、X 轴校准用。

② 辉度旋钮(INTENSITY)。控制光点和扫描线的亮度，顺时针方向旋转旋钮，亮度增强。

③ 延迟扫描辉度控制钮(BINTEN)。顺时针方向旋钮此钮，增加延迟扫描 B 显示光迹亮度。

④ 聚焦旋钮(FOCUS)。用辉度控制钮将亮度调至合适的标准，然后调节聚焦控制钮直至光迹达到最清晰的程度。虽然调节亮度时，聚焦电路可自动调节，但聚焦有时也会轻微变化，如果出现这种情况，需重新调节聚焦旋钮。

⑤光波旋转旋钮(TRACE ROTATION)。由于磁场的作用，当光迹在水平方向轻微倾斜时，该旋钮用于调节光迹与水平刻度平行。

⑥ 电源指示灯。电源接通时，指示灯亮。

⑦ 电源开关(POWER)。将电源开关按键弹出即为“关”位置，将电源线接入，按电源开关键，接通电源。

⑧、⑬ 衰减器开关(VOLTS/DIV)。用于选择垂直偏转系数，共 12 档。如果使用的是

10：1的探极，计算时将幅度×10。

⑨、⑭ 交流—直流切换开关(AC、DC)。输入信号与放大器连接方式选择开关：

交流(AC)：放大器输入端与信号连接由电容器来耦合。

直流(DC)：放大器输入与信号输入端直接耦合。

⑩、⑯ 接地(GND)。输入信号与放大器断开，放大器的输入端接地。

⑪ 通道 1 输入端[CH1 INPUT(X)]。该输入端用于垂直方向的输入，在 X-Y 方式时，作为 X 轴输入端。

⑮ 通道 2 输入端[CH2 INPUT(Y)]，和通道 1 一样，但在 X-Y 方式时，作为 Y 轴输入端。

⑫、⑰ 垂直微调旋钮(VARIABLE)。垂直微调用于连续改变电压偏转系数。此旋钮在正常情况下应位于顺时针方向旋到底的位置。将旋钮逆时针旋到底，垂直方向的灵敏度下降到 2.5 倍以上。

⑱ 主扫描时间系数选择开关(TIME/DIV)。共 20 档，在 0.1us～0.5s/DIV 范围内选择扫描速率。

⑲ 接地端子。示波器外壳接地端。

⑳ 扫描非校准状态开关键。按入此键，扫描时基进入非校准调节状态，此时调节扫描微调有效。

㉑ 扫描微调控制键(VARIABLE)。此旋钮以顺时针方向旋转到底时，处于校准位置，扫描由 TIME/DIV 开关指示。此旋钮以逆时针方向旋转到底时，扫描减慢 2.5 倍以上。当按键㉑未按入，旋钮㉔调节无效，即为校准状态。

㉒ 触发极性按钮(SLOPE)。触发极性选择，用于选择信号的上升沿和下降沿触发。

㉓ 外触发输入插座(EXT INPUT)。用于外部触发信号的输入。

㉔ 交替触发(TRIG ALT)。在双踪交替显示时，触发信号来自于两个垂直通道，此方式可用于同时观察两路不相关信号。

㉕ 触发耦合。

交流(AC)：触发信号通过交流耦合电路。

高频抑制(HF REJ)：触发信号中高频成分被滤波抑制，只有低频信号能作用到触发电路。

电视(TV)：TV 触发，以便于观察 TV 视频信号。触发信号经交流耦合通过触发电路，将电视信号馈送到电视同步分离电路，分离电路拾取同步信号作为触发扫描用。

直流(DC)：触发信号被直接耦合到触发电路。触发信号的直流部分、低频信号及信号占空比很小时使用。

㉖ 触发源选择开关(SOURCE)。

通道 1 触发(CH1，X-Y)：CH1 通道信号为触发信号，当工作方式在 X-Y 方式时，拨动开关应设置于此档。

通道 2 触发(CH2)：CH2 通道的输入信号为触发信号。

电源触发(LINE)：电源频率信号为触发信号。

外触发(EXT)：外触发输入端的触发信号是外部信号，用于特殊信号的触发。

㉗ X-Y 控制键。按入此键，垂直偏转信号接入 CH2 输入端，水平偏转信号接入 CH1 输入端。

㉘ 触发方式选择(TRIG MODE)。

自动(AUTO):在“自动”扫描方式时,扫描电路自动进行扫描。在没有信号输入或输入信号没有被触发同步时,屏幕上仍然可以显示扫描基线。

常态(NORM):有触发信号才能扫描,否则屏幕上无扫描线显示。当输入信号的频率低于 50Hz 时,请用“常态”触发方式。

单次(SINGLE):当“自动”(AUTO)、“常态”(NORM)两键同时弹出被设置于单次触发工作状态,当触发信号来到时,准备(READY)指示灯亮,单次扫描结束后指示灯熄,复位键(RESET)按下后,电路又处于待触发状态。

㉙ 电平锁定(LOCK)。无论信号如何变化,触发电平自动保持在最佳位置,不需人工调节电平。

㉚ 触发电平旋钮(TRIG LEVEL)。用于调节被测信号在某选定电平触发,当旋钮转向“+”时显示波形的触发电平上升,反之触发电平下降。

㉛ 释抑(HOLDOFF)。当信号波形复杂,用电平旋钮不能稳定触发时,可用“释抑”旋钮使波形稳定同步。

㉜ 水平移位(POSITION)。用于调节光迹在水平方向移动。顺时针方向旋转该旋钮向右移动光迹,逆时针方向旋转向左移动光迹。

㉝ 延迟扫描 B 时间系数选择开关(B TIME/DIV)。分 12 档,在 0.1μs～0.5ms/DIV 范围内选择 B 扫描速率。

㉞ 扩展控制键(MAG×5)。按下去时,扫描因数×5 扩展。扫描时间是 TIME/DIV 开关指示数值的 1/5。

㉟ 延迟时间调节旋钮(DELAY TIME)。调节延迟扫描对应于主扫描起始延迟多少时间启动延迟扫描,调节该按钮,可使延迟扫描在主扫描全程任何时段启动延迟扫描。

㊱ CH2 极性开关(INVERT)。按此开关时 CH2 显示反相信号。

㊲ CH2 垂直移位(POSITION)。调节光迹在屏幕中的垂直位置。

㊳ 垂直方式工作开关(VERTICAL MODE)。选择垂直方向的工作方式:

通道 1 选择(CH1):屏幕上仅显示 CH1 的信号;

通道 2 选择(CH2):屏幕上仅显示 CH2 的信号;

双踪选择(DUAL):屏幕上显示双踪,自动以交替或断续方式,同时显示 CH1 和 CH2 上的信号;

叠加(ADD):显示 CH1 和 CH2 输入信号的代数和。

㊴ 水平工作方式选择(GORIZ DISPLAY)。

主扫描(A):按入此键主扫描 A 单独工作,用于一般波形观察。

A 加亮(A INT):选择 A 扫描的某区段扩展延迟扫描,可用此扫描方式。与 A 扫描相对应的 *B* 扫描区段(被延迟扫描)以高亮度显示。

被延迟扫描(B):单独显示被延迟扫描 B。

B 触发(B TRIG'D):选择连续延迟扫描和触发延迟扫描。

㊵ CH1 垂直移位(POSITION)。调节光迹在屏幕中的垂直位置。

㊶ 继续工作方式开关。CH1、CH2 两个通道按断续方式工作,断续频率为 250kHz,适合于低扫速。

㊷ 显示屏。仪器的测量显示终端。

思考题

1. 在用电场所必须注意哪些安全措施?
2. 安全操作应遵守哪些规章制度? 具体是哪些?
3. 安全用电的基本措施有哪些?
4. 电子装配操作中,如何预防烫伤?
5. 电子装配操作中,如何预防机械损伤?
6. 如遇触电事故时,应如何正确进行急救?
7. 电子装配操作前如何对电烙铁进行检查?
8. 使用电烙铁常用的握持方法有哪几种?
9. 我们常用的锡铅合金中,锡、铅的含量各为多少? 其液相溶点温度是多少度?
10. 在焊接常用的锡铅合金时,电烙铁的温度最佳应是多少度?
11. 导线与接线端子连接的方法有哪几种?
12. 为了焊接方便,焊锡丝中被人为地加入了何种物质?
13. 电子装配的主要技术要求是什么?
14. 电子装配中对焊接点的技术要求是什么?
15. 我们在焊接时应注意哪些事项?
16. 我们在焊接 COMS 集成电路时应注意哪些事项?
17. 印制线路板按结构分哪几类?
18. 印制板在排版设计时应注意哪些?
19. 什么是自然散热? 什么是人工散热?
20. 为了观察一个频率为 1kHz,电压峰峰值为 70mV 的正弦波信号,示波器水平扫描时间应选择 50μs/DIV、100μs/DIV、250μs/DIV、500μs/DIV、1ms/DIV 中的哪个较合理? 垂直灵敏度应选择 500μV/DIV、1mV/DIV、10mV/DIV、100mV/DIV 中的哪个较合理? 如果是一个频率为 5KHz,电压峰峰值为 50mV 的矩形波信号该如何选择?
21. 为了观察一个频率为 800Hz,电压峰峰值为 4V 的正弦波信号,示波器的垂直灵敏度和水平扫描时间应选择什么档比较合理?
22. 为了观察一个频率为 200Hz,电压峰峰值为 6V 的正弦波信号,示波器的垂直灵敏度和水平扫描时间应选择什么档比较合理?
23. 使用示波器检测波形,遇到被测波形不能同步时,需要如何操作才能解决问题?

3 电子产品标准化与技术文件

3.1 企业标准化的地位和作用

标准是指在某一领域或范围内，人们应共同遵守的一种准则。例如生活中鞋子的尺码、衣服的大小、食品的重量、广播系统（航空通信、手机通信）中频段的分割、接收机的接收灵敏度、邮电系统的电报码、标准信封等，可见标准在当今社会是无处不存在的。

电子工业标准化包含了工业标准化和企业标准化两个部分。工业标准化指电子工业部从整个工业系统或全国性的角度出发所进行的标准化工作。企业标准化指各企业，包括科研事业单位在本企业范围内所进行的标准化工作。

3.1.1 企业标准化的地位

3.1.1.1 标准化是企业质量管理的基础

企业管理的中心环节是质量管理，而产品的技术标准是企业质量管理具体、定量的要求，是企业进行质量管理的主要依据之一，没有标准化就无法进行有效的质量管理。

3.1.1.2 标准化始终贯穿于企业的全面质量管理之中

企业的全面质量管理一般分为四个阶段，简称 PDCA。计划阶段(P)，企业应按用户的要求及市场调研的结果，制订新产品的产品标准。实施阶段(D)，即产品标准的贯彻、实施阶段。检查阶段(C)，企业应对标准的实施情况进行检查，并指出标准中存在的问题。处理阶段(A)，根据检查的情况，重新修订标准，然后进入下一轮循环。所以说，PDCA 的运转过程，实质上就是一个标准的调查、起草、制订、贯彻、验证及修订的过程。

3.1.1.3 标准化是企业生存和发展的生命线

随着标准化工作的深入发展，企业标准化工作的范围和内容已经由技术管理、质量管理领域扩展到生产管理和经营管理等各个环节之中，如工时定额的管理、易耗品的管理、售后服务的管理等。企业标准化就是在企业生产的全过程及全体职工中，严格贯彻各种技术标准和管理标准，把企业管理、全面质量管理同标准化管理结合起来，把技术经济责任制、技术经济效果同企业的经济利益结合起来，从而保证整个企业的生产和经营管理活动有条不紊地、高效率地进行。

3.1.1.4 技术标准、企业标准是工业标准化的源泉

技术标准是企业标准化的核心内容，它是企业进行生产、技术、管理活动的基本依据，没有技术标准，企业标准化就成了“空中楼阁”。而没有企业的标准化，技术标准也会成为一纸空

文，无法得到有效的贯彻和执行。同样，国家和各专业部门制订各类标准的重要依据和主要来源是众多企事业单位生产实践的经验，特别是标准化的成果。国家和各专业部门制订的技术标准，只有在企业中贯彻实施才能收到实效，同时也只有在贯彻中才能进一步验证技术标准本身的科学性和合理性。可见，没有企业标准化工作的基础，工业标准化也就成了无本之木、无源之水了。例如：国家标准 GB4728.5《电气图用图形符号半导体管和电子管》就是由电子工业部十二所和标准化研究所负责起草的。GB4728.8《电气图用图形符号测量仪表、灯和信号器件》则是由邮电部郑州设计院、兴安通信设备厂、南京邮电学院及铁道部标准化所等单位共同起草的。所以说，技术标准是企业标准化的核心，企业标准化是工业标准化的基础，三者缺一不可。

3.1.2 企业标准化的作用

3.1.2.1 保证和提高产品的质量

严格贯彻产品技术标准，可以做到不符合标准的毛坯不加工，不符合标准的原料不投产，不符合标准的零件不装配，不符合标准的产品不出门。

3.1.2.2 促进产品的更新换代

通过制订和实施产品的系列，既可精简掉一些重复的、近似的或落后的品种，又为开发新品指出了方向。例如，原来的电子管交流稳压电源，由于其转换效率低而被节能高效的晶体管交流稳压电源所替代。

3.1.2.3 缩短新产品试制和生产准备周期

有相当数量的新产品都是在原有产品和原有生产技术的基础上发展起来的，它们往往只在某一个或某几个方面增加了某一个功能，或改善了某一功能指标的性能，而原有产品的不少功能单元是可以继承和通用的。提高新产品的继承性和通用化程度，就可以节省这部分继承产品和通用件的设计时间以及工夹模具的设计与制造的工作量，加快新品上市速度。

3.1.2.4 提高劳动生产率

标准化可以使复杂技术简单化，有利于工程技术人员和工人掌握。大量采用标准件和通用件可大大地节省设计时间和生产周期。

3.1.2.5 保证产品的互换性和协作配合

现代化生产是建立在广泛的分工协作基础上的。一个产品的生产往往需要从原材料到配件、协作件等几十个甚至于几百个外部生产企业的协作，即使是在一个企业内，也是由几个车间、几个工段进行加工，然后汇集总装而成的。在生产和使用过程中，还需要准备一些易耗件以供更换。因此，只有实行标准化生产，才能保证零配件、协作件之间有很好的互换性。

3.1.2.6 便于总结巩固和推广先进技术经验

通过对 PDCA 的了解可知标准是生产和科学实践的经验总结。这样就可以在老的标准中找出不足之处，也可以在同类产品的标准中找出差距，制订更科学、更先进的标准，国家标准就是通过对同类项目的各个不同的标准，取优除劣，再结合我国的实际国情而制订的。

3.1.2.7 便于产品的使用和维修

一旦产品在运输、储存和使用过程中发生故障，就需要修理或更换损坏的零部件，因此使用部门(如用户等)常需储备一定数量的易耗件，生产厂家也应库存一定数量的易损件。标准化工作做好了，这项工作就可以做得更科学、更合理，同时也可减少流动资金的占用。

3.1.2.8 便于产品出口和引进先进技术

世界各国对各种产品都有自己的标准，国际标准化组织制订的各种国际标准已被世界各国所公认，并成为国际贸易的检验准则。如果某个产品只符合国家标准而不符合国际标准，就无法进行国际间的贸易合作，也无法引进和采用国外的先进技术，这将大大制约工业产品参与国际竞争的能力。

3.1.2.9 有利于企业挖潜和技术改进

现代企业的标准化已经涉及生产、管理、销售等各个方面，它能够指导企业在现有技术装备的基础上，通过技术改造和技术革新，扩大生产能力，提高产品质量，节约原材料。所以说，搞好企业标准化，不但能使老产品得到改造，新产品得到发展，设备利用率得以提高，产品质量得到保证，能源和原材料得到节约，而且能扩大革新成果和采用新技术，它所起到的作用与挖潜、革新、改造所要达到的目的是完全一致的。

3.2 标准的级别和类别

3.2.1 标准分级

标准可分为国家标准、专业标准(地方标准、部标准)、企业标准三级。

3.2.1.1 国家标准

国家标准是由国家标准化主管机构批准发布，并在全国范围内统一使用的标准。国家标准的内容包括：

- 有关原料、材料的标准。
- 有关广大人民群众生活，量大面广，跨部门生产的重要的工农业产品标准。
- 有关人民安全、健康和环境保护的标准。
- 基础标准、通用零件、部件元件、器件、构件、工具、量具的标准。

3.2.1.2 专业标准

专业标准是由专业(或地方、地区)标准化主管机构批准发布的，在某一专业(或某地方、地区)范围内统一使用的标准。专业(地方)标准的内容包括：

- 专业范围内的主要产品标准。

- 专业范围内的零部件标准。
- 专业范围内的设备、工装和特殊的原材料标准。
- 专业范围内典型的工艺规程。
- 专业范围内通用的术语、符号、规则、方法等。
- 专业范围内的基础标准。

3.2.1.3 企业标准

企业标准是由企事业单位或其上级有关机构批准发布的标准，它既是国家标准、专业标准的基础，又是它们的补充。企业标准的主体是技术标准。企业标准的内容包括：

- 产品标准，原材料、半成品标准。
- 零件、组件标准，工艺装备标准。
- 安全、卫生、环境保护标准以及对包装、储运等所作的规定。

为什么有了国家标准，还要有专业标准和企业标准呢？除了三级标准各自的内容限定和使用范围的限定外，另外还有两个重要的原因：

(1) 有些产品，特别是新产品，现时还未有专业标准或国家标准，这些产品在正式批量生产前必须先制订企业标准。至于该产品今后是否有专业标准或国家标准，则要考虑该产品的用途、使用范围等各方面的因素而定。

(2) 为了赶超先进技术水平和满足使用要求，必须作出较高质量规定的产品标准。有些企业为了保证产品质量，对同一产品制订了两套标准，一套标准是对企业外而言的，它是产品验收和交货的依据。另一套则是企业内部标准，也称为内控标准或厂控标准。内控标准往往比对外标准或专业标准、国家标准更严格，它是企业组织生产、考核质量的依据。

3.2.2 标准分类

标准按其用途的不同可分为基础标准、产品标准、工艺及工艺装备标准三大类。

3.2.2.1 基础标准

基础标准主要包括以下内容：

- 制度规定及符号、概念方面的标准。如设计文件的分类与组成、制图规则、名词、术语、图表符号等。
- 结构安装、互换性方面的标准。如公差配合、表面粗糙度、标准尺寸、螺纹、标准锥度等。
- 尺寸、参数系列化方面的标准。如标准机壳的尺寸系列、电阻器的标称阻值系列、电容器的标称容量系列等。
- 可靠性、环境适应性及基本试验方面的标准。如环境技术要求等级和试验方法、可靠性设计和可靠性试验、抽样检验规则等。
- 表面防护、安全要求方面的标准。如镀层标准、热处理标准、包装标准、储运标准等。
- 专业各门类产品总的要求方面的标准。如总技术条件、通用技术条件、总规范等。

3.2.2.2 产品标准

产品标准主要包括以下内容：

• 产品的品种、规格。如品种、规格、牌号、结构型式、性能参数、尺寸参数、工艺特征等。

• 技术要求。如物理性能、化学性能、使用特性、稳定性、质量等级、表面质量、能耗指标等。

• 试验方法。如试验原理、试样的采集和制备、试验用仪器和设备、试验条件、试验步骤、试验结果的计算、分析、评定等。

• 试验规则。包括检验或试验的类别和项目，抽样方法、检验方法、复验规则等。

• 标志、包装、运输和储存。如产品标志、包装材料、包装方法以及运输与储存的技术要求等。

3.2.2.3 工艺及工艺装备标准

工艺及工艺装备标准的内容有：

• 工艺方案编制程序和内容的规定，即工艺文件的管理。

• 工艺规程的分类、格式、内容、编号方法，完整性及更改的规定。

• 工装设计与制造方面的标准或规定。

• 工具、刃具、量具、工夹模具、成套工装设备、专用设备的标准等。

3.2.3 标准编号

标准的编号(又称标准号)是由标准的代号、标准发布顺序和标准发布年份组合而成的。

3.2.3.1 国家标准编号

强制性国家标准的代号为“GB”，推荐性国家标准的代号为“GB/T”，其格式如下：

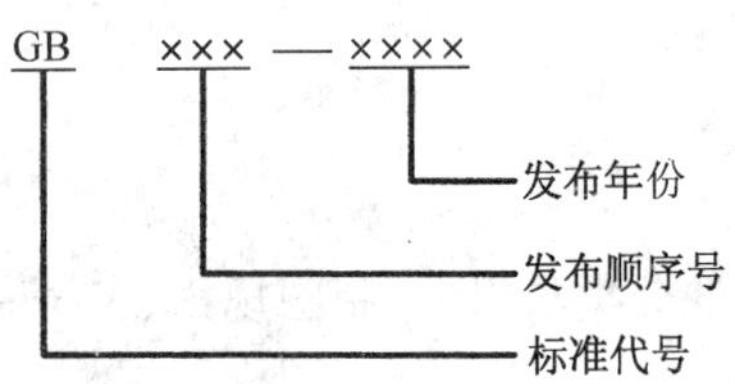

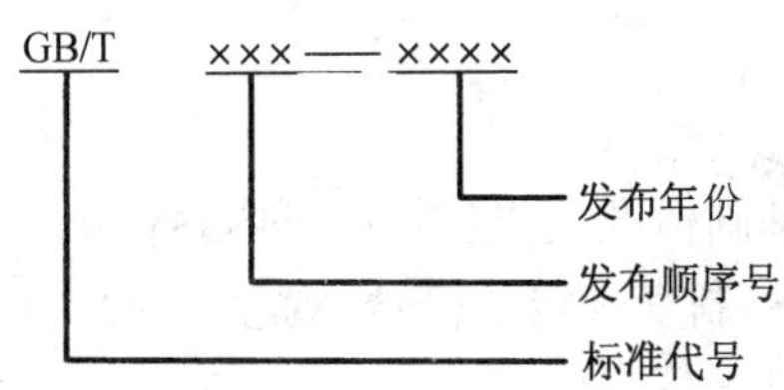

3.2.3.2 专业标准编号

专业标准编号的格式与国家标准相同，但对于不同的专业其代号有所不同。如电子工业部的代号为“SJ”、机械工业部的代号为“JB”、铁道部的代号为“TB”、邮电部的代号为“YD”等等。推荐性的专业标准应在其代号后加“/T”。

3.2.3.3 地方标准代号

地方标准的代号为“DB”，其格式为：

地方代号类似于邮政编码，如上海为“31”、北京为“11”、广东为“44”等。推荐性的地方标准应在其地方代号后加“/T”。这与国家标准及专业标准的方法是相同的。

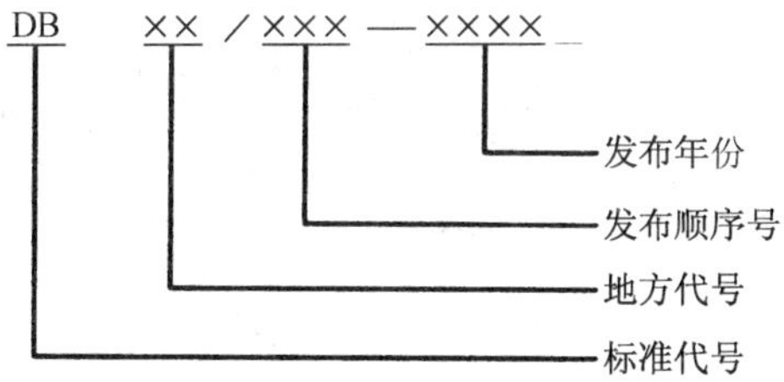

3.2.3.4 企业标准编号

企业标准的代号为“Q”，其格式为：

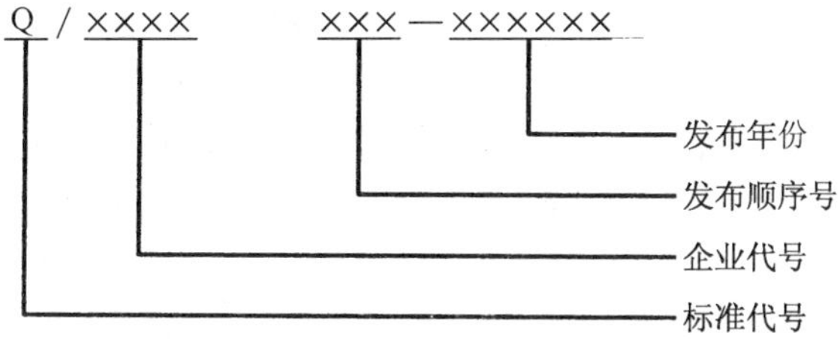

企业代号应由上级标准化主管机构批准后方能使用。例如 Q/YXBA20－1993 中 YX—BA为企业代号，其中 YX 表示上海市仪表局，而 BA 则表示上海广播电视集团公司。

3.2.4 国际标准的采用

我国按采用国际标准的程度分为等同采用、等效采用和非等效采用 3 种。

等同采用是指标准的技术内容与国际标准完全相同，不作或稍作编辑性修改。

等效采用是指标准的技术内容与国际标准只有很小的差异，编写上也不完全相同，这里所说的技术内容较小的差异，主要是指根据我国的实际情况在标准中稍作修改的条款，而这些条款在国际标准中亦能被接受的。

非等效采用也称为参照采用，是指标准的技术内容根据我国的实际情况作了某些变动，但在性能和质量水平上与被采用的国际标准相当，在通用互换、安全、卫生等方面也应与国际标准协调一致。

这里要强调的是采用国际标准的程度，只表示我国标准与国际标准之间的异同情况，而不表示技术水平的高低。

3.2.5 产品标准编写基本规定

企业标准的编写内容是很丰富的。如文件格式标准、产品标准、企业管理标准、计量器具检定规程等。这里以产品标准为例，介绍编写企业产品标准的格式和一些应注意的事项。

产品标准的各要素如图 3-1 所示。

3.3 设计文件

按照 SJ207.1—4—82(设计文件管理制度)，电子产品技术文件的种类很多，仅设计文件就有 20 多种。以下仅就设计文件的分类、组成及其编制方法作一简单介绍。

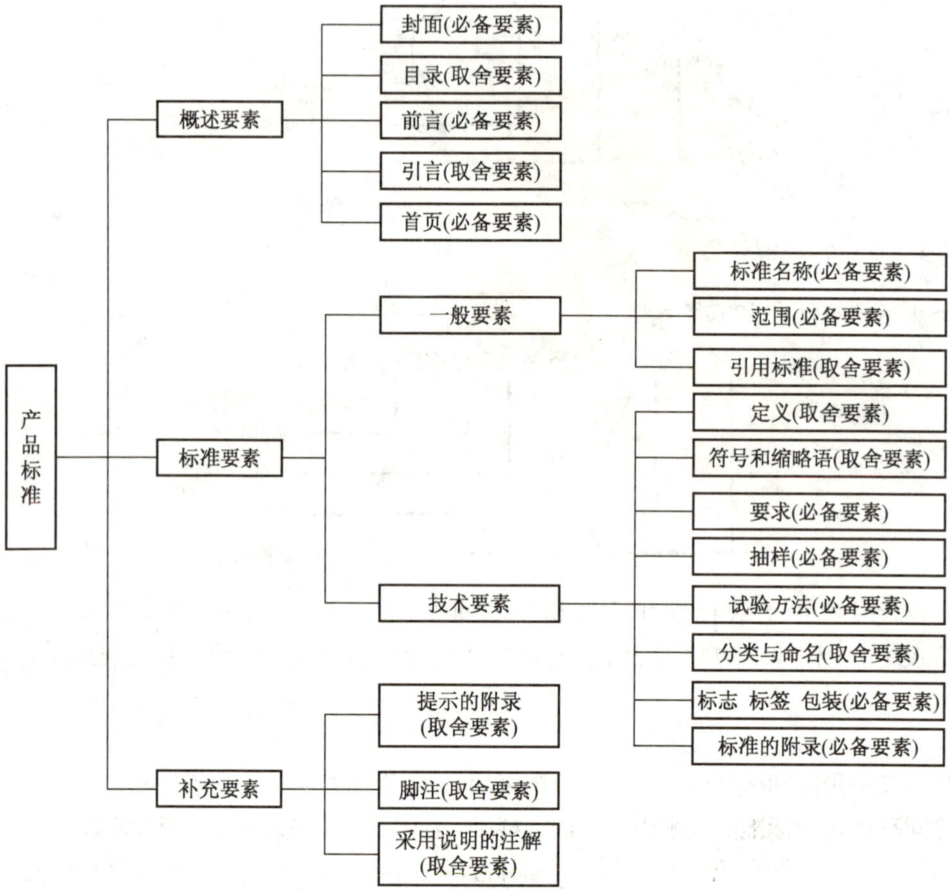

图 3-1 产品标准的基本要素

3.3.1 设计文件编制原则

(1) 设计文件规定了产品的组成、型式、结构尺寸、原理以及在制造、验收、使用、维护和修理时所必需的技术数据和说明，它是产品研究、设计、试制与生产实践经验积累所形成的一种技术资料，也是组织生产和使用产品的基本依据。

(2) 编制设计文件时，其内容和组成应根据产品的复杂程度、继承程度、生产批量、组织生产的方式，以及试制与生产等特点区别对待。在满足组织生产和使用要求的前提下，要按照少而精的原则编制设计文件。

3.3.2 产品分级及设计文件分类

3.3.2.1 产品分级

产品及其组成部分，按其结构特征和用途可分为零件、部件、整件及成套设备四级。

(1) 零件：代号为7、8。它是指不采用装配工序而制成的产品。例如车床上加工而成的“轴”、无骨架的线圈、冲床上加工而成的焊片等。

(2) 部件：代号为5、6。它是指由材料、零件等可拆卸或不可拆卸连接所组成的产品，它是装配较复杂产品时必须组成的中间装配阶段。例如，带骨架的线圈、安装好的电路板、装有各种元器件的面板，装有变压器的底板等。部件内亦可包括其他的部件或整件。如上述装有各种元器件的面板只是个部件，但它却包括了表头、开关之类的整件。

(3) 整件：代号为 2、3、4。整件是由材料、零件、部件等经装配连接所组成的、具有独立结构或独立用途的产品。例如半导体收音机、稳压电源、万用表等。在整件内亦可包含其他的整件。

(4) 成套设备：代号为 1。它是由若干整件相互连接而共同构成的，能完成某项完整功能的整套产品。这些整件的连接一般要在使用地点经过装配或安装。如雷达系统、计算机系统、音响系统等。成套设备内亦可包括其他较简单的成套设备。

3.3.2.2 设计文件分类

(1) 按其绘制的过程和使用特征，设计文件可分为四种，如表 3-1 所示。

表 3-1 设计文件按绘制过程和使用特征分类

草　图	指设计产品时所绘制的原始资料，是供生产和设计部门使用的一种临时性设计文件，绘制的要求不高，有时也可徒手绘制
原　图	指供描绘底图用的设计文件，对原图的要求较高，原图一般经描绘成底图后即归入档案室，不能经常使用
底　图	底图是作为确定产品及其组成部分的基本凭证，是用以复制复印图的一种设计文件；某些产品常需绘制两套底图，一套为基本底图，即原底图，另一套为副底图，副底图主要供复制该产品的企业印制复印图时使用
载有程序的媒体	随着计算机的日益普及以及其功能的不断完善，不少产品已以软件开发为主，这类载有完整独立功能程序的媒体也属图的一种

(2) 按其表达的内容，设计文件可分为三种，如表 3-2 所示。

表 3-2 设计文件按表达内容分类

图　样	指以投影关系为主绘制的，用于说明产品加工和装配要求的设计文件。常以机械性零部件为多见。如收音机外壳图、手工加工图等
略　图	指以图形符号为主绘制的，用于说明产品电气装配、连接、各种原理和其他示意性内容的设计文件，如电原理图、方框图、接线图等
文字或表格	指以文字或表格方式说明产品的技术方面和组成情况的设计文件，如技术标准、整件明细表等

(3) 按其形成的过程，设计文件可分为两种，如表 3-3 所示。

表 3-3 设计文件按形成过程分类

试制文件	指设计性试制过程中所编制的各种设计文件
生产文件	指用于进行生产(包括生产性试制)所用的设计文件

3.3.3 设计文件的组成

3.3.3.1 设计文件编号方法

一般将设计文件按规定的技术特征(功能、结构、材料、用途、工艺)分为 10 级，每级分 10

类，每类分 10 型，每型分 10 种。在特征标记前，冠以汉语拼音字母表示企业区分代号，在特征标记后标出三位数字表示登记号，最后是文件简号。

3.3.3.2 设计文件成套性

产品设计文件的成套性，是以产品为整件所编制的设计文件的总和。电子设备设计文件的成套性见表 3-4。元器件和零件产品设计文件的成套性见表 3-5。表中“●”表示必须编制的文件，“○”表示这些设计文件的编制，应根据产品的性质、生产和使用的需要而定。

表 3-4 电子设备的设计文件成套性

序号	文件名称	文件简号	产品		产品的组成部分		
			成套设备	整机	整件	部件	零件
			1 级	2、3、4 级	5、6 级	7、8 级	
1	产品标准	——	●	●			
2	零件图	——					●
3	装配图	——		●	●	●	
4	外形图	WX		○	○	○	○
5	安装图	AZ	○	○			
6	总布置图	BL	○				
7	频率搬移图	PL	○	○			
8	方框图	FL	○	○	○		
9	信号处理流程图	XL	○	○	○		
10	逻辑图	LJL	○	○			
11	电原理图	DL	○	○	○		
12	接线图	JL		○	○	○	
13	线缆连接图	LL	○	○			
14	机械连接图	YL	○	○	○	○	
15	机械传动图	CL	○	○	○	○	
16	其他图	T	○	○	○	○	
17	技术条件	JT			○	○	○
18	技术说明书	JS	●	●	○		
19	说明	S	○	○	○	○	
20	表格	B	○	○	○	○	
21	明细表	MX	●	●	●		
22	整件汇总表	ZH	○	○			
23	附件及工具汇总表	BH	○	○			

（续表）

序号	文件名称	文件简号	产　品		产品的组成部分		
			成套设备	整机	整件	部件	零件
			1 级	2、3、4 级	5、6 级	7、8 级	
24	成套运用文件清单	YQ	○	○			
25	其他文件	W	○	○	○	○	

注：在“产品的组成部分”中，当零件需要绘制外形图时，则不应绘制零件图。

表 3-5　元器件和零件的产品设计文件成套性

序号	文件名称	文件简号	产　品		产品的组成部分		
			成套设备	整机	整件	部件	零件
			1 级	2、3、4 级			
1	产品标准	—	●	●			
2	零件图	—		●			●
3	装配图	—	●		●	●	
4	外形图	WX	○				
5	逻辑图	LJL	○				
6	电原理图	DL	○		○		
7	接线图	JT	○		○	○	
8	其他图	T	○		○	○	
9	技术条件	JT			○	○	○
10	使用说明书	SS	○				
11	说明	S	○	○	○	○	
12	表格	B	○	○	○	○	
13	明细表	MX	●		●		
14	其他文件	W	○	○	○	○	

注：表 3-4、表 3-5 中，“其他图”（T）、“说明”（S）、“表格”（B）和“其他文件”（W）四个文件简号的下角允许加脚注。脚注可以使用数字或字母，脚注为序号时，应从本身开始算起，例如：S_0、S_1、S_2 等。

3.3.3.3　基本设计文件

零件图、装配图、整件明细表以及成套设备明细表等能代表该产品的文件称为基本文件。各级产品的基本设计文件规定如下：

零件（7、8 级）——零件图；

部件（5、6 级）——装配图；

整件（2、3、4 级）——整件明细表（MX）；

成套设备（1 级）——成套设备明细表（MX）。

3.3.4 设计文件格式

设计文件的格式包括标题栏、明细栏、镀涂栏、登记栏以及各种形式的表格。SJ207—3—82规定各种设计文件的格式(1)、格式(2)等15种。不同文件应用不同的格式。

格式(1)、(2)、(3)、(3a)右上角长方格内填写十进分类补编号，填写方向应与格式方向相反，格式(9)空白时供编目录用。

各种格式的幅面，按GB/T14698—1993《技术制图图纸幅面和格式》标准不采用A5幅面，一般采用A4号幅面。

3.4 产品说明书

产品说明书是电子产品的必备技术文件之一。它对打开产品销路，提高产品的信誉，具有十分重要的意义。为了占领和扩大市场，目前一般企业对产品说明书都非常重视。从另一种意义上来看，由于说明书所介绍的产品，都已成型并投入批量生产。所以，技术比较成熟，数据比较可靠，因此，许多技术人员都将产品说明书作为技术情报的来源之一。

3.4.1 产品说明书种类

产品说明书按用途一般可分为民用和专业产品说明书两大类。

民用产品说明书，一般不介绍原理，而是着重向用户介绍产品的特点、用途、使用方法和简单维修等内容。

专业产品说明书，除了介绍上述内容外，一般还要介绍产品的电路原理(可用框图)、性能、安装调试、维修保养和技术参数等。

3.4.2 产品说明书特点

3.4.2.1 突出介绍性

说明书是进行产品介绍的重要形式。在内容上应简明扼要，突出性能特点、使用方法的介绍。性能的介绍要实事求是，不夸大、不缩小，言过其实终究会给产品，甚至给企业的信誉造成不良的影响。

3.4.2.2 突出实用性

产品说明书的作用在于使用户了解产品和正确地使用产品，因此应重点介绍使用方法、注意事项以及简单维修等方面的知识，使其具有明显的实用性，故产品说明书也称为产品使用说明书。

3.4.2.3 注意宣传性

产品说明书也是宣传产品的重要形式，具有鲜明的广告作用。所以要突出产品的特点，使用户明确它与同类产品的不同之处。此外，在形式上要新颖、活泼，以提高产品的市场竞争力。

3.4.3 产品说明书基本格式

产品说明书的格式比较灵活,篇幅也可长可短。一般可从以下几个方面叙述。

3.4.3.1 封面

封面通常包括产品名称、型号、商标、生产厂家、产品照片等。要求设计新颖别致、引人注目。

3.4.3.2 正文

这是说明书的主体。通常包括:

(1) 概述:企业概况、产品特点、原理、使用范围等。

(2) 技术指标:一般给出主要的技术数据。

(3) 结构特点:通常用图示说明。

(4) 使用方法:按操作顺序,详细、明确地介绍,必要时可配合图示。

(5) 配套产品、附件:列出名称、规格、数量等。

(6) 保养、维修及使用注意事项。

(7) 订购事项。

3.4.3.3 附录

一般给出产品的电路图、印制电路板图、装配图、接线图等。有时也注明产品的技术文件清单。

此外,还有技术说明书,它和使用说明书有许多相同之处,但也有区别。有关内容在SJ207.4—82中有详细介绍。

3.5 产品鉴定文件

3.5.1 产品鉴定类型

电子产品的鉴定分技术鉴定和新产品鉴定两种。

3.5.1.1 技术鉴定

凡列入国家科技计划(指国家科委、国家计委、国家经贸委管理的国家重大科技计划)、省科技计划、国务院有关部门的科技计划所取得的应用技术成果,上述少数计划外重大应用技术成果和涉及煤矿井下安全的技术成果,需申请上级(省、部)科技管理部门组织的技术鉴定。

除上述计划外,对于技术上成熟具有明显创造性,性能指标在国内同领域中处于领先水平,对本行业或本省的经济和社会发展及科学进步,具有促进作用的重大应用技术成果也需申请鉴定。

国家规定已申请专利的、已转让实施的、能通过其他形式得到评价或认可的等,虽属国家、省、部级科技计划,但对其成果不组织技术鉴定;对于非上述计划内的项目和自行开发的一般性应用技术成果,也不组织鉴定,应通过市场机制得到认可;国家法律法规或主管部门规定必须由法定部门审查或专业机构监制的，应当审查、检测、批准、组织鉴定。

3.5.1.2 新产品鉴定

指民用工业产品（包括新材料、新设备）中采用新技术原理、新设计构思研制生产，或在结构、材料、工艺等某一方面比老产品有明显改进，从而显著提高了产品性能或扩大了使用功能的产品，应申请鉴定。而对用进口元器件、零部件组装的，国内尚未生产的产品，以及单纯改变花色、外观、包装的产品，皆不属于新产品，当然也不存在鉴定问题。

新产品的鉴定验收可分为样机（样品）试制鉴定、试制（投产）鉴定或验收。但对于专用性强或市场需求量不大的新产品，也可将上述鉴定合并，有些地区或部门认为不需要分开鉴定验收时，也可进行合并。

3.5.2 鉴定技术文件

要求鉴定验收时，必须向主持鉴定验收的部门提出申请并提供有关技术文件。

3.5.2.1 技术鉴定需提供的技术文件

(1) 技术合同或计划任务书。

(2) 研究（试制）报告：分工作报告和技术报告。也可合并撰写。

(3) 技术指标、性能测试报告：由国家有关法律、国务院有关法规或国务院有关部委规设立的国家级、省（部委）级的专业技术检测机构（如计量测试所、产品质量监督检验所等）出示的测试证明或报告。

(4) 实验报告。

(5) 设计说明书：包括必要的图表。

(6) 查新报告：一般要由国家级科技查新咨询机构出示。

(7) 经济、社会效益分析报告。

3.5.2.2 新产品鉴定应提供的技术文件

除技术鉴定需提供的文件外，还应提交：

(1) 标准化审查报告：包括设计文件的完整性、可靠性，标准的制订及引用情况，并提供产品标准（国家、行业或企业标准）。

(2) 例行试验报告：由具有权威性的专业技术测试机构出示。

(3) 工厂试制报告：包括加工技术、设备条件、关键工艺、元器件、零部件检验及成本分析等。

(4) 产品说明书。

(5) 用户使用报告（证明）。

(6) 对于涉及医药、食品、计量、压力容器、矿井等的产品，还要出示有关的证明，如防爆试验合格证、卫生防疫方面的证明等。

以上简要介绍了电子产品所必备的一些技术文件，电子产品还有许多其他文件，读者可参看相关资料。

3.6 ISO 9000 系列质量标准简介

产品质量是国际贸易竞争的最重要的因素，而对产品质量的论证或评价是国际贸易中共同关心的问题。国际标准化组织（ISO）中的“质量管理和质量保证技术委员会”（ISO/TC176）于 1987 年 3 月发布了举世瞩目的“ISO 9000 质量管理和质量保证系列标准”。此系列标准是在总结世界各国特别是工业发达国家质量管理经验的基础上产生的。它是企业进行质量管理的宝贵财富；是订货时需方对供方提出质量保证的依据；是产品质量认证的基础。按 ISO 9000 系列标准进行质量管理的企业，将得到采购商的信任。正因为如此，ISO 9000 系列标准一经发布就受到各国的普遍重视和欢迎，当今至少已有 60 多个国家采用，将其转化为本国的国家标准。

我国国家技术监督局于 1992 年 10 月发布文件决定“等同”采用 ISO 9000 并颁布了 GB/T 19000质量管理和质量保证系列国家标准。所谓“等同”就是按照 ISO 9000 系列标准直接翻译成中文，包括编辑方法也不做任何改变。按照这套标准开展认证，有利于获得国际互认，增强国际贸易的往来和发展。2000 年以后采用 ISO 9000（2000 版）系列质量标准。

3.6.1 GB/T 19000 系列标准构成及其相互关系

该系列标准由五个具体的标准组成，如图 3-2 所示。

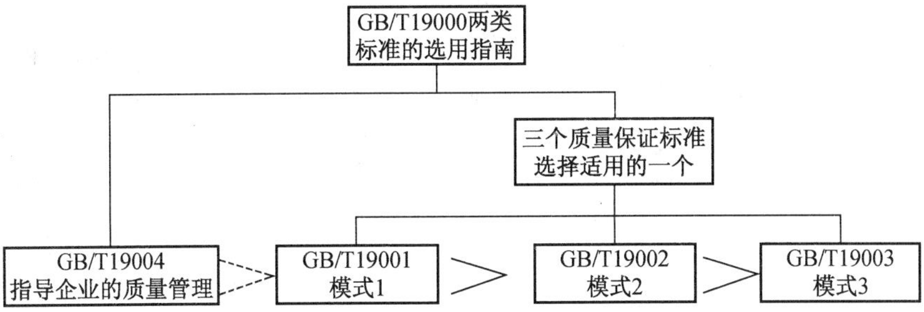

图 3-2 GB/T 19000 系列标准的构成

3.6.1.1 GB/T 19000 标准

GB/T 19000《质量管理和质量保证标准 —— 选择和使用指南》是整个系列标准的总说明。它阐述了三个问题：

（1）五个基本术语的定义和它们之间的关系（质量方针、质量管理、质量体系、质量控制和质量保证）。

（2）合同环境与非合同环境。如有合同，企业必须按与需方签订的合同组织生产，否则企业可按市场需要安排组织生产。

（3）其他四个标准分为两种类型，即质量管理类型（GB/T 19004）和质量保证类型（GB/T19001、19002、19003），并分别说明这两类标准的使用。

3.6.1.2 GB/T 19004 标准

GB/T 19004《质量管理和质量体系要素 —— 指南》标准的目的是为了让企业进行质量管

理、建立质量体系时提供指导，其使用条件是合同环境或非合同环境。任何企业，无论在何种环境下生产产品时，为了使产品质量能够持续稳定地满足规定的要求，都需要进行质量管理，建立质量体系。这时，就可以使用 GB/T 19004 标准。结合本企业的具体情况，建立起适用的质量体系，并使之有效运行，以减少、消除、特别是预防质量缺陷的产生。

3.6.1.3 三个质量保证标准

三个质量保证标准是：GB/T 19001《质量体系 —— 设计/开发、生产、安装和服务的质量保证模式》，GB/T 19002《质量体系 —— 生产和安装的质量保证模式》，GB/T 19003《质量体系 —— 最终检验和试验的质量保证模式》。这三个标准的主要目的是提供给供需双方在签订质量保证协议时选择和使用。使用的条件是在合同环境中，并且需方提出质量保证要求时，才需要使用这三个标准，一般是从中选择最适用的一个。换句话说，如果是在非合同环境中，或者虽然在合同环境中，但需方没有提出质量保证要求时，都不需要使用这三个质量保证标准。

3.6.2 GB/T 19000 与 TQC 关系

全面质量管理（TQC）的定义为："为了能在最经济的水平上，并考虑到充分满足顾客要求的条件下，进行市场研究、设计、制造和售后服务，将企业内各部门的研制质量、维持质量、提高质量和活动构成为一体的一种有效体系"。

从上所述可知，GB/T 19000（ISO 9000）系列标准是在总结各国全面质量管理的基础上产生的。它继承了 TQC 的基本理论和指导思想。

推行系列标准可促进全面质量管理的发展，并使之规范化，还可以与国际合作伙伴进行双边或多边认可。系列标准也可从全面质量管理中吸取先进的管理思想和技术，不断完善系列标准，但系列标准不能取代 TQC。

3.6.3 产品质量认证及其与 GB/T 19000 关系

3.6.3.1 质量认证含义

ISO 将其定义为："由可以充分信任的第三方证实某一鉴定的产品或服务符合特定标准或其他技术规范的活动"。

我国国务院 1991 年 5 月发布的产品质量认证管理条例第三条规定："产品质量认证是依据产品标准和相应技术要求，经认证机构确认并通过颁发认证书和认证标志来证明某一产品符合相应标准和相应技术要求的活动"。

质量认证就是产品的合格认证。

3.6.3.2 质量认证与 GB/T 19000 的关系

根据我国产品质量认证管理条例，产品取得认证资格应当具备以下三个条件：

（1）产品质量稳定，能正常批量生产。

（2）产品符合国家标准或者行业标准的要求。这里所说的标准是指具有国际水平的国家标准或行业标准。产品是否符合标准，需由经国家技术监督局确认和批准的检验机构进行抽样检验予以证明。

(3) 生产企业的质量体系符合 GB/T 19000－ISO 9000 系列标准的要求。企业应以 GB/T 19004－ISO 9004《质量管理和质量体系要素 —— 指南》为指导，结合本企业的具体情况建立适用的质量体系，制订质量手册，并使其有效运行。认证委员会将派国家注册检查员按 GB/T 19002－ISO 9002《质量体系 —— 生产和安装的质量保证模式》去企业进行审核和评定，证明其符合标准的要求。

如果是申请质量认证，获准认证的唯一条件是企业的质量体系符合 GB/T 19000－ISO 9000系列标准的要求。由企业自行决定按 GB/T 19001－ISO 9001 或 GB/T 19002－ISO 9002或 GB/T 19003－ISO 9003 标准提出质量认证的申请，认证机构将派国家注册检查员按所申请的标准去企业进行审核和评定，证明其符合标准的要求。

从上可以看出，取得质量认证资格必须具备的一个基本条件是，企业必须按照 GB/T 19000－ISO 9000质量管理和质量保证系列标准建立质量体系。

实现质量认证制度是当今世界各国特别是工业发达国家的普遍做法，许多从事国际贸易的采购商愿意或者指定购买经过认证的产品，有些采购商在订货时要求生产厂家提供按 ISO 9000(即 GB/T 19000)通过质量体系认证的证书。

3.7 质量体系文件化

质量体系文件化是按 ISO 9000 族国际标准建立企业质量体系的重要原则之一，编制和完善质量体系的文件是建立和完善质量体系的首要任务。质量体系的文件包括质量方针和程序、质量体系文件、质量计划和质量记录，构成了质量体系的软件系统，它是表述质量体系结构，规定质量体系运行的准则和提供运行见证的文件系列。编写和控制一整套质量体系的文件是一项细致而又繁重的系统工程，具有动态的高增值效用，对质量体系有效运行是必不可少的。“质量体系的文件”以下简称为“文件”。

3.7.1 文件分类和构成

3.7.1.1 文件分类

(1) 质量体系的文件按其性质进行分类。

a. 法规性文件：用来规定质量管理工作的原则，阐述质量体系的构成，明确有关部门和人员的职责，以及规定各项活动的目标、要求、内容和程序的文件。属于这类文件的有质量方针、质量手册、程序文件和质量计划等。它们是企业内部实施质量管理的法规，是企业内部各级各类人员必须遵循的行为规范，是开展各项质量活动的依据。在合同环境下，如果需要时，这些文件又是供方向需方证实质量体系适用性的证据。

b. 见证性文件：用来表明质量体系运行情况和证实其有效性的文件。质量记录属于这类文件。这些文件记载了各项质量体系要素的实施情况和产品实物质量的状况，是质量体系运行有效性的见证。

(2) 质量体系的文件按其适用的范围进行分类。

a. 通用性文件：指适用于企业承制的各项产品，而为企业长期遵循使用的文件。属于这类文件的有质量方针政策、质量管理手册、程序文件和质量记录。

b. 专用性文件：指就某项新产品（新项目）或老产品有重大变化时的特殊要求所编制的专项文件。它是对通用性文件中一般规定的补充，属于这一类的文件有质量计划、质量保证手册。

3.7.1.2 文件构成

质量体系的文件是由质量方针和程序、质量体系文件（包括质量手册和程序文件）、质量计划和质量记录所构成。概括以上四方面文件，实际编制和使用的文件主要是质量手册（包括质量方针）、程序文件、质量计划、质量记录等四类。

（1）质量手册。阐明一个组织的质量方针，并描述其质量体系的文件。它的内容范围可以涉及一个组织的全部活动或一部分活动，手册的标题和范围应反映其应用领域。质量手册一般至少应包含或涉及：

- 质量方针。
- 影响质量的管理、实施、验证或评审工作人员的职责、权限和他们相互关系。
- 质量体系程序和说明。
- 关于评审、修改和控制手册的规定。

质量手册是证明或描述质量体系的主要文件，其形式和深度上可有所不同，以适合各组织的需要为准。它可由几个文件组成。当质量手册是出于质量保证的需要时，此时可称之为“质量保证手册”。

在企业内部，总的质量手册是内部实施质量管理的基本法规，它由企业最高管理者批准发布。质量手册作为企业内部权威性的文件，为企业各项质量活动提供了统一的标准和共同的行为准则，并可作为协调体系的运行和质量审核的依据。对企业外部，企业编写质量保证手册以表达其质量保证能力，作为合同环境下的见证性文件，使需方或第三方确信本企业的技术和管理能力能够保证所承制的产品或承担的项目达到规定的要求。

质量手册一般可按下述方法进行分类：

a. 按质量手册的目的和用途分类：可分为用于质量管理的手册和用于质量保证的手册。

用于质量管理的手册是阐述一个单位质量方针，并描述其质量体系，而且仅在内部使用的文件。质量管理手册可能包含有专利性信息。

用于质量保证的手册是阐述一个单位质量方针并描述其质量体系，用于外部保证的文件。质量保证手册不包含专利性信息，可供顾客和第三方审核员使用。

b. 按质量手册的适用层次分类：可分为总质量手册、部门质量手册和职能质量手册（后两种也可称为分手册）。总质量手册就是阐述企业质量管理整体的手册。分手册和企业总的质量手册有所不同，总的质量手册一般属于纲领性文件，而分手册则往往是若干有关质量体系程序和有关资料的汇编，对总的质量手册起到支持性作用。职能质量手册一般包含某质量职能的组织结构、质量活动和有关程序、规定，并可涉及有关指导书等。常见的职能质量手册如：开发设计质量手册、采购质量管理手册、工艺质量管理手册、产品验证质量手册等。

c. 按质量手册适用的产品分类：有各类产品的质量手册。有些企业承制的各种产品，在类型、结构和功能方面有很大差别，而且又各自建立生产线，在此情况下，一般应考虑编制各类产品的质量手册。

（2）程序。为进行某项活动所规定的途经。并且有以下注释：

• 在很多情况下，程序可形成文件(如质量体系程序)。

• 程序形成文件时，通常称之为书面程序或文件化程序。

• 书面或文件化程序中通常包括活动的目的和范围；做什么和谁来做，何时、何地和如何做；应使用什么材料、设备和文件；如何对活动进行控制和记录。

为完成某项质量活动所规定的方法而形成的正式文件，称之为质量程序文件或质量体系程序。这类文件各企业的叫法有所不同，有的习惯称作管理标准、工作标准，有的称为规章制度、办法、细则、规定等。

如果把质量手册视为质量体系总体设计的结果，那么程序文件就是依据质量手册进行的详细设计。因此，程序文件属于质量手册的支持性文件。反过来说，全部质量程序文件是以质量手册为纲领，互相协调一致的。

由于质量体系是一个多层次的结构，各体系要素所包含的质量活动也有层次高低之分。所以，作为规定质量活动方法的质量程序文件也有相应的层次结构。

程序文件按其性质可分为管理性程序和技术性程序。管理性程序即质量体系程序，是指规定管理活动方法和要求的管理标准、工作标准、规章制度、办法、细则等，是质量体系文件的主体；技术性程序是指规定形成产品实体的技术要求和方法的各种技术规程和指导书等。

(3) 质量计划。是针对某项产品、项目或合同，规定专门的质量措施、资源和活动顺序的文件。质量计划通常要参照质量手册的应用部分来制订。

在合同环境要求下，所编制的质量保证计划是供方向需方提供质量保证的重要文件依据，它一般是质量保证手册的补充性文件。当没有质量保证手册时，质量保证计划就起到替代质量保证手册的作用。根据质量计划的适用范围，可以使用限定词，如："质量保证计划"、"质量管理计划"。

质量计划必须具体反映计划对象进行统筹安排的结果，因此，质量计划由一组文件组成，其中有原则性的计划，如目标、要求、约束条件、资源配备、组织分工和进度安排等；也有实施性的程序文件，如针对某项产品、项目或合同的专门管理和作业程序、指导书和专门的记录表式等。

(4) 质量记录。为已完成的活动或达到的结果提供客观证据的文件。并且有以下注释：

• 质量记录为证明满足质量要求或为质量体系要素运行的有效性提供客观证据。

• 质量记录的某些目的是证实、可追溯性、预防措施和纠正措施。

• 记录可以是书面的，也可以储存在任何媒体上。

质量记录几乎存在于质量环的每个阶段，这些记录全面地反映了质量体系每个要素运行情况，也充分反映出产品满足质量要求的实际情况，利用这些记录除了可以证实体系运行的效果和产品实物符合规定要求的程度外，还可利用它进行质量追溯和分析，从而采取预防措施和纠正措施。因此，质量记录必须符合客观实际情况，缺乏真实性的记录是有害无益的。

总之，质量手册、质量计划、质量程序和质量记录，它们之间互相依存、互相制约，形成质量体系的软件系统。其中质量手册是属于纲领性文件，也是体系文件中的高层次文件。质量程序、质量计划和质量分手册都是属于确保实施纲领性文件的支持性文件，它们从属于纲领性文件，又是对纲领性文件的细化。

3.7.2 文件作用

3.7.2.1 从总体上来认识文件

(1) 阐述、声明作用。企业每个部门和全体员工都必须十分熟悉本企业的质量体系及其要求,才能动员全企业上下行动一致地自觉实施。文件起到了正确、全面地阐述质量体系的作用,为企业各部门和全体管理人员了解体系创造了必要条件。根据合同的要求,企业对需方或第三方提供的质量保证手册又起到对外声明作用:声明本企业的质量宗旨和方向;声明本企业技术和管理的能力;声明本企业的质量体系完全能保证满足合同所规定的要求。

(2) 规定、指导作用。质量体系必须使每项质量活动都有章可循,有法可依,才能保障企业沿着企业质量方针所指引的方向,有条不紊地实现企业预定的目标。质量体系文件就是能起到规定和指导作用的文件系列。

(3) 记录、证实作用。质量记录就是起到记录和证实体系运行有效性作用的文件,而其他文件则具有证实质量体系运行适用性的作用。

3.7.2.2 从评价和改进质量体系的角度看文件

(1) 评价质量体系的作用。为了评价质量体系的适宜性和有效性而进行的内部或外部审核都离不开质量体系的文件。如手册、程序文件和计划是审核的主要依据,质量记录是审核的主要证实资料。

(2) 保障质量改进的作用。文件对质量改进的保障作用主要有以下三点:

a. 文件不仅能有把握地指导质量活动如何实施,而且在实施中还可对照文件衡量实施结果,从而发现需要改进的信息。

b. 当采取质量改进措施后,可对照文件中的计划要求和目标衡量改进措施的有效性和可信度。

c. 确认改进措施切实有效时,可通过文件化的标准工作程序,对原有文件进行修改和补充,确保改进成果的保持和巩固。

(3) 适应体系培训要求的作用。人员的技能应能适应文件对各个过程实施和控制所规定的要求,否则文件将成为一纸空文。为了在一定时期内使文件达到一个合理的水平,人员培训的内容和要求应有的放矢地跟上文件要求的水平,使培训与文件的水平得到平衡。

3.7.3 文件编制

3.7.3.1 文件编制原则

(1) 系统协调的原则。质量体系是按照系统原理建立的,致力于质量管理的有机整体,用来表述、规定和证实该体系全部结构和活动的文件,必须遵循系统和协调一致的原则。文件的系统性应表现于:在保证企业质量方针实现的基础上,合理选择体系要素,规定质量活动,如实以质量手册予以表述;所有质量程序的编制,完全符合质量手册的要求,各程序之间接口严密,互相协调;建立了完整的质量记录系统,能足以反映和证实质量体系运行的全过程;以必要的质量计划针对那些专项产品、项目或合同作出专门规定,来补充通用性文件所不能包含的内容。

(2) 合理优化的原则。质量文件的编制过程应是质量体系的优化过程。体系文件不是对质量体系现状的简单写实，而是对照质量体系标准进行的增删。凡对本企业的特点和产品要求所必需的体系要素和质量活动，尽管目前企业尚无此要素或尚未开展此项活动，在编制用于企业内部管理的文件时也不可舍去，应按优化体系的原则编入体系文件。

(3) 操作实施的原则。从编写质量体系每个文件的第一句话开始，自始至终都得考虑其可操作性如何。编制体系文件切忌照搬其他企业的文件，也不宜少数人"闭门造车"，应该充分发动各部门熟悉本企业情况、有实践经验的人员集思广益、共同参与，确保体系文件切实可行。

(4) 证实检查的原则。对质量体系适用性和有效性的证实，是对外质量保证的需要，也是企业内部质量管理的需要。质量体系文件中的手册、程序、计划若不足以证实质量体系的适用性，则需方不敢签订合同，企业内部不会大胆执行；文件中的质量记录、报告若不足以证实体系有效运行，则需方将拒收产品。质量体系的文件是进行内部和外部质量审核的重要依据。

3.7.3.2 实施文件编制的前提条件

编制质量体系的文件是一项细微、复杂、关系重大的软件工程，企业最高管理者必须亲自对此作出决策、组织发动、参与体系分析，并审定质量体系方案。在实施质量体系的文件编写前，至少应具备以下前提条件：

(1) 初步确定了企业的质量方针、政策和分阶段的质量目标，并作出了建立和完善企业质量体系的正式决策。

(2) 基本选定了质量体系要素，并初步明确了每项要素需开展的主要质量职能活动。

(3) 大体明确了企业机构设置方案或对现行机构进行调整的意向。

(4) 进行质量职能再分配，将全部应开展的质量活动分配落实到各职能部门，并编制质量职能分配表。

思考题

1. 简述标准化的地位和作用。
2. TQC 的含义是什么？
3. 简述全面质量管理的具体内容是什么？分哪几个阶段？
4. 简述全面质量管理的四个一切观点和产品质量的具体内容。
5. 标准分哪几级、哪几类？
6. 国际标准的采用有哪几种方法？它们各有什么区别？
7. 产品标准由哪些基本要素组成?。
8. 设计文件的分类。
9. 简述产品说明书的种类和特点。
10. 简述质量认证与 GB/T19000 的关系。
11. 简述 GB/T19000 系列标准及其构成。
12. 简述质量体系文件的分类及构成。

4 电气制图的基本知识

电气技术是世界上应用最普及、最广泛的工程技术之一。为避免各专业部门之间因标准不协调、不统一而造成混乱及影响技术交流，其制图方法必须有专业统一的标准。

4.1 电气制图常识

4.1.1 电气图的表达形式

4.1.1.1 图

图是用图示法的各种表达形式来表示信息的一种技术文件。图是一种广泛的概念，它包括各种机械图、电气图、简图、表图等。

4.1.1.2 简图

简图是用图形符号、带注释的框图或简化外形表示系统或设备中各组成部分之间相互关系及其连接关系的一种图。系统图、框图、逻辑图等都属于简图的范围。

4.1.1.3 表格

表格是把数据等内容按纵横排列的一种表达形式，用以说明系统、成套装置设备中各组成部分相互关系和连接关系，用以提供工作参数。例如设备元件表、接线表等。

4.1.2 电气图中常用的表示方法

(1) 多线法：每根连接线或导线各用一条图线来表示，如图 4-1(a)所示。

(2) 单线法：两根或两根以上的连接线只用一条图线来表示，如图 4-1(b)所示。

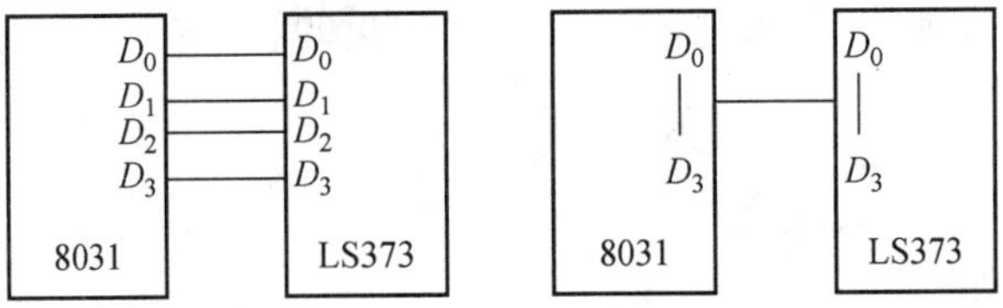

(a) 多线表示法　　(b) 单线表示法

图 4-1 连接线表示法

(3) 集中法：把一个元件的各组成部分的图形符号集中绘制在一起，如图 4-2(a)所示。

(4) 半集中法：把一个元件的各组成部分的图形符号分开布置，它们之间的关系用连接线来表示，如图 4-2(b)所示。

(5) 分开法：把一个元件各组成部分的图形符号分开布置，它们之间的关系用项代号来表示，如图 4-2(c)所示。

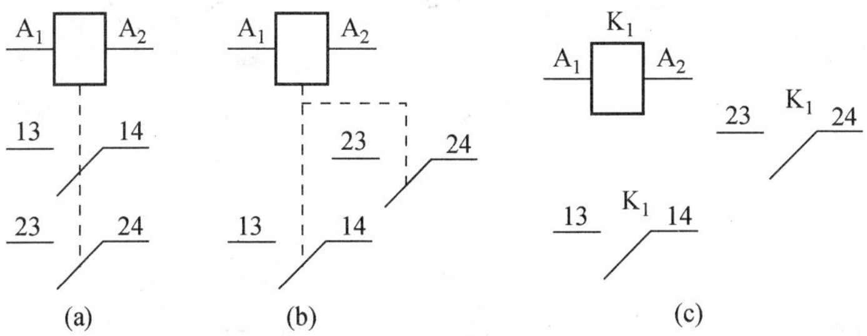

图 4-2　集中与分开表示法

(6) 功能布局法：通过元器件符号的布置，仅仅表示各元器件之间的功能关系而不考虑其实际所处的位置。大多数的简图都采用这种布局法，如图 4-3 所示。

(7) 位置布局法：将简图中元件符号的布置对应于该元器件的实际位置的一种布局方法。接线图就是采用这种布局法，如图 4-4 所示。

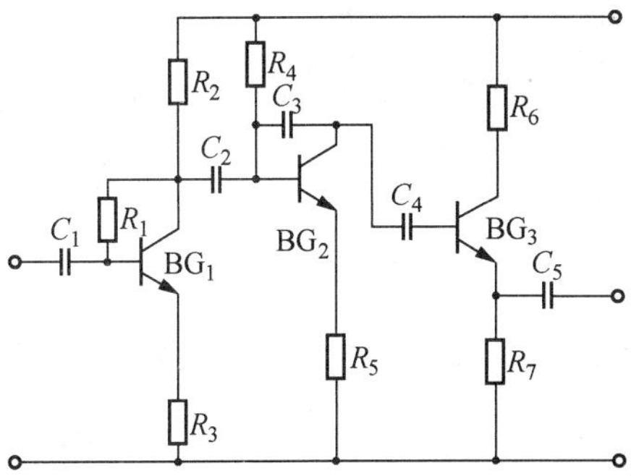

图 4-3　功能布局法

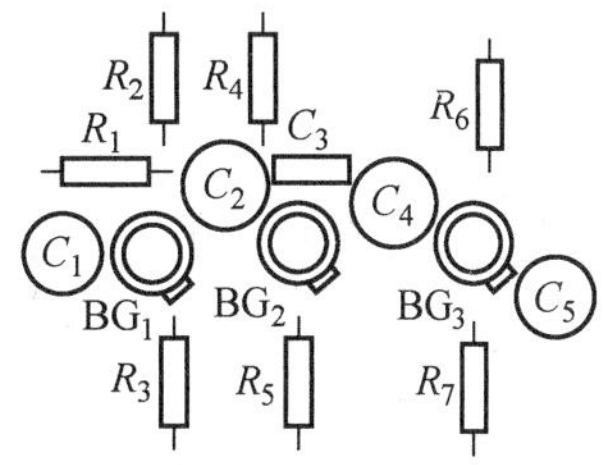

图 4-4　位置布局法

4.1.3　电气图的种类和用途

4.1.3.1　系统图或框图

系统图或框图是用符号或带注释的框，概略地表示系统或分系统的基本组成、相互关系及其主要特征的一种简图。系统图和框图不是同一个定义、同一图种，在较新的 IEC113 修订草案中，只是提出把它们统一称为系统图的建议，而未最后定义。

4.1.3.2　功能图

功能图是表示理论的或理想的电路而不涉及其实现方法的一种简图。其用途是为绘制电路图和其他简图提供依据，也可用于说明电路的工作原理和人员的技术培训。纯逻辑图和等效电路图都属于功能图。

4.1.3.3　逻辑图

逻辑图是主要用二进制逻辑单元符号绘制的一种简图。逻辑图有纯逻辑图和详细逻辑图两种，纯逻辑图只表示功能而不涉及其实现办法，详细逻辑图不仅要表示其功能而且要表示出实现该逻辑功能的方法。严格地说逻辑图并非是一个独立的图种，因为纯逻辑图是功能图的一种，而详细逻辑图实际上是电路图的一种。电路图和详细逻辑图的用途和定义都是一样的，只是前者以一般的元器件符号为主，而后者则以二进制逻辑单元符号为主。在现代电气技术中，电路图和逻辑图是不可分割的，区分电路图和逻辑图主要看该图的特征比重。

4.1.3.4 电路图

电路图指用图形符号并按其工作顺序排列，详细表示电路设备或成套装置的全部基本组成和连接关系，而不考虑其实际位置的一种简图。供详细了解作用原理、分析计算电路特性之用。电路图过去常称为电原理图，现在国家标准规定统一采用电路图这一术语，以便和国际标准取得一致。

4.1.3.5 等效电路图

等效电路图是表示理论的或理想的元器件及其连接关系的一种功能图，主要供分析、计算电路特征和状态之用。晶体管装散热器时的等效热电路如图 4-5 所示。

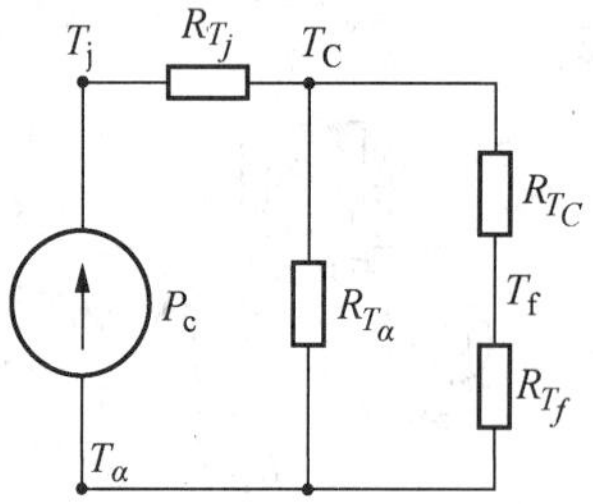

P_c——晶体管耗散功率

T_α——环境温度

T_j——晶体管集电结温度

T_c——晶体管壳温度

T_f——散热器温度

R_{T_f}——散热器热阻

R_{T_j}——晶体管集电结和管壳之间的热阻

R_{T_α}——管壳与周围环境空间的热阻

R_{T_c}——管壳与散热器之间介质的接触热阻

图 4-5 晶体管等效热电路

4.1.3.6 程序图

程序图是详细表示程序单元、模块及其相互连接关系的图形。

4.1.3.7 设备元件表

设备元件表是将成套设备中各组成部分的名称、型号、规格和数量等相应数据汇列而成的表格，其格式在国家标准中未作统一规定，可根据需要自行设计。

4.1.3.8 接线图或接线表

接线图和接线表明确表示了成套设备的电路连接关系，主要用于接线和检查故障。

4.2 电气制图的一般规则

在产品设计中制图是必不可少的，无论是绘制系统图还是电路图，必然会涉及图纸的幅面和格式、图线的型式和粗细、字体的大小及符号的选择等问题，对于这些共性的问题必须有一个统一的规定。

4.2.1 图纸

4.2.1.1 图纸的幅面及选用

GB/T14689－1993《机械制图图纸幅面及格式》与GB/T14689—1993《技术制图图纸幅面及格式》所规定的是一致的，只是根据电气图的特点，不采用国家标准中的A5幅面。常用的基本幅面尺寸和加长幅面尺寸见表4-1。加长主要对A3和A4幅面图纸而言，基本方法是以A3或A4幅面的长边为基础，以短边的倍数加长。

表4-1 图纸幅面尺寸

基本幅面尺寸		加长幅面尺寸	
代 号	尺 寸/mm×mm	代 号	尺 寸/mm×mm
A0	841×1189	A3×3	420×891
A1	594×841	A3×4	420×1189
A2	420×594	A4×3	297×630
A3	297×420	A4×4	297×841
A4	210×297	A4×5	297×1051

4.2.1.2 图纸格式及标题栏

图框的尺寸是根据图纸是否需要装订和幅面的大小来确定的。需要装订时，装订的一边要留出装订边；不需要装订时，图纸的四个周边尺寸相同，如图4-6所示。装订时，一般采用A4幅面竖装，或A3幅面横装。

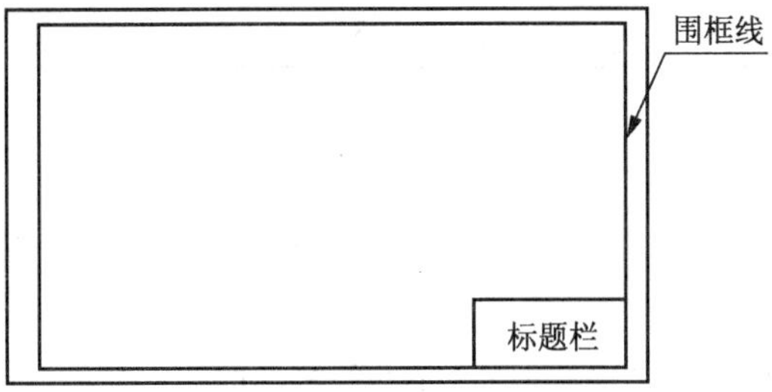

图4-6 图纸格式与标题栏

标题栏主要用以确定图纸名称、图号、张次、更改和有关人员签署等内容。标题栏的方位一般在图纸的下方或右下方。

4.2.2 图线、字体及指引线

4.2.2.1 图线的型式

常用的图线型式有实线、虚线、点画线和双点画线四种，各线型的应用见表4-2。

4.2.2.2 图线的宽度

国家在电气制图的标准中对图线的宽度推荐使用尺寸为 0.25mm、0.35mm、0.5mm、0.7mm、1.0mm、1.4mm 六种。这六种尺寸与绘图工具标准系列是相适应的。同一张图纸上一般只选用其中两种宽度的图线，如特殊需要选用两种以上图线宽度时，图线的宽度应以 2 的倍数依次递增。例如 0.35mm、0.7mm、1.4mm，或 0.25mm、0.5mm、1.0mm。

表 4-2 图线的型式及应用

名 称	型 式	应 用 范 围
实线	——	基本线、简图主要内容用线、可见轮廓线及可见导线等
虚线	········	辅助线、屏线、机械连接线、不可见轮廓线、不可见导线、计划扩展内容的用线等
点划线	—·—·	分界线、结构围框线、功能围框线及分组围框线等
双点划线	—··—	辅助围框线

4.2.2.3 字体

汉字、字母和数字是图的重要组成部分，字体必须符合标准、排列整齐、间距均匀。按照 GB/T10609.4—1989 和 GB/T14691—1993 的规定，汉字应采用长仿宋体；字母可以用直体、斜体、大写或小写；数字可以用直体或斜体；字体的高度为 20mm、14mm、10mm、7mm、5mm、3.5mm、2.5mm、1.8mm8 种，宽度等于字体高度的 1/14(A 型)或 1/10(B 型)。为了缩微和图面清晰，字体最小高度推荐见表 4-3。

表 4-3 字体最小高度推荐表

基本图纸幅画		A0	A1	A2	A3	A4
字体最小高度/mm	A 型	5	5	3.5	3.5	3.5
	B 型	3.5	3.5	2.5	2.5	2.5

4.2.2.4 箭头和指引线

电气图中有两种形状的箭头，即开口箭头和实芯箭头，如图 4-7 所示。

图 4-7 箭头图

开口箭头主要用于能量、信号的传播方向，实芯箭头主要用于表示可变性、力或运动方向等。电气图中连接线上所传送的一般均为信号或能量，因此表示其传播方向应用开口箭头。

指引线用来指示注释的对象。它应为细的实线，并在基本端加注黑点、实心箭头或短斜线作为被注释对象的标记，如图 4-8 所示。

4.2.3 简图的布局

简图布局的基本原则是：分布合理、排列均匀、图面清晰、读图方便。表示设备功能和工作原理的简图，特别是电路图和逻辑图采用功能布局法，即将电路划分为若干功能，按因果关系，从左到右、从上到下布置。每个功能组内的元器件应集中布置在一起，尽量按工作顺序排列。

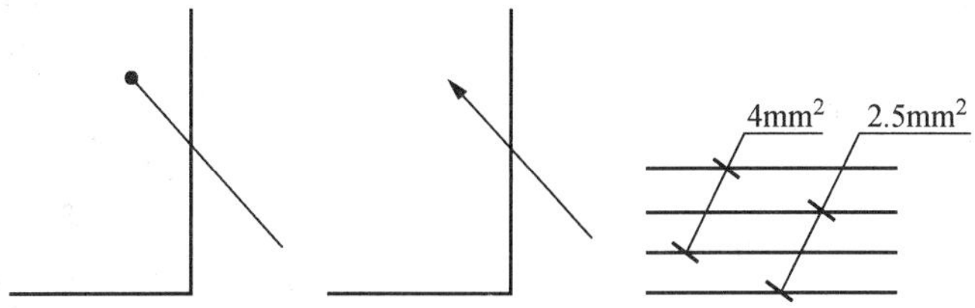

图 4-8　指引线图

按照实际结构绘制的简图，如接线图、电缆配置图等，应采用位置布局法，把元器件和结构组按照实际位置布置，以表示出导线的走向和位置。

在绘制闭合回路时，信号流的方向应该从左到右、从上到下，而反馈通路的信号流方向则与此相反。如果信号流或能量流是从右到左、从下到上，流向对看图者不明显时，应在连接线上画开口箭头，开口箭头不应与其他符号靠得太近，以免混淆不清，如图 4-9 所示。

在考虑简图布局时，还应考虑各部分的间隔要均匀，当图中出现功能组或结构组时，应留出一定的间隔，以便区分它们，同时也便于在它们之间的连接线上加注识别标记。简图中表示连接线或导线的图线应为直线，尽可能少用或不用交叉和折弯；只有当需要把元件连接成对称的格局时，才采用斜交叉线，如图 4-10 所示。

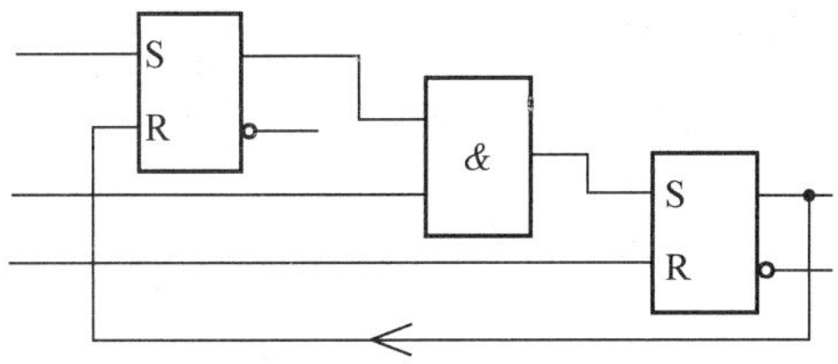

图 4-9　信号流箭头图

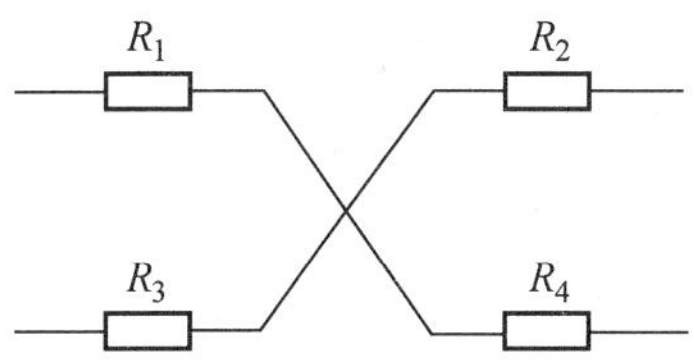

图 4-10　斜交叉线图

4.2.4　图形符号

图形符号是用于电气图或其他文件中表示项目或概念的一种图形、记号或符号。国家标准 GB4728.1～4728.13《电气图用图形符号》规定了各类图形符号、符号要素、限定符号和通用的其他符号，同时还规定了符号的绘制方法和使用规则。

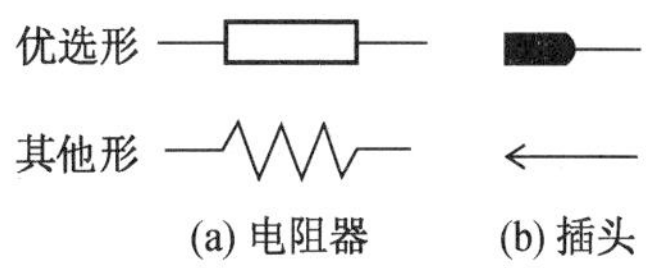

图 4-11　优选形与其他形示意图

GB4728 中对几种形状不同或详细程度不同的这些符号可按下列规则进行选择：

(1) 尽可能采用优选形，如图 4-11 所示。

(2) 在满足需要的情况下，尽可能地采用最简单的形式。

(3) GB4728 规定，连接线或导线的连接点可以用小圆点，也可以不用小圆点表示，但在同一份图上只能采用其中的一种方法，如图 4-12 所示。

(4) 元件符号一般都没有端子符号，即引线末端不画端子符号，但如果端子符号是图形符号的一部分则应画出。例如表示导线直接连接或导线接头中的小圆圈就不能省略。

(5) 图形符号的大小和符号图线的粗细不影响符号的含义，符号的含义只由其形式决定。一般可直接采用 GB4728 中给出的符号尺寸，如果需要也可以把符号的尺寸放大。

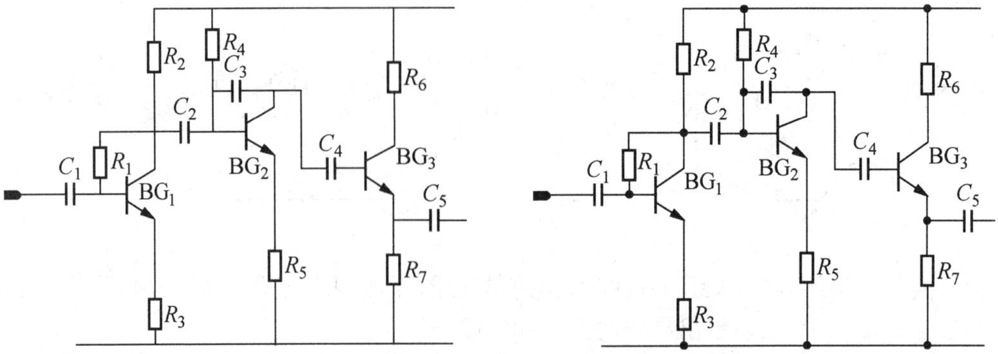

图 4-12　连接点不用小圆点和用小圆点的表示

(6) 大多数符号的取向是任意的。在不改变符号含义的前提下，符号可以按图面布置的需要按 90°角的倍数旋转或取其镜像状态，特殊需要也可按旋转 45°来绘制，如图 4-13 所示。

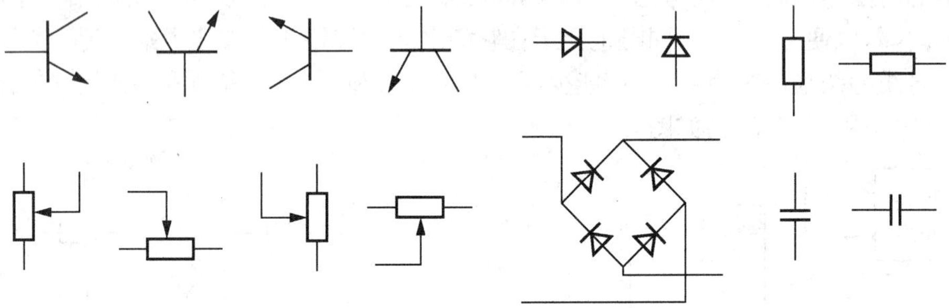

图 4-13　符号旋转绘制

(7) GB4728 中的图形符号一般都画有引线，在不改变符号含义的原则下引线可以画在其他位置，如图 4-14 所示。但有些符号引线的位置是不可以随意改变的，否则就可能产生对符号含义的误解，如图 4-15 所示。

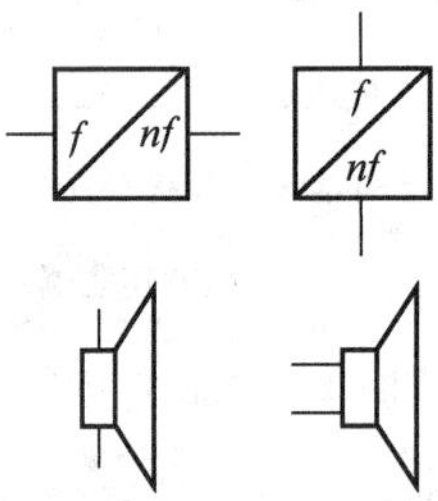

图 4-14　可改变引线位置图

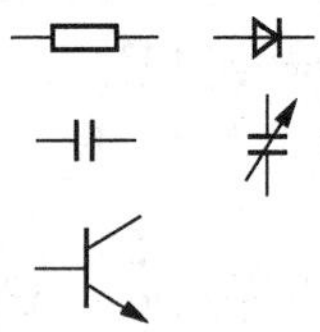

图 4-15　不可改变引线位置图

4.2.5　连接线

4.2.5.1　对连接线的基本要求

按照 GB4728 关于图线的规定，连接线应采用实线。连接线的宽度应根据所选图纸幅面和图形的尺寸来决定。在同一张图纸上图线宽度应保持一致，只有在为了突出或区分某些电路或功能时才采用不同粗细的实线。例如信号主通道、主回路等。如图 4-16 中为了突出电源主回路采用了加粗图线的方法。

连接线应避免在交叉处改变方向，也应避免穿过其他连接线的连接点，如图 4-17 所示。

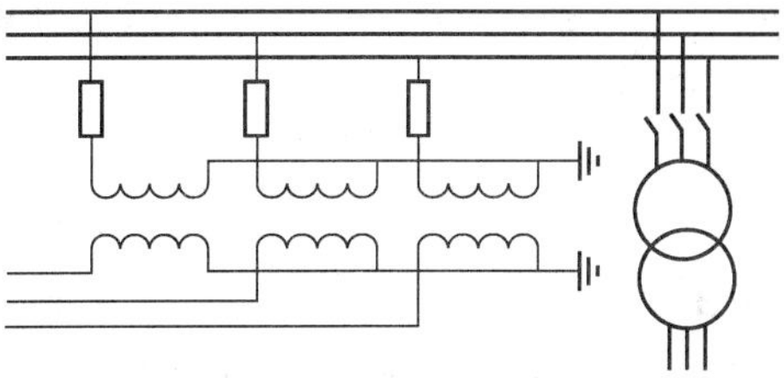

图 4-16　突出主通道回路图

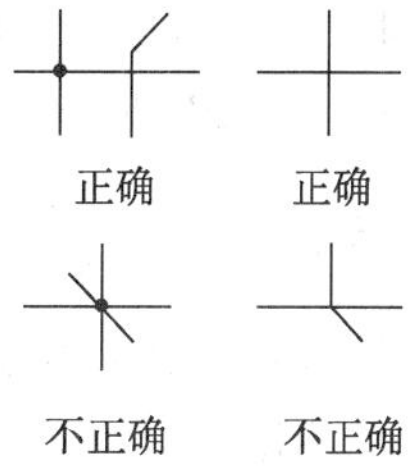

图 4-17　线交叉方法图

4.2.5.2　单线表示法

在前面的章节中已经介绍了单线表示法的定义，它是用一条图线来表示多根连接线或导线的方法。其目的是避免平行线太多而导致图面不清晰，如图 4-18 所示。当单根导线汇入单线表示的一组连接线时，应在每根连接线的末端注上标记，汇接处应用斜线表示，斜线的方向应使读者易于识别连接线进入或离开总线的方向，如图 4-19 所示。

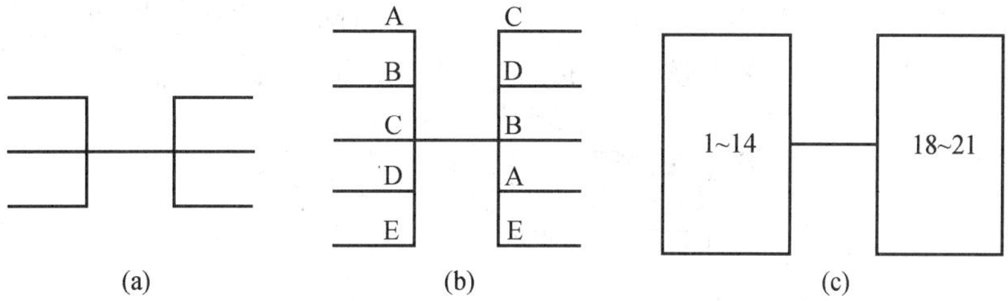

图 4-18　单线表示法

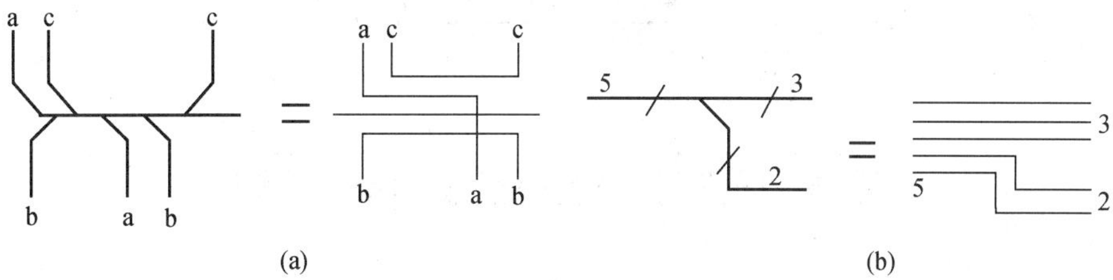

图 4-19　汇接处斜线表示法

4.3　系统图和框图的绘制

4.3.1　系统图和框图的概念和用途

系统图或框图的基本特点是它所描述的对象是系统的基本组成和主要特征，而不是全部组成和全部特征，描述是概略的而不是详细的。它的基本组成是图形符号、带注释的框和连线。

对设计对象的构思和设想是随着设计工作的进程逐步深化，系统图和框图起描述整体概况的作用。系统图及框图可用来表达整体的设计构思，并以此为依据编制更为详细的，更为具体的技术文件。例如电路图、接线图等以满足生产和施工的需要，从使用者和设备维修人员的角度考虑，系统图及框图可使其从总体的角度了解系统和设备，并以此为基础，进一步查阅更为详细和具体的技术文件。系统图和框图原则上没有什么区别，在实际使用中，系统图常用于系统和成套装置，而框图则多用于分系统和设备。

4.3.2 绘制方法

系统图和框图采用带有注释的实线框及连接线为主要要素，框内的注释可以采用符号、文字或同时采用文字和符号。在绘制系统图及框图时所采用的各种图形符号应符合国家标准GB4728《电气图用图形符号》的规定，而且应尽可能使用带限定符号的方框符号，而少用或不用元件、器件的图形符号。在框图上需要使用《电气图用图形符号》未规定的其他图形符号时，应采用其他的国家标准或其他的专业标准中已经标准化的符号，必要时可在符号旁边加注文字说明。在图 4-20 中，(a)图全部采用了图形符号及带有限定符号的方框符号，(b)图全部采用了文字注释框，(c)图采用了符号与文字兼有的方法。符号和文字兼用可使图面直观、简洁，兼有前两种方法的优点。

由于系统图和框图是在较高的层次描述对象的，图中的一些代表元器件的图形符号只是用来表示某一部分的功能，而并非与实际的元器件一一对应。例如图 4-20(a)中天线与扬声器符号只画出了一个，但并不表示该收音机只有一根天线或一个扬声器。

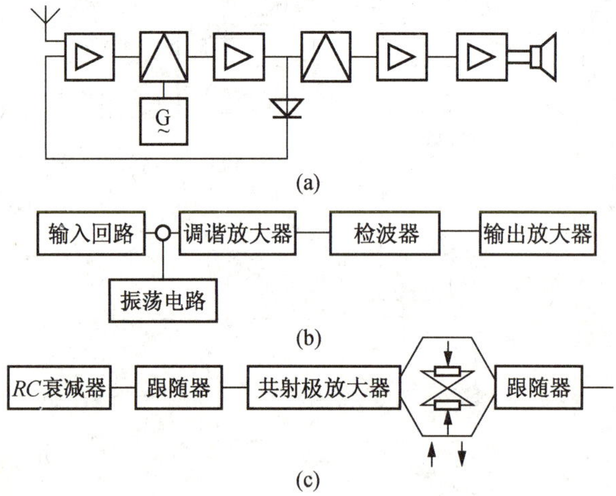

图 4-20 系统图和框图

4.4 电路图的绘制

4.4.1 电路图的概念和用途

电路图是采用图形符号并按其工作功能排列，详细表示电路的原理、基本组成部分和连接关系的一种简图。它是电气技术文件中使用范围最广、描述对象最多的一个图种。一个电气设备的系统图或框图只能概略地表达其工作原理，要详细了解设备的工作原理、电路构成及功能等问题只有通过电路图才能得到详尽的表达。此外，电路图也是绘制接线图、接线表及元件清单等文件的依据。电路图通常是根据系统图或框图的基本组成分别绘制而成的。电路图描述的连接关系仅仅是功能关系而不是实际的连接导线，因此电路图不能代替接线图。

4.4.2 电路图的位置表示方法

在电路图的绘制过程中为了使图面整洁、简明，常常采用中断线的方法。中断线的两个端子有时在同一幅面上，也有可能延伸到其他图纸上。在阅读、分析电路图以及在维修过程中能迅速查明中断线的来龙去脉，了解各元器件在图纸上的位置。在绘制电路图时常常用坐标法、电路编号法和表格法来表明中断线、元器件的位置。

坐标法就是将整个图纸的幅面划分成许多矩形的小区域，并用字母和数字给予编号，在竖边上用 A、B、C、D……对横行编号，在横边上用数字 1、2、3、4……对纵列编号。这样对于每一个小区域都有一个独立的编号(不常用此方法)。

对于一些各分支的电路，可采用电路编号法对电路或分支电路用数字编号来表示其位置。数字编号应按自左向右、自上而下的顺序排列，采用相同电压供电的继电器控制电路往往采用这种方法，如图 4-21 所示。

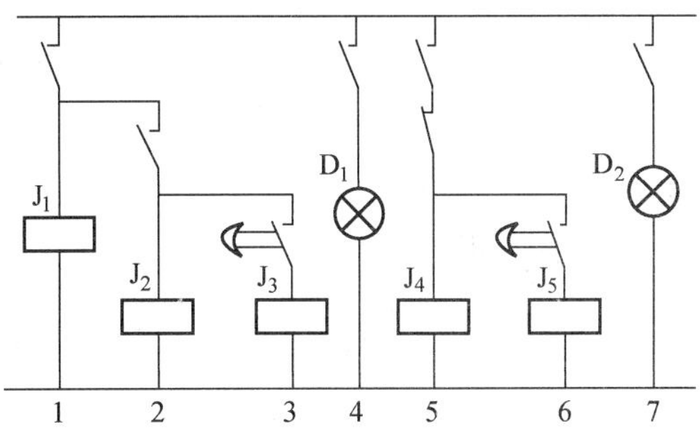

图 4-21 继电器控制电路

表格一般安置在图的右边缘，表格中的项目代号与相应的图形符号在垂直方向或水平方向对齐。这种位置表示法在寻找元器件时特别方便，对于元器件的归类和统计也很有帮助。应当注意的是表格中的项目代号不能代替电路图中的项目代号，在图中的图形符号旁仍需注明其项目代号，如图 4-22 所示。

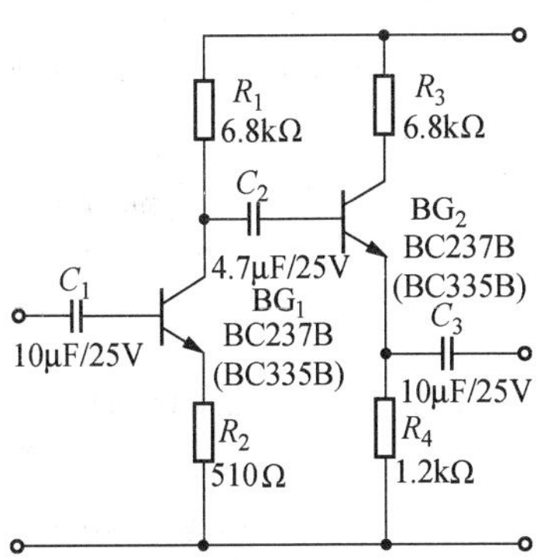

⋮	⋮	⋮	⋮	⋮	⋮
6	电阻器	R_4	RJ1/4W 1.2k I	1	上无一厂
5	电阻器	R_2	RJ1/4W 510 I	1	上无一厂
4	电阻器	R_1、R_3	RJ1/4W 6.8k I	2	上无一厂
3	电容器	C_2	CD11 4.7μF/25V	1	上无二十五厂
2	电容器	C_1、C_3	CD11 10μF/25V	1	上无二十五厂
1	三极管	BG_1、BG_2	BC237B(BC335B)	2	
序号	名称	编号	规格	数量	备注
围框栏			标题栏		

图 4-22 放大器电原理图

4.4.3 元器件及其工作状态的表示方法

元器件应该采用国家标准 GB4728《电气图用图形符号》所规定的图形符号来表示，同时可根据该标准所给出的规则用一般符号及限定符号来组合成新的符号。对于一些不常用的图形符号最好加上文字注释，以便于阅读者理解。图形符号旁应注明项目代号及主要参数，当参数用列表方法表示时，表格中一般应填写项目代号、名称、规格、型号及数量等内容。对于元器件未使用的部分(例如触点、线粗、端子等)一般也应画在图上，必要时可加以适当地标注。

对于如按钮开关、继电器、光电耦合器等内部具有机械的、磁的或光的等某种功能联系的元器件，可用集中表示法、半集中表示法及分开表示法来表示。无论采用何种方法其给出的信息量应该是相等的。在同一张图上可以根据需要使用其中的一种或同时使用几种方法。由于采用分开表示法时同一项目各个部分的图形符号是分散在图的不同部位，其相互之间没有任何连接符号，为此，可以利用插图和表格作为检索手段来提高查阅图纸的速度。插图法就是把分散在图中不同部位的同一项目的全部组成部分的图形符号，用集中表示法绘制在该项目的驱动部分的图形符号的平行处或垂直处，以紧靠驱动部分的图形符号旁为好。如插图较多也可集中布置在图的空白处或者另行绘制一张图纸。在插图中除了要绘制出该项目的全部图形符号外，还应同时给出位置信息，如图 4-23 所示。表格的绘制如表 4-4 所示，表格中的名称可以用图形符号来代替。表 4-4 与图 4-23 所表达的内容是完全一致的。

表 4-4　驱动位置明细表

动合触点	动断触点	位置
1—2,3—4,5—6		2/6
13—14		
	21—22	
	31—32	3/5
43—44		

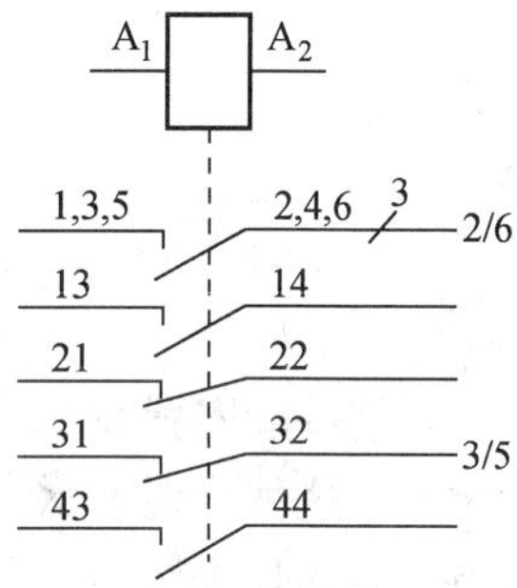

图 4-23　继电器驱动位置集中表示法

在复杂的电路中，特别是开关、继电器、接触器之类的元器件较多的电路，其可动部分的实际工作状态和位置的变动情况也是很复杂的。查阅图纸时，一旦将某个器件的工作状态理解错了，则可能导致对整个设备的工作原理无法理解。事实上，制图时无法将可动部分的状态，或位置画得与电路的某一工作情况严格一致，因此对这些元器件的绘制也应有一个统一的规定。一般情况下可按下列五条原则来进行绘制：

(1) 继电器和接触器处于非激励状态。即线组和驱动线圈上都没有电流流过时的状态。

(2) 断路器和隔离开关处在断开位置。

(3) 带零位的手动控制开关处在零位，不带零位的手动控制开关在图中规定的位置，而不必考虑电路的实际工作状态。

(4) 机械操作开关在非工作状态，其工作状态和工作位置的对应关系应表示在其触点符号的附近。

(5) 备用报警等开关应在设备正常使用的位置，如必须在特定位置应在图上加以说明。

4.5 逻辑图的绘制

逻辑图是数字系统一种重要的设计文件，它不仅体现了设计者的设计意图，表达了逻辑功能和工作原理，而且也是编制接线图的其他文件的依据。GB4728.12 和 GB6988.7—86 分别规定了逻辑图的图形符号和逻辑图的绘制方法。

4.5.1 基本概念

4.5.1.1 逻辑变量

普通代数中的变量是用字母表示的，其变量的取值范围很广。在逻辑代数中同样用字母表示变量，但它的取值只有"1"和"0"两种可能。

4.5.1.2 逻辑状态

逻辑状态可以用启动和停止、接通与断开、真与假、是与非等来描述。在二进制逻辑系统中总是用"1"和"0"来表示，即通常所说的逻辑"1"状态和逻辑"0"状态。

4.5.1.3 内部逻辑状态和外部逻辑状态

内部逻辑状态和外部逻辑状态是 GB4728.12 中对逻辑单元图形符号引入的两个概念。内部逻辑状态是指二进制逻辑单元图形符号框内的输入端和输出端的逻辑状态。外部逻辑状态指的是二进制逻辑单元图形符号框外的输入端和输出端的逻辑状态，如图 4-24 所示。如果图形符号的框外有限定符号，则外部逻辑状态对输入端而言是指限定符号之前的逻辑状态，而对输出端而言是指限定符号之后的逻辑状态。

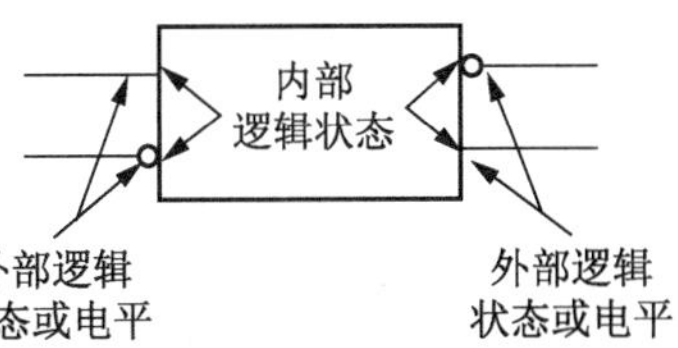

图 4-24 内外部逻辑状态

4.5.1.4 逻辑电平

逻辑电平是用以表示逻辑状态的一种物理量。在采用电子器件的数字系统中通常以电位的两个不同量值来表示逻辑变量的逻辑状态。由于 TTL、ECL、CMOS 等不同器件的两种电位量值各不相同，因此不宜用电位的绝对量值来代表逻辑电平，而只能用正得较多的电平值代表逻辑高电平，用"H"表示；用正得较少的电位值代表逻辑低电平，用"L"表示，如图 4-25 所示。注意逻辑电平中的"H"、"L"所表示的逻辑状态是唯一的，而用"1"或"0"表示的逻辑状态所对应的物理量并不是唯一的，它取决于逻辑系统中的逻辑约定。

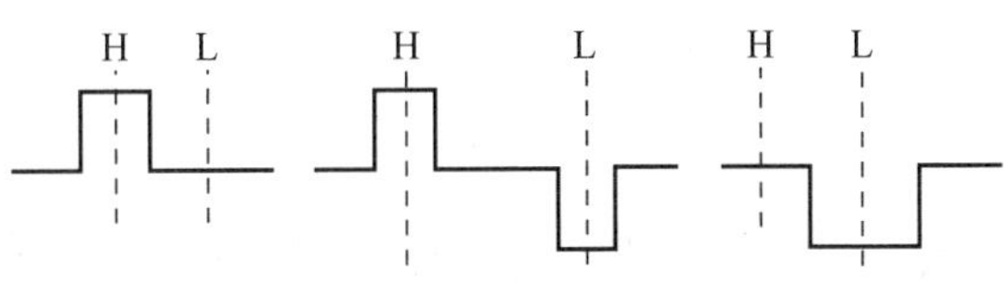

图 4-25 逻辑电平

4.5.1.5 纯逻辑图

纯逻辑图是在数字系统设计初期用二进制逻辑单元图形符号绘制的一种简图。主要用来表达系统的功能、逻辑关系以及工作原理，它是绘制详细逻辑图的依据。由于纯逻辑图不涉及实现逻辑功能的实体器件，在图上只反映逻辑状态而不反映逻辑电平，也不涉及逻辑约定等问题。所以，纯逻辑只能采用逻辑非符号而不能采用极性指示符号。

4.5.1.6 详细逻辑图

详细逻辑图不仅要表明系统的功能、逻辑关系的工作原理，而且要确定实现逻辑功能的实体器件和工程化内容。例如电路品种型号、具体的连接、电阻器、接插件等非数字电路的元件型号和规格等。详细逻辑图既可以采用逻辑非符号进行逻辑约定，也可以采用极性指示符号。

4.5.2 图形符号

4.5.2.1 符号的构成

所有二进制逻辑单元图形符号的外形轮廓都可以由基本单元框、公共控制框和公共输出框组合而成。其中基本单元框是构成图形符号外形轮廓的必要的方框，公共控制框和公共输出框只能和基本单元框配合起来使用，它们不能单独构成图形符号的外形轮廓，如图 4-26 所示。

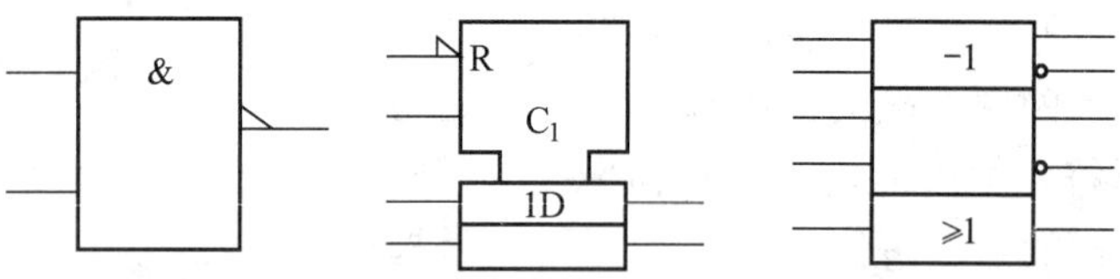

(a) 基本单元框配合使用　(b) 公共控制框与基本单元框配合使用　(c) 公共输出框与基本单元框配合使用

图 4-26　图形符号

4.5.2.2 符号框内外的标记

符号框内的标记分为标准标记和非标准标记两种。标准标记包括总限定符号(如&、≥1、∑等)、与输入输出有关的限定符号及关联标记。非标准标记即在 GB4728.12 中没有规定的标记，这些标记应能表示符号的逻辑功能，输入、输出的特性，构成等情况。

出现在符号框外的标记，除与输入输出有关的限定符号外，均不属于符号的组成部分。

应该注意，不是所有的逻辑单元图形符号都需要总限定符号的。当逻辑单元的功能完全由输入、输出的限定符号所决定时就不需要再标总限定符号。例如 R－S 触发器、D 触发器等都不属于这种情况。

4.5.2.3 图形符号的应用

在绘图时应该遵循一种确定的信息流方向。通常将从左到右，即相对于图形符号框而言，输入线在左、输出线在右的方式作为第一优选方位。把信息流方向从上到下，即相对于图形符号框而言，输入线在上而输出线在下的方式定为第二优选方位，如图 4-27 所示。

(a) 第一优选方位　　(b) 第二优选方位

图 4-27　图形符号的优选应用

通常只能采用上述两种优选方位，但有时出于图面布局的需要，个别图形符号可以采用其他方位，这时应注意下列事项：

a. 输入输出线应配置在图形符号的两边。

b. 总限定符号在图形符号的上方或中间。

c. 与输入输出有关的符号必须与相应的输出线对齐。

d. 符号框内应有足够的空间，以避免总限定符号与输入输出的限定符号因拥挤而混淆。

e. 输入输出端的符号串应按正常的阅读顺序排列，并应与相应的输入输出线对准。

f. 逻辑非符号、极性指示符号、动态输入符号等相对于连接线的方位不变，要与符号框一起旋转。有些器件的引出端既是输入端，又是输出端，对于这类引出端可以标注双向箭头，如图 4-28 所示。

图 4-28　引出端为输入、输出端的表示法

4.5.3　逻辑图的绘制

4.5.3.1　图面布局

在对数字系统进行逻辑设计时，一般可按其逻辑功能进行划分，对完成一定逻辑功能的单元或单元的组合件应分别绘制一份逻辑图。每份逻辑图分别与一个单一的单元或装配在一起形成一个功能实体的几个单元相对应，用来表示单元或单元组合件的逻辑功能。在绘制逻辑图时，应考虑图形符号及连接线在图面上的合理布局，布局合理有助于对逻辑图的理解。合理布局的基本方法如下：

a. 图面的布置应使信息的基本流方向为从左到右，或从上到下，即采用标准中的第一优选方位或第二优选方位。当信息流方向不符合从左到右或从上到下时，应在相应的互连线上加箭头标注，箭头标记不可紧挨其他符号或标记。

b. 功能上相关的逻辑单元的图形符号应尽可能靠拢，符合标准中规定的组合规则时应将它们组合画在一起，这样可以减少或缩短互连线，避免过多的交叉线，使图面简明。

c. 在同一份图纸上，相同的逻辑单元的图形符号应该尽量采用相同的尺寸和比例绘制，图面的布局在满足注释要求和避免过分拥挤的前提下尽量紧凑。

d. 当一个信号传输给多个逻辑单元时，可采用 T 形连线，在输出端画一根单直线并以 T 形连接到各个单元。

4.5.3.2 对未使用部分的处理

在绘制详细逻辑图时，常常会遇到一个器件中的若干单元或某个单元的输入端、输出端没有使用的情况。对于这种情况或其他类似的情况，GB6988.7 中规定了处理的办法：在图中可以绘出硬件的未使用部分，并标出未使用的外引线号。有些单元的引脚虽未被使用，但为了使逻辑功能正常执行和系统工作稳定，这些引脚应接地或接上适当的电压。

4.5.3.3 互连线的标记、信号名

为了帮助理解逻辑功能和逻辑关系，方便各逻辑单元的相互关连和参照，在绘制逻辑图时往往要在某些互连线上赋以信号名和加注一些信息。对信号的命名应经过仔细的斟酌，以使连接线上的标记能有助于对图的理解，以及对逻辑系统的维护。信号线名称应具有一定的意义，而且含义明确，信号名的长度应限制在图上或数据文件中分配给它的允许范围之内。不同的信号线不论它们的功能多么相似，都不应使用同一名称，信号名应尽量采用助记符和标准缩写。每当一个信号被另一信号选通、延迟、斩波、存储以及其他方式改变其功能时，必须改变信号名。当信号被反相、放大或电平移动后，则不用改变它的信号名。

思考题

1. 技术文件中包括哪几种图？
2. 电气图中常用表示方法有哪些？
3. 电气图有哪八个种类？
4. 技术制图中常用的图纸基本幅面有哪几种？
5. 技术制图中常用的图线型式有哪四种？并请说明它们的应用范围。
6. 请画出电气图中使用的两种形状的箭头，并请说明其名称和用途。
7. 什么是指引线？
8. 电气图中连接线或导线的连接点是否一定需要用小圆点？
9. 元器件的图形符号在电气图中的放置角度能否随意？为什么？
10. 在电气图中连接线在交叉处与其他连接线交汇时应注意哪两点？
11. 在电气图中用一条图线来表示多根连接线或导线时，对单根导线汇入有何规定？
12. 为了说明对框图的理解，请动手画一个框图。
13. 简述图面合理布局的基本方法。
14. 逻辑图绘制中对未使用部分如何进行处理？

5 收音机和万用表的安装与调试

在科学技术如此发达的今天，生产和生活中使用的电子产品不尽其数，品种繁多，工作原理也各不相同。本章仅就学生电子实习中应该完成的收音机、万用表等作业的基本原理、安装与调试方法作一简单的介绍。

5.1 收音机的安装与调试

5.1.1 概述

无线电收音机是接收无线电电台广播的装置。它是利用本机的天线输入回路，接收无线电电台广播的节目。由无线电收音机中的磁芯天线线圈吸收空间的电磁波，然后将其分解、提取所需的信号，并将这一信号加以放大，变成人耳能听得见的音频信号，这就是无线电收音机的基本原理。

5.1.1.1 无线电广播

无线电广播是利用电磁波将音频信号向远处传播的。它实际是利用高频无线电波作为"运输工具"，把所需传送的低频(音频)信号"装载"到高频信号上，再由发射天线发送出去。

当一根导线通过高频电流时，其周围空间就会产生向四周扩散的电磁波，这就是一般所讲的无线电波。

无线电波可分为长波、中波、短波、超短波及微波，在习惯上长波、微波用波长表示，中波、短波及超短波用频率表示。频率和波长有如下关系

$$f = \frac{C}{\lambda}$$

式中：

f——频率，单位为 Hz；

C——波速，单位为 m/s；

λ——波长，单位为 m。

说明：波速 C 为 3×10^5km/s，赫兹用字母 Hz 表示。

例如：1000kHz 的电波的波长 λ 是多少呢？

$$\lambda = \frac{3 \times 10^8}{1000 \times 10^3} = 300\text{m}$$

长波、中波、短波和超短波由于传播特点不同，所以它们的传播距离也不一样。

长波的特点：沿地面传播，由于地面对它吸收弱，故比较稳定。

中波的特点：大气层中直线传播，地面对它吸收较强，故传播距离没有长波远。

短波的特点：靠地球外的电离层与地面间的反射传播，传播距离远，但易受气候影响。

超短波特点：只能在空间直线传播，传播距离较近，但通过卫星就可传播很远。电视和调频广播都用超短波。

各波段的划分见表 5-1。

表 5-1　波段划分表

<table>
<tr><th colspan="2">波　段</th><th>波　长/m</th><th>频　率</th><th>主　要　用　途</th></tr>
<tr><td colspan="2">长　波</td><td>30000～3000</td><td>10～100kHz(千周)</td><td>电报通信</td></tr>
<tr><td colspan="2">中　波</td><td>3000～200</td><td>100～1500kHz(千周)</td><td>无线电广播</td></tr>
<tr><td colspan="2">中短波</td><td>200～50</td><td>1500～6000kHz(千周)</td><td>电报通信、无线电广播</td></tr>
<tr><td colspan="2">短　波</td><td>50～10</td><td>6～30MC(兆周)</td><td>电报通信、无线电广播</td></tr>
<tr><td colspan="2">超短波(米波)</td><td>10～1</td><td>30～300MC(兆周)</td><td>无线电广播、电视、导航</td></tr>
<tr><td rowspan="3">微波</td><td>分米波</td><td>1～0.1</td><td>300～3000MC(兆周)</td><td rowspan="3">电视、雷达、导航、接力通信及其他专门用途</td></tr>
<tr><td>厘米波</td><td>0.1～0.01</td><td>3～30GC(千兆周)</td></tr>
<tr><td>毫米波</td><td>0.01～0.001</td><td>30～300GC(千兆周)</td></tr>
</table>

将音频信号作用到无线电波上的过程称为调制；而用来运载音频信号的无线电波称为载波，调制波一般分为调幅波和调频波两种。当载波的幅度随传送的音频信号成正比例变化时，该波形被称为调幅波(如图 5-1 所示)；而当载波的频率随着所传送的音频信号成比例变化时，该波形就称为调频波。

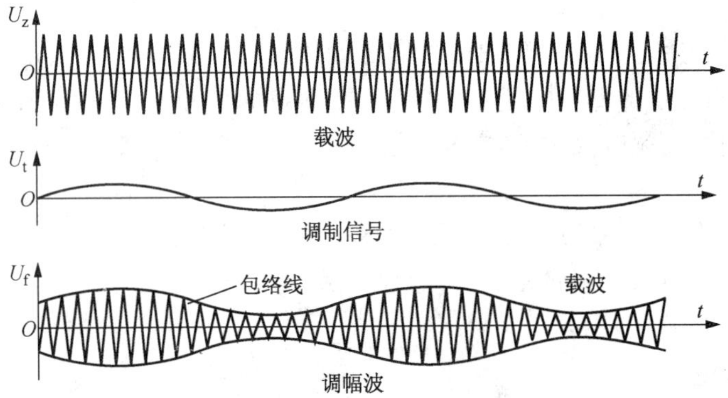

图 5-1　调制原理图

目前通用的广播制式有调幅和调频两种。无线电波的发送过程如图 5-2 所示。

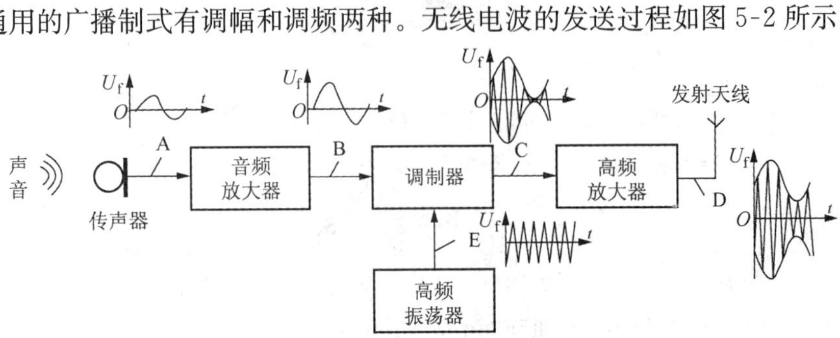

图 5-2　无线电波发送过程图

5.1.1.2 超外差式收音机

图 5-3 是超外差式收音机原理图。

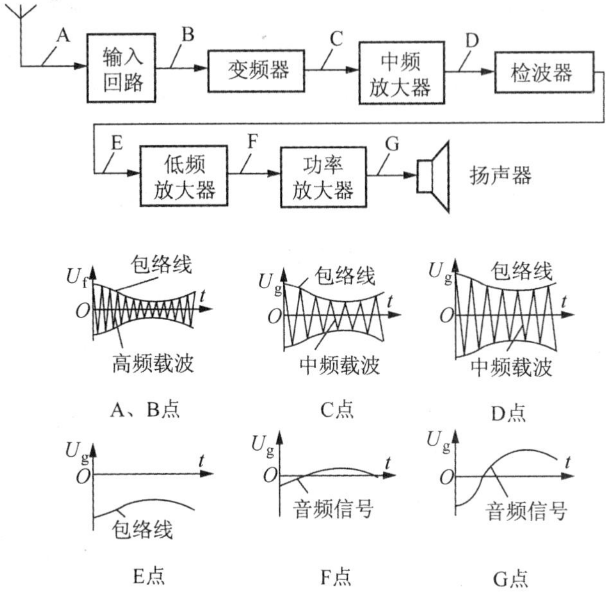

图 5-3　超外差式收音机原理图

由天线线圈接收的电台信号，经输入回路选择后通过变频级，将外来的高频调幅波信号变换成一个介于低频与高频之间的中频调幅波信号，频率固定为 465kHz。因为从天线线圈收到的电台信号是很微弱的，只有几十到几百微伏，故需要放大。但采用直接放大有缺点，不能做到在波段的整个频率范围内（如中波 535～1605kHz）都有相同的放大倍数。高频放大器要取得较高的放大倍数，电路工作就不稳定，因此采用变频的方法，将这一信号变成固定的 465kHz，使中频放大器的放大倍数和选择性都能做得较高。信号经中频放大器放大、检波器检波后，便可得到电台广播的音频（低频）信号，检波后的低频信号再经低频放大器和功率放大器放大，即可推动扬声器发声。图 5－3 中的 A、B、C、D、E、F 和 G 是各点的信号图形。

变频电路包括混频器、振荡器和选频器，如图 5-4 所示。

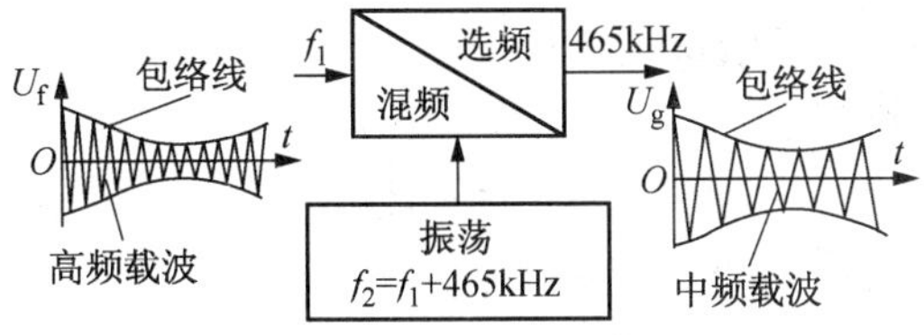

图 5-4　变频电路工作原理图

超外差式收音机采用 LC 并联谐振回路工作原理。其本机振荡频率始终高于接收电台信号频率 465kHz。这是因为接收中波段广播的频率范围是从 535kHz 到 1605kHz。对本机振荡频率范围的要求是必须从 1000kHz 到 2070kHz（535＋465＝1000kHz，1605＋465＝2070kHz），才能满足中波段的整个波段的覆盖。其频率覆盖系数

$$K_G = \frac{2070\text{kHz}}{1000\text{kHz}} \approx 2$$

在超外差式收音机中，频率变化是依靠双连可变电容器实现的。双连可变电容器旋进时容量最大，振荡频率最低；而旋出时容量最小，振荡频率最高。当频率覆盖系数 K_G 大于 2 时，容量变化范围需要很大(几百倍)。从工艺上来讲，这种双联是难以做到的。从整机性能上来讲，要使本机振荡器在这么宽的频率范围内工作是很不稳定的，为此超外差式收音机总是将本机振荡器频率做得高于接收频率 465kHz。

超外差式收音机有如下几个优点：

a. 由于变频后为一个固定的中频信号，所以整机的增益和灵敏度可以做得很高。

b. 由于经过了变频，从而解决了不同频率的电台信号放大不均匀的问题。

c. 由于中频放大电路中谐振回路的作用，使整机的选择性大为提高。

5.1.2 超外差式收音机的电路分析

5.1.2.1 输入回路

(1) 天线输入回路。在晶体管超外差式收音机中使用磁性天线线圈，图 5-5 中 T_1 是磁性天线线圈，线圈 L_1 和 L_2 绕在磁棒上。由 C_{1a}、C_2 和 L_1 组成天线输入调谐回路。

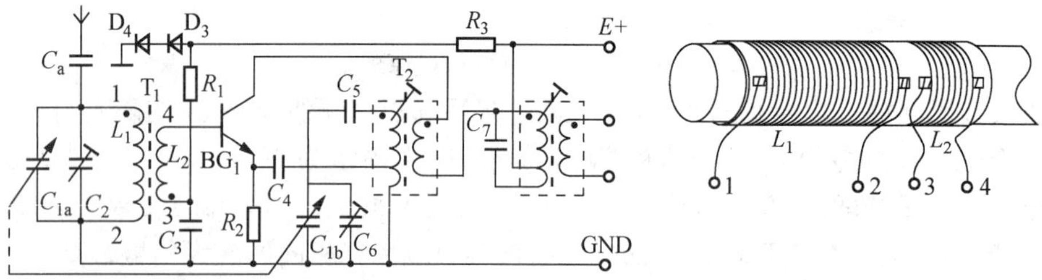

图 5-5 天线输入回路电路图

由于磁棒的导磁率很高，当它平行于电磁场的传播方向时，就能大量地聚集空间的磁力线，而且初、次级之间似全耦合，使绕在磁棒上的调谐线圈 L_1 能感应出较高的外来信号，同时还可以抑制其他非接收方向的干扰，从而有效地改善了信号的噪声比。

天线输入调谐回路中 C_{1a}是双连可变电容器中的一连。当调节 C_{1a}的容量从最小到最大，则回路的谐振频率，从最高 1605kHz 到最低 535kHz 的范围内连续变化。调谐回路就是调节它的自身回路谐振频率，使它同许多外来信号中的某一电台频率一致，即产生谐振，从而大大提高 L_1 两端的外来信号的电压，同时压低 L_1 两端其他非谐振的外来信号的电压，以达到选频的目的。

将天线输入调谐回路 L_1 的一端接地，可减少人体感应现象。

电路中磁棒上的 L_1 线圈匝数为 54～70 匝左右，L_2 约为 8～12 匝左右。线圈 L_2 的匝数多一些，声音可以响些，但选择性差。L_2 圈数如偏少，选择性略可提高，但声音轻些。为了提高天线输入调谐回路的性能，采用多股纱包线来绕制 L_1 线圈或分段绕制 L_1 线圈，以提高灵敏度和选择性。图 5-5 中电容 C_2 是校正高端电台增益的半可变电容。

从图 5-6 中可看出，天线输入调谐回路是一个并联谐振回路，它由 C_1、C_2 和 L_1 并联组成。并联谐振时阻抗呈现最大值，此时在 L_1 的两端获得最大电压值(电流呈现最小值)。其谐振频

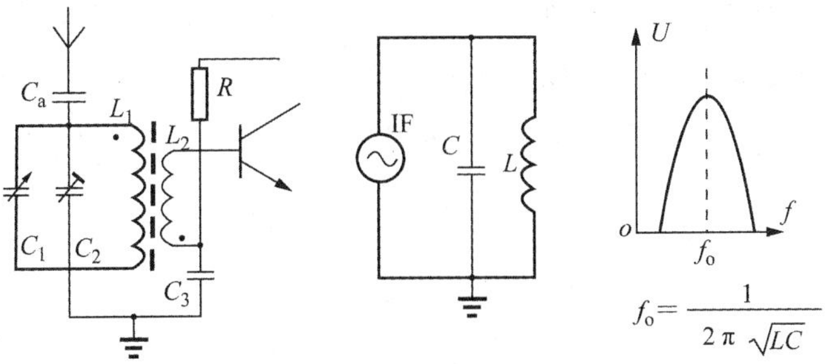

图 5-6　天线输入等效图

率为 f_o。此谐振电压感应给 L_2，使 L_2 能获得最大的感应电压，这个感应电压经 BG_1 共基极振荡电路（全称共基极、发射极输出电压放大电路）放大，感应电压信号由发射极输出与本机振荡电路合成后变换成 465kHz 中频为载波体的波。

5.1.2.2　变频级

变频级具有振荡、混频、选频三大功能。它的工作是将接收到的高频调幅波转变为固定的 465kHz 中频信号，然后送到中放级去放大。其工作过程如图 5-7 所示。

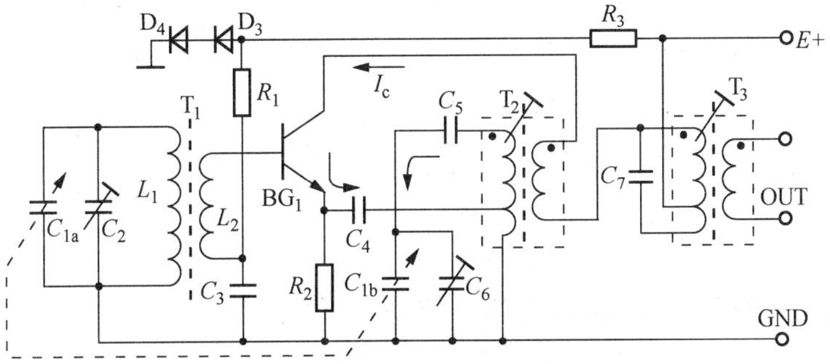

图 5-7　变频级工作过程图

由磁性天线线圈感应的电台信号经输入回路选出所需电台，通过 L_1 和 L_2 的互感送入 BG_1 的基极放大，经发射极输出的信号与本机振荡信号在此处叠加。本机振荡调谐回路由 T_2 初级和 C_{1b}、C_4、C_5、C_6 等组成，并被送入 BG_1 的发射极。两信号在此经 BG_1 混频后，从 BG_1 发射极输出一个以 465kHz 中频为载体的调制信号。T_2 次级既是本机振荡正反馈线圈，也是 465kHz 中频为载体的调制信号的感应输出端。由 T_2 次级引起 T_3 初级、C_7 在 465kHz 谐振点检出中频信号，并送往中频放大级 BG_2、BG_3 去放大。输入给 BG_1 基极的是调幅广播信号，输入的本机振荡信号是等幅振荡信号，而混频后的 465kHz 中频信号为调幅信号，它只是改变了载波频率，加在它上面的音频信号并没有改变，只是重新调制在中频信号上。

收音机的工作频率应满足频率覆盖的要求，在整个波段内都能差频出 465kHz 的中频信号。为在整个波段内具有较高的灵敏度和选择性，要反复调节 L_1、L_2 的电感量和 C_2、C_6 的电容量，调节 T_2 振荡线圈和输入回路 L_1、L_2 的电感量找到低频端的统调点，改变微调电容 C_2、C_6 找到高频端的统调点，即俗称“统调”。

电路中调节 C_{1b} 的容量从最大值到最小值，可使本机振荡频率从 1000～2070kHz 的范围内连续变化。因为 C_{1b} 和 C_{1a} 是同轴双连电容，所以当输入回路谐振频率改变时，本机振荡频率也随着改变，并且两频率之差始终保持为 465kHz，正好接收 535～1605kHz 的外来信号。

由于 BG_1 的基极是经过天线线圈的次级 L_2 和电容 C_3 接地的，它使振荡信号呈现出极小的阻抗，这就形成了晶体管基极接地、集电极注入信号、发射极输出信号的共基极振荡电路。振荡耦合电容 C_4 和基极旁路电容 C_3 的容量与其工作频率有关，如果容量选得太大时，可能会使变频级产生寄生振荡或间歇的自激振荡现象；反之，如果容量选得太小时，将会产生灵敏度不均匀或低端停振现象。

调整 R_1 使变频管 BG_1 的集电极电流在 0.4～0.6mA 之间，变频管将处于正常工作状态。

5.1.2.3 中频放大电路

中频放大电路是收音机的重要组成部分，它的性能好坏将直接影响收音机的质量。其电路如图 5-8 所示。

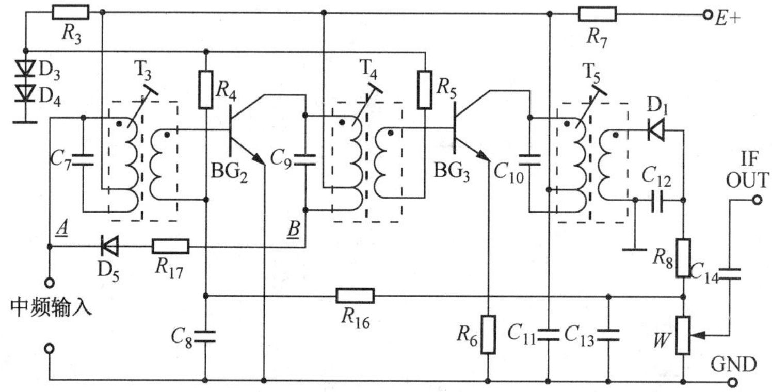

图 5-8 中频放大电路图

中频放大器是一种调谐放大器，它将固定放大中频频率（465kHz），由于工作在一个频率上，所以整个中放电路容易做到性能稳定、增益高、选择性好。

T_3、T_4、T_5 是中频变压器，称为中周。它们的初级都是 LC 并联谐振回路，谐振于 465kHz，所以只有 465kHz 的信号才能通过中周，从而提高了整机的选择性。

中周的作用有三个：

选频作用：它仅谐振于 465kHz。

耦合作用：前级的信号通过耦合线圈送到下一级放大。

匹配作用：适当选取次级线圈的匝数就可以和下一级输入阻抗相匹配，使输出最大。

晶体管 BG_2 的静态工作电流由 R_4 来调节，一般取 $I_{C2}=0.4\sim0.5$mA。BG_3 管的静态工作电流由 R_5 来调节，一般取 $I_{C3}=0.8\sim1$mA。C_8、C_{11}是旁路电容器。R_6 是发射极电阻，用来稳定 BG_3 的静态工作电流。

中周 T_3 的初级接变频级的输出端，次级是第一中放的输入端。T_4 的初级是一中放的输出端，次级接检波器输入端。所以每只中周的匝数比是不同的，不能装错。

5.1.2.4 自动增益控制

由 R_8、R_{16}组成的自动增益控制（AGC）电路是一种直流电压并联负反馈电路（如图 5-9 所示）。调幅信号经检波后，在负载 W（音量电位器）两端得到含有直流成分的音频信号电压。

其中的直流电压 U_{AGC} 作为自动增益控制电压，该电压的方向为负极性，大小与输入信号成正比。将 U_{AGC} 电压通过 R_{16} 引至第一中放的基极，并经 C_8 滤去 U_{AGC} 电压中的音频(交流)成分。当输入信号较强时 AGC 电压增大，使第一中放管的基极电位下降、增益减小，从而达到自动增益控制的目的。

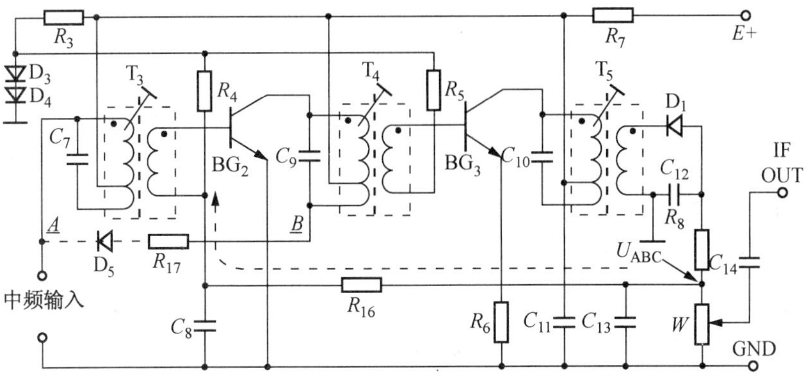

图 5-9　自动增益控制电路

为了避免输入信号过强时 AGC 电路失控，在较高级的收音机中还设有二次 AGC 电路。二次 AGC 电路由电阻 R_7、R_{17} 和阻尼二极管 D_5 组成。

当输入信号不太强时，第一中放管 BG_2 的集电极比变频管 BG_1 的集电极电流大(即 $I_{C2}>I_{C1}$)，$U_B<U_A$，使 D_5 受反向电压而截止。此时 D_5 的等效电阻很大，对选频电路的 Q 值影响很小，二次 AGC 电路不起作用。

当输入信号过强时，由于一次 AGC 电路的作用，使第一中放管 BG_2 的集电极电流减小到比变频管 BG_1 的集电极电流还小时(即 $I_{C2}<I_{C1}$)，$U_B>U_A$，使 D_5 受正向电压导通。此时 D_5 的等效电阻大幅度减小，对选频电路的 Q 值影响很大，降低了输送给第一中放 BG_2 的信号幅度，二次 AGC 电路起作用。

图 5-9 中二极管 D_5 和电阻 R_{17} 是中频放大 AGC 控制电路。当 B 点电位高于 A 点电位 0.7V 以上时，二极管 D_5 导通，此时信号的电压经电阻 R_{17}、二极管 D_5 流向 A 点，A 点电位被抬高，流经 T_3 初级电流瞬间时减小，使 T_3 次级获得的感应电流弱，注入 BG_2 基极的电流随之减小，从而达到自动增益控制的目的。

5.1.2.5　检波电路

经过二级中放输出的中频调幅信号，是由中周 T_5 的次级送到检波二极管。由于二极管的单向导电性，使调幅信号的正半周被截去，变成了负半周的调幅脉动信号，它包含残余中频、音频和直流三种成分。

图 5-9 中 C_{12}、C_{13} 和 R_8 组成了 π 型滤波器，以滤掉其中残余中频成分。因为 C_{12}、C_{13} 的容量小，对音频所呈现的容抗很大，所以音频并没有被旁路掉。当中频调幅信号的正半周到来时，二极管反向偏置，无信号电流产生。当中频调幅信号的负半周到来时，二极管正向导通，信号电流通过二极管对电容 C_{12} 充电，电压极性为上负下正，使 C_{12} 两端的电压达到信号的最大值。当第二个正半周信号到来时，二极管反偏截止 C_{12} 向负载放电，使 C_{12} 两端的电压有所下降。再当第二个负半周信号到来时，信号电流再次对 C_{12} 充电，使 C_{12} 两端的电压再次达到信

号的最大值。如此反复循环，只要适当地选择二极管、C_{12}和负载 R_L 的数值，就可使放电时间常数足够大、充电时间常数足够小，这样就可使电容两端的电压幅度与输入信号电压的幅度非常接近。由于输入信号频率很高，电容 C_{12}的放电时间远大于其充电时间，如图 5-10(a)所示。所以实际输出的波形图 5-10(b)比图 5-10(a)要光滑得多，与信号的包络线几乎完全一致。

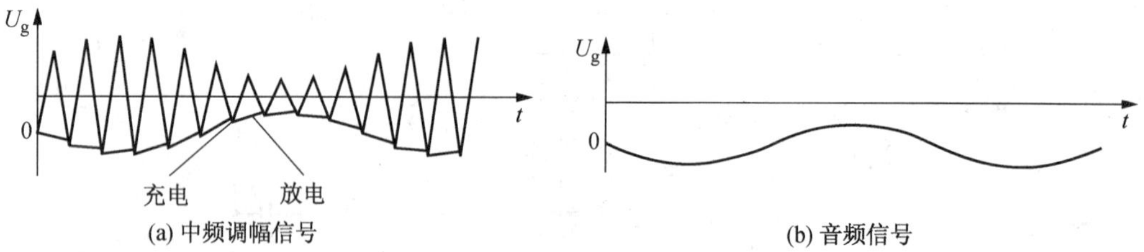

图 5-10　检波信号处理图

检波电路的信号处理过程如图 5-10 所示。检波输出的信号电流通过电位器，就能得到一个与原来调制信号规律相同的信号电压。经过 C_{14}交联电容隔除直流后，送到下一级去放大。

另外，可以从阻抗的角度来分析检波电路(如图 5-11 所示)，电阻器 R 和电容器 C 构成一个并联回路。如果在 RC 参数的选择上使容抗 Z_C 远远小于电阻 $R(f=465\text{kHz})$，半波调幅脉动信号中的中频成分及高次谐波成分将主要流经电容器 C，而很难在电阻器 R 上建立电压。对于半波调幅脉动信号中的音频成分，则应使容抗 Z_c 远远大于电阻 $R(f\leqslant 20\text{kHz})$，这样音频信号被电容器阻拦，而流向电阻 R，并在电阻器 R 上建立电压。

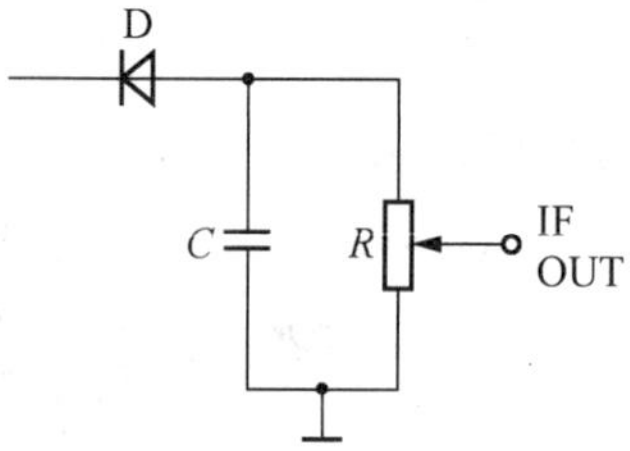

$$Z_c=\frac{1}{2\pi fC}$$

$$2\pi f=\omega$$

图 5-11　检波等效图

对大信号检波来讲，基本上是半周导通，半周截止，可以认为是线性检波，它的失真小、效率高。但对小信号检波来讲，由于二极管 D 的阀门电压存在，小信号检波会存在非线性失真问题，为减小非线性失真，给检波二极管 D 一定的偏流，一般取其偏流 20～60μA 的范围内。

5.1.2.6　自动音量控制电路

自动音量控制电路是由 R_{15}和 C_{21}元件组成(如图 5-12 所示)。它的基本原理是将功放输出的信号反馈到第一低放管 BG_4 的发射极，使 BG_4 的发射极电位高低随功放的输出大小而变化，输出大时 BG_4 的发射极电位抬高，U_{be4}的电压减小，使整个放大电路的增益减小，达到控制音量的目的。

5.1.2.7　低放电路

高频调幅波的信号从天线回路接收下来后，经过检波后输出一个音频信号，为了要有足够的功率使喇叭发出声音，必须对音频信号进行放大。

图 5-12 是超外差式收音机的低放和功率放大电路。低放电路中，R_9 和 R_{10}是低放管 BG_4

的偏流电阻，R_{12}是低放管 BG_5 的偏流电阻，C_{14}、C_{15}是耦合电容，C_{17}是退耦电容。T_6 是输入变压器，它的主要作用是：

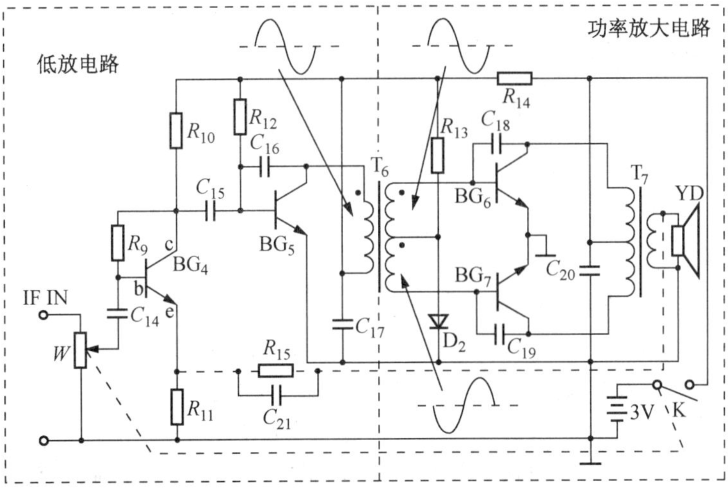

图 5-12　低放和功率放大电路

a. 耦合作用：就是利用变压器把放大了的信号输送到下一级去。

b. 匹配作用：就是合理选择 T_6 的初次匝数比，将耦合的信号输出幅度达到最大值。

c. 倒相作用：这是由于变压器次级有中心抽头，两端对中心抽头端信号相位相差 180°，因此从变压器的次级能得到两个相位相反、幅度相同的信号电压。

5.1.2.8　功率放大器

图 5-12 中，BG_6、BG_7 和 T_7 组成了收音机末级功率放大器，作用是将前级的信号加以放大，以达到所需的输出功率，去推动喇叭发出声音。为了获得较大的输出功率，通常采用乙类推挽功率放大电路。

乙类推挽放大电路的特点是，在静态时，管子的集电极电流为零，从而使晶体管在半周内工作，这种工作状态称为乙类放大器。

如果把晶体管静态工作电流调到适当值，使它工作在既不饱和，也不截止的线性放大区内，这种工作状态称为甲类放大器。

如果把晶体管的静态电流，调在甲类和乙类之间，就是说，静态工作电流很小，通常称为甲乙类放大器。

超外差式收音机末级推挽电路的静态电流在 3～5mA 之间，实际上是甲乙类工作状态，但一般仍把它称为乙类推挽放大器。图 5-12 中 BG_6、BG_7 是组成推挽放大电路的功率放大器。

对这种电路来讲，要求两只推挽管 BG_6、BG_7 参数基本相同，并且在无信号输入时，静态电流应较小，改变 R_{13}的阻值，可调节静态电流的大小，一般取 I_{C_6}、$I_{C_7}=3\sim5mA$。

当信号输入时，输入变压器的次级将引出两个信号，并分别加到 BG_6、BG_7 的基极，由于两个信号幅值相同、相位相反，因此两只管子将交替工作，一个放大正半周的信号，另一个放大负半周的信号。在输出变压器的次级便可得到完整的正弦波信号电压。由于充分地利用了每只管子进行放大，所以输出的幅度很大。

当晶体管的基极与发射极之间的起始工作电压很小时，管子处于非线性工作状态。所以不给予一定的起始基极－发射极电压、一定的集电极电流的话，那么小信号输入时晶体管的放大倍数就很小，甚至不放大，从而使乙类推挽放大的输出波形失真。

电路中 R_{13}是偏置电阻，调节 R_{13}使 BG_6、BG_7 的静态电流为 3～5mA。C_{20}是退耦电容，使输出变压器初级的中心抽头交流接地，并使功放级电源稳定。

5.1.3 超外差式收音机调试

5.1.3.1 收音机性能指标

收音机安装完毕后，必须进行调试才能达到预定的性能指标要求。因此，调试工作十分重要，它将直接影响收音机的质量。收音机性能好坏有以下五项指标：

a. 额定输出功率。额定输出功率是在非线性失真的允许范围内，收音机最大的输出功率。单位用毫瓦(mW)或瓦(W)表示，输出功率越大则声音越响。

b. 灵敏度。灵敏度是收音机接收微弱信号的能力。灵敏度高的收音机能收到较远的和微弱信号的电台。灵敏度的高低是以输入信号的电磁场强度来表示的，单位是 mV/M。具有二级中放电路的超外差式收音机，其灵敏度可达 1mV/M 以上。

当收音机依靠外接天线或拉杆天线接收电台信号时，用输入信号电压单位 μV 的大小来表示其灵敏度，该数值越小则灵敏度越高。

c. 选择性。选择性是指收音机分隔邻近电台的能力。因为空间中存在着各种频率的无线电波，而收音机应当具有从中选出所需电台的能力。

对于三级机来讲，选择性指标规定在对接收电台两边相距±9kHz 处，干扰信号衰减量不能小于 20dB，分贝数越大，说明选择性越好。

d. 整机的频率特性。频率特性是衡量收音机在音频范围内，对不同频率的信号有无均匀放大的能力。整机频响好，放音频率范围就宽。三级机要求是 150～3500Hz 范围内输出的电压不均匀度在 10dB 内。

e. 频率范围。接收频率的范围，一般简称为波段。普及型收音机只有中波段，其接收的频率范围在 535～1605kHz。

5.1.3.2 收音机静态工作点调整

第一步：调整各级管子的静态工作电流。

要使收音机工作正常，首先要调整每只管子的静态工作电流达到设计要求。根据前面各图指示调节偏流电阻：

改变 R_1 阻值，使 $I_{C_1}=0.4\sim0.5$mA

改变 R_4 阻值，使 $I_{C_2}=0.4\sim0.5$mA

改变 R_5 阻值，使 $I_{C_3}=0.8\sim1$mA

改变 R_9 阻值，使 $I_{C_4}=1\sim2$mA

改变 R_{12}阻值，使 $I_{C_5}=2\sim2.5$mA

改变 R_{13}阻值，使 I_{C_6}、I_{C_7} 分别等于 3～5mA

在线路中有梅花形记号的电阻为偏流调节电阻。

在测电流时，可用电流表串在晶体管的集电极回路中；也可用电压表测量发射极电阻上电压，再算得电流。静态工作点都在无信号输出的情况下测得。一般先调末级，再调前级。

第二步：调整中频，使用 XSQ-6 调幅中频扫频信号发生器、TTS-11 同轴步级衰减器、DT-2A等效天线和 JDQ-1 X-Y 显示器等专用仪器调试，使其工作在 465kHz。

第三步：收音机三点的统调，即中波在 600kHz、1000kHz、1500kHz 设三点频标，统调是用收音机专用调试仪器来调试完成的。

5.1.3.3 低频放大级测试

收音机调至无台处，然后对低频放大级进行通频带测试，具体接线如图 5-13 所示。

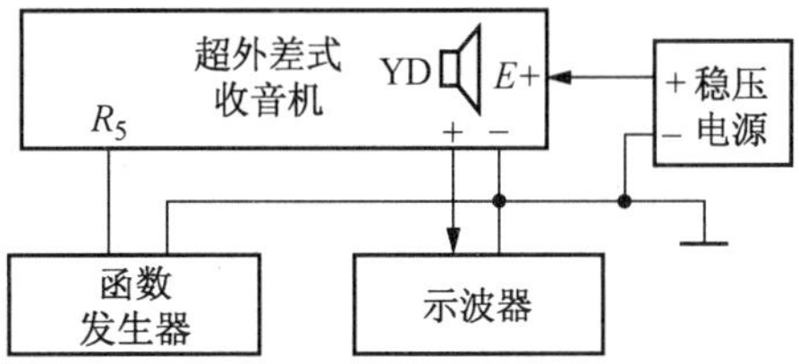

图 5-13 低频通频带测试接线图

低频放大级通频带测试步骤：

a. 将信号发生器的输出电平（幅度）调至 5mV，频率倍乘放在合适位置（如“10k” 档），波形选择“正弦波”。

b. 将示波器的测试状态设置为“交流”档，Y 轴调至“10mV”或“20mV”档，X 轴调至能显示一至二个周期波形即可。

c. 逐渐旋转（加大）音量电位器，从示波器的显示屏上观察收音机的输出波形，当加大至输出波形即将产生失真时，此时输出的幅度量，即为收音机的最大不失真输出，也称最大输出。分别测出收音机在 500Hz、1kHz、5kHz、10kHz、15kHz 时的最大输出电平（幅度），将数据记录在实习报告内，并画出频响曲线，如图 5-14 所示。

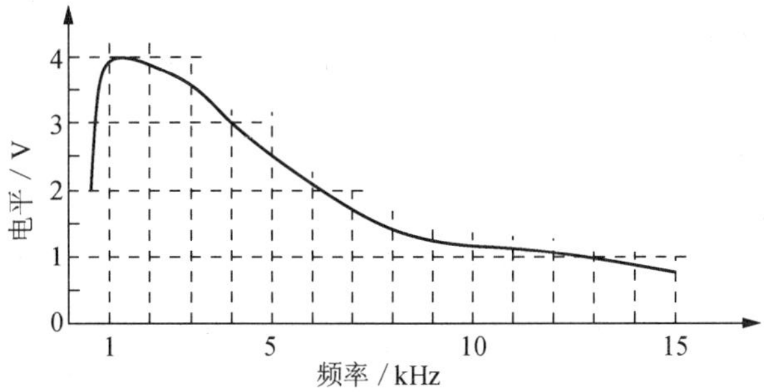

图 5-14 低频幅频特性曲线图

5.1.3.4 调整中频放大级

超外差式收音机中频放大级是决定灵敏度和选择性的关键，当收音机安装完毕，并能以超外差的型式接收到电台以后，便可开始调整中频变压器。

新的中频变压器被装上收音机后需要调整，这是由于它们所并联的槽路电容器的电容量总存在误差,底板的布线间也存有大小不等的分布电容,这些因素会使中频变压器失谐,所以调整中频变压器是调试收音机不可缺少的一个环节。

(1) 利用电台广播信号调整中频放大级。为了证明变频和本机振荡都在工作,可将收音机调到某个电台,用螺丝刀把双连可变电容本机振荡部分的定片对地短路,如声音立刻停止或音量显著减弱,这就表明变频级和本机振荡部分都在工作,这时才能开始调整中频变压器。

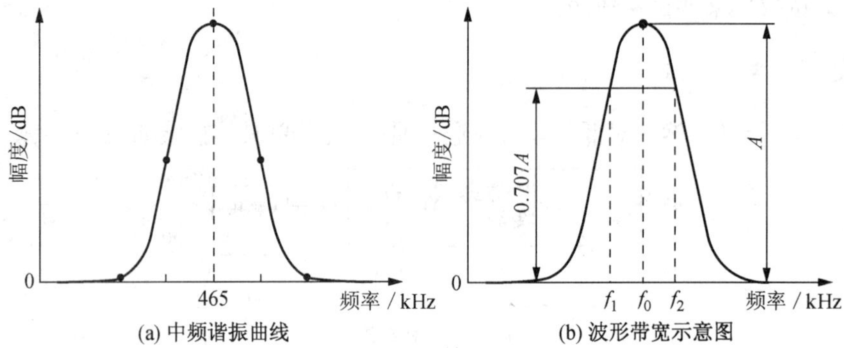

图 5-15　中频选择性的谐振曲线

(2) 用中频图示仪调整中频放大级。利用图示仪调整中频放大级,是一种精确的调整方法。收音机选择信号的任务是由谐振系统来完成的,它的选择性主要是决定于中频谐振电路,超外差式收音机的中频谐振特性曲线,如图 5-15 所示。当改变输入信号的频率时,输入信号的幅度也随着输入信号的频率而改变,如中频放大级调整在 465kHz 时,则 465kHz 的信号输入时放大级的增益最大;调偏 465kHz 时,则信号输入时放大级的增益随着减少,偏离得越多,增益减少越多,如果偏离太多就没有输出。因此调整中频变压器也就是为了获得一个较好的放大特性,保证收音机有较好的选择性和通频带。采用中频图示仪测量中频放大级可以直接显示选择的特性曲线,同时,用它调整中频变压器,可以得到迅速、方便和直观的显著效果。

中频图示仪的使用方法如下:

a. 使用前开机预热几分钟,然后调节亮度旋钮使亮度适中。

b. 调整 X 轴位置使扫描线位于水平的中间。

c. 调整 X 轴幅度使扫描线的长度适中。

d. 调整频标亮度使扫描线中间的频标亮点清晰。

e. 调整 Y 轴位置使扫描线位于显示屏下方。

f. 扫描信号输入引出电缆的检测端,接到双连可变电容器与收音机天线线圈 L_1 相连的定片,引出电缆的屏蔽端接到双连可变电容器与天线线圈相连的动片。

g. Y 轴输入引出电缆检测端接到收音机检波 R_8 的输出端,引出电缆的屏蔽端接到检波输出的地线。

h. 被测收音机的电源开启后,波段开关拨到中波段,调谐频率调到低端,音量电位器调小,进行无声调整。调整中频变压器 T_3、T_4、T_5 时,由最后一只顺序向前调整,要反复几次才能将中频 465kHz 调整到最佳值。

i. 调整输出衰减和输出微调,使扫描信号的强度适中。

j. 调整 Y 轴幅度,以获得高度适中的谐振特性曲线。

荧光屏上显示出谐振特性曲线的正常位置,如图 5-16(a)表示仪表正常。

当被测收音机中频没有调好时，仪表荧光屏上显示出来的图形见图 5-16(b)～(f)。

从显示的谐振波形能够很快地看出中频放大级的增益和中心频率是否正确，选择性是否对称，检波二极管是否接反，以及是否出现中频自激等现象，然后加以调整。

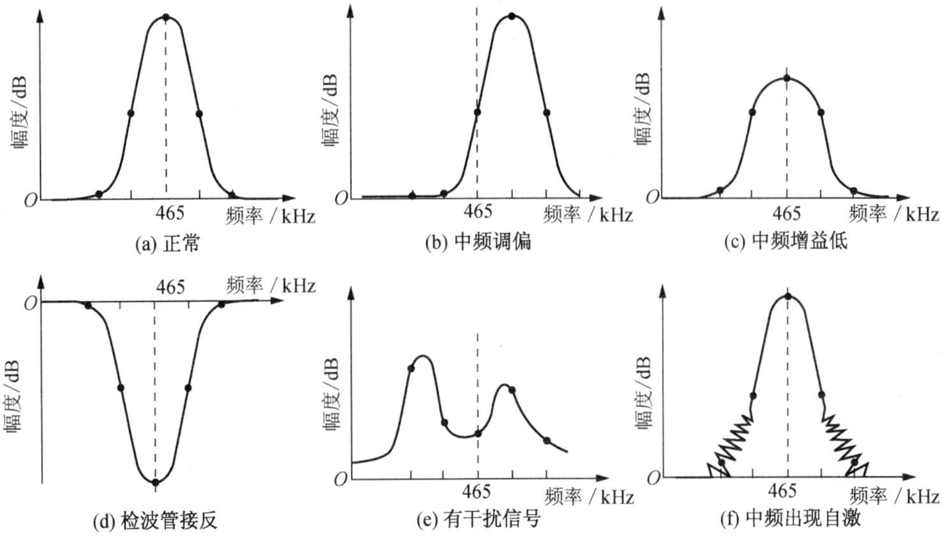

图 5-16　谐振特性曲线的判断

中频图示仪的接线框图，如图 5-17 所示。

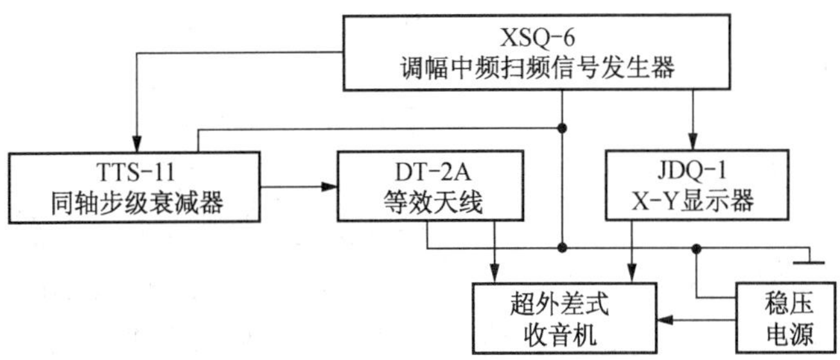

图 5-17　中频图示仪接线框图

5.1.3.5　统调(调整灵敏度)

新装的半导体管收音机，必须进行统调才能达到应有的指标。所谓统调，就是使电路保持或逼近“同步”的一系列调整步骤。通常采用的统调方法是调整振荡回路去配合输出回路，使它们的频率差值满足 465kHz，这叫做“跟踪”。

常用的超外差式收音机的调谐回路共有 3 种：

a. 中频调谐回路把它固定地调整在 465kHz，使用时就不需要再调整。

b. 本机振荡调谐回路，调整时要比收音机频率度盘的指示频率高 465kHz，调整后当调节可变电容器时，即可连续改变本机振荡频率达到外差接收的目的。

c. 输入回路调整时要比本机振荡的频率低 465kHz 的频率位置，其中低端、中端以及高端应取正好与频率刻度盘的指标值相对应的三点(525kHz，1000kHz、1640kHz)进行统调(其他各点也要尽可能接近)。

在调谐回路里，改变振荡线圈的电感量(即变动磁芯位置)，就能明显地改变低端的振荡频率(这对于高端同样也有影响)。当改变振荡微调电容时，则能明显地改变高端的振荡频率。因此，调整频率刻度时，低端应调整振荡线圈的磁芯，高端应调整振荡微调电容。

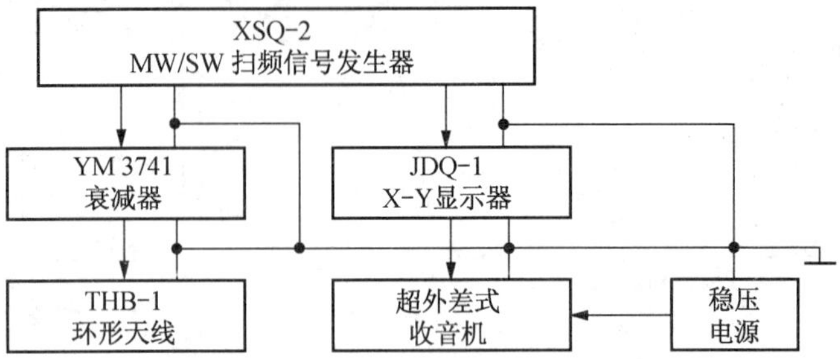

图 5-18　仪器与被调整收音机的接线框图

调整频率范围的方法，按图 5-18 所示连接仪器和被调整的收音机，把高频信号发生器输出的调幅信号，接入 THB－1 标准环形天线，天线与被测收音机的距离是 0.2～0.4m，这时可以开启收音机，检查刻度盘指针的行程，在把双连可变电容器全部旋进和全部旋出时，指针应分别指在刻度盘的 525kHz 和 1640kHz 刻度上，然后将高频信号发生器调整到 525kHz，并把双连可变电容器全部旋进，指针指在 525kHz 刻度上。用特别的螺丝起子(无感螺丝刀)调整振荡线圈 T_2 的磁芯，使 JDQ—1 X-Y 显示器中的 525kHz 频率点在主波的峰顶；再把双连可变电容器全部旋出，指针指在 1640kHz 刻度上，用无感螺丝刀调节双连可变电容器并联在振荡线圈上的微调电容器 C_6，使 JDQ—1 X-Y 显示器中的 1640kHz 频率点在主波的峰顶。用上述方法由低端到高端反复调整几次，直到频率范围调准为止。

最后，还要把 525kHz 和 1640kHz 频率点所在主波的峰值调整到最大。把双连可变电容器全部旋进，指针指在 525kHz 刻度上。调节天线输入回路中的线圈 L_1、L_2 在磁棒上的位置，使 525kHz 频率点所在主波的峰值最大。把双连可变电容器全部旋出，指针指在 1640kHz 刻度上。用无感螺丝刀调节双连可变电容器并联在天线输入回路中的线圈 L_1 上的微调电容器 C_2，使 1640kHz 频率点所在主波的峰值最大。详细的波形如图 5-19 所示。

上述调整 525kHz 和 1640kHz 的频率范围和主波峰值的操作步骤，需多次反复进行才能完成。

在图 5-19 中，1000kHz 的频率波的峰值需要通过调节天线输入回路中的线圈 L_1、L_2 在磁棒上的位置和调节双联可变电容器并联在天线输入回路中的线圈 L_1 上的微调电容器 C_2 来完成，调节时既要照顾 525kHz 和 1640kHz 的主波的峰值，也要照顾 1000kHz 的频率波的峰值，不能顾此失彼。

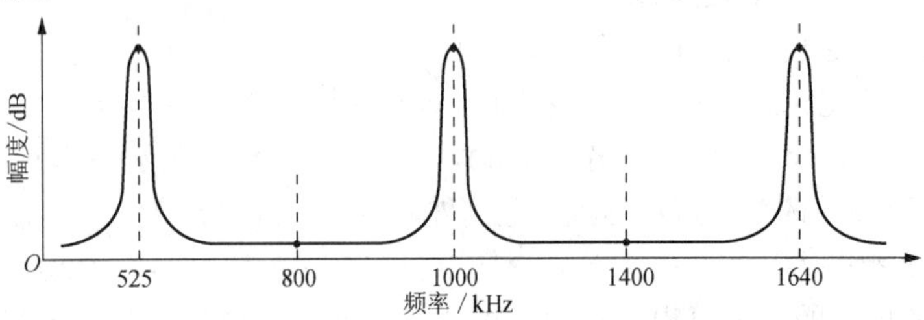

图 5-19　统调波形图

收音机的电原理图，如图 5-20 所示。

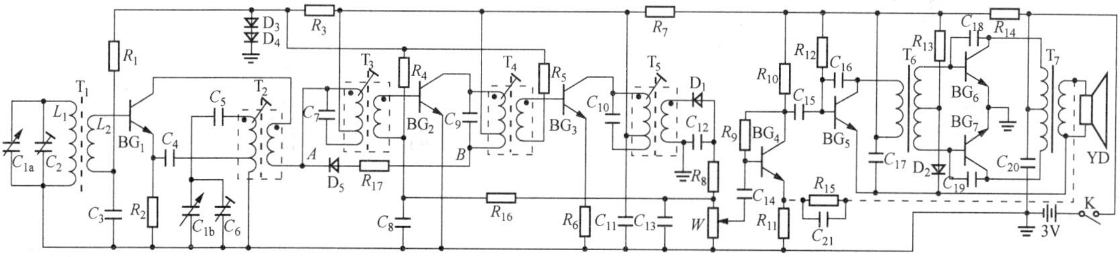

图 5-20　收音机的电原理图

附图：

1. 三极管管脚图

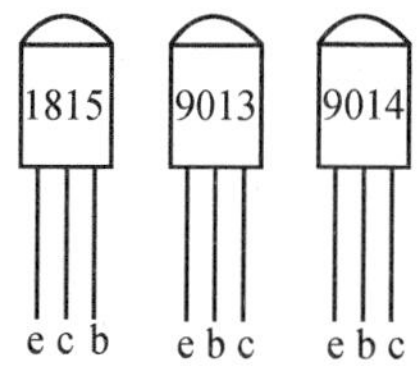

2. 中频变压器引脚示意图

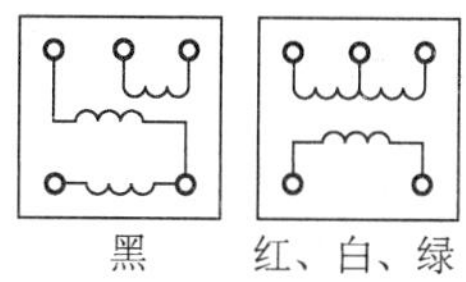

3. 收音机拉线盘走线图

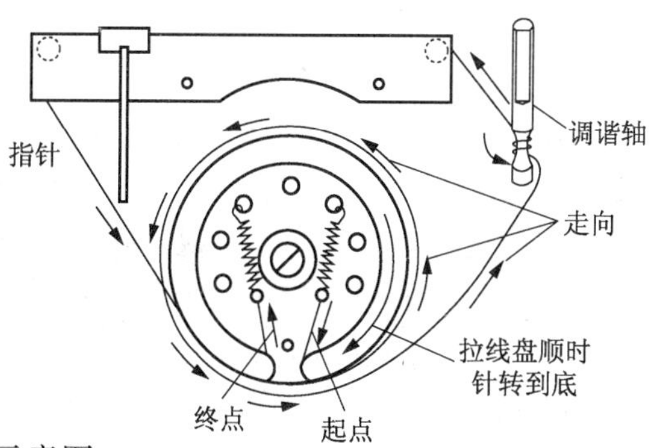

4. 收音机统调部位示意图

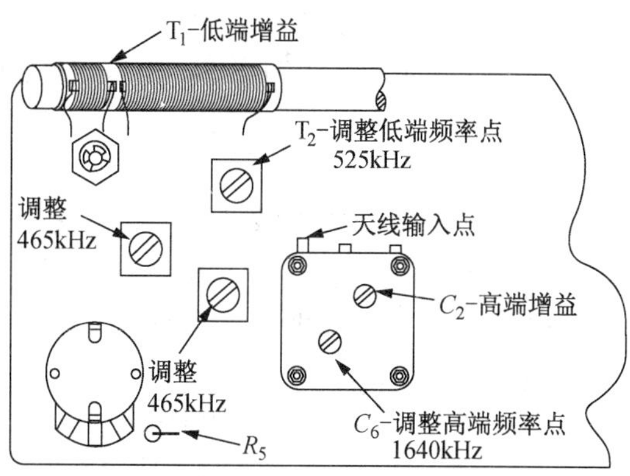

5.2 万用表的安装与调试

万用表是一种最常用的测量仪表，电路的安装、检查、调试一般都需要万用表作测量工具，为了能正确地使用万用表，应对万用表的性能、电路原理和使用要点有所了解。

5.2.1 万用表的构造与工作原理

万用表的型号规格多种多样，可以满足不同的使用要求，但其基本构造都是由表头和测量电路两部分组成。在电表的测量电路中，测量直流电流的电路是最关键的部分，与其他各档量程都有联系。电表的表头通常选用磁电式直流电表，可以直接测量电流的大小，但是量程有限。通过测量电路的变换和组合，就成为能测量直流电流、直流电压、交流电流、交流电压、电阻等多种用途和多量程的万用表，有些电表还具有测量音频电平、电容量和晶体管 β 值的功能。

5.2.1.1 表头的构造与参数

表头按构造可分磁电式、电磁式、电动式、感应式和静电式 5 种。用于万用表的表头是磁电式，它由永久磁铁、线圈和游丝等组成，线圈的两引出端由上、下游丝引出，上、下游丝的内圈固定在上、下轴尖上，上、下轴尖由上、下轴承支撑，使线圈可以灵活地偏转，其构造如图 5-21 所示。当线圈通过电流时，线圈产生的磁场与永久磁铁的磁场相互作用使线圈受力偏转，其力矩与电流大小、线圈匝数、线圈尺寸和磁场强度成正比。当线圈受电磁力作用偏转后，游丝将会产生一种反作用力矩，它正比于游丝的弹性力矩系数和线圈离开平衡位置的偏转角 α。当两者相等时，则线圈在该偏转位置因受力平衡而静止，显然偏转角 α 正比于被测电流 I。

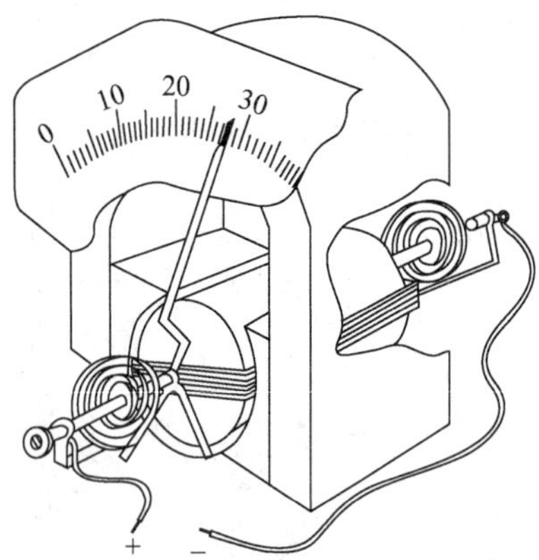

图 5-21 表头结构

由于磁电式表头的结构特点，其线圈具有较大的转动惯量，因此当被测电流为交变电流时，线圈将来不及跟着偏转，尽管此时指针也会产生偏转，但所反映的只是被测交变电流中的直流分量(平均值)的大小。

表头的主要参数是灵敏度 I_D 和内阻 R_D。

(1) 灵敏度。表头的灵敏度是用表头指针偏转到满刻度所需要的电流值来表示，满刻度电流值越小则灵敏度越高。常用万用表表头的灵敏度为 40～60μA。

表头灵敏度的另一种表达方法是用满刻度电流值的倒数表示，即：

$$\text{表头灵敏度}(\Omega/\text{V}) = \frac{1}{\text{满度电流值}}$$

若灵敏度为 50μA 的表头，也可以写成 20000Ω/V，这种标法常用于电压表。

表头的灵敏度可通过图 5-22 所示电路进行测量，调节电位器使被测表指示到满刻度，因为串联电路中电流处处相等，所以标准电流表的读数即为被测表头的灵敏度 I_D。

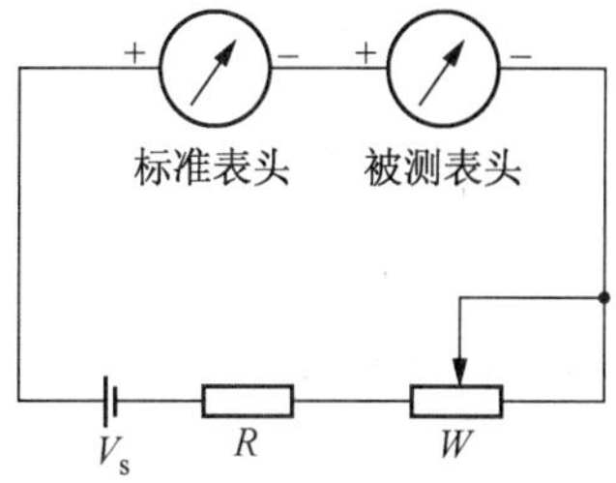

图 5-22　测量表头灵敏度的方法

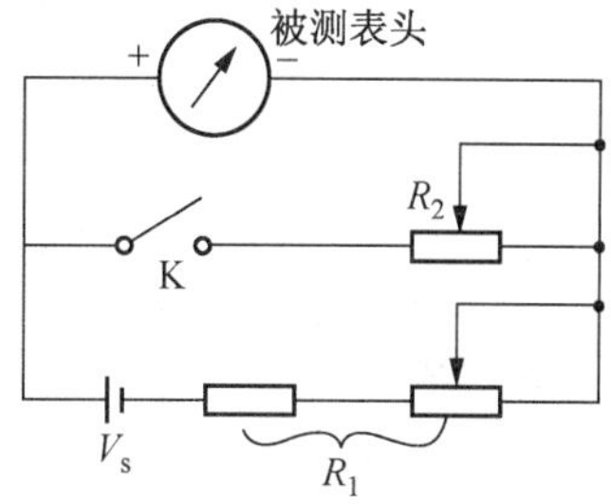

图 5-23　测量表头内阻的方法

(2) 内阻。表头的线圈是用漆包铜线绕制的，铜线的直流电阻即为表头的内阻，表头内阻一般在十几欧至几千欧范围内。在测量表头内阻时应注意不要使流过表头的电流超过满刻度电流值，否则表头就会由于偏转太大而损坏。因此最好不要用万用表的欧姆档直接去测量表头内阻，而采用图 5-23 所示方式，这样不易损坏表头，而且测量结果也比较准确。测量时先断开开关 K，调节 R_1 使指针达到满刻度，然后闭合 K，再调节 R_2 使表头指针回到满刻度值的一半，由并联电路特性可知，R_2 的数值即为表头内阻 R_D。采用这种方法应选用 $R_1 \gg R_D$，而且 R_1 越大，V_s 越高，测量结果就越准确。

5.2.1.2　电流测量电路工作原理

为了适应测量不同大小电流的需要，可将表头通过量程转换开关与一组分流电阻并联，如图 5-24 所示，变换不同的分流电阻就可以改变量程。

过大的电流会使表头损坏。因此在万用表的电路中常用闭路分流电路，如图 5-25 所示。闭路分流电路是在表头上并联一串电阻，其总值为 R_f，作为最低量程的分流电阻，变换量程时只要改变 R_f 的抽头位置就能改变分流关系从而扩大量程。这时转换开关的接触电阻已不影响分流比，同时变换量程时表头也不会被损坏。当开关放在图 5-25 中“1”位置时，电路的等效电阻为 R_D 与 R_f 并联，故分流比为：

$$\frac{I_D}{I_1} = \frac{R_f}{R_f + R_D}$$

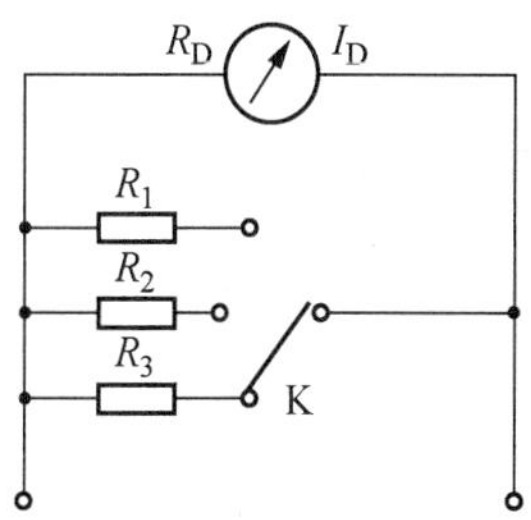

图 5-24　开路式分流电路

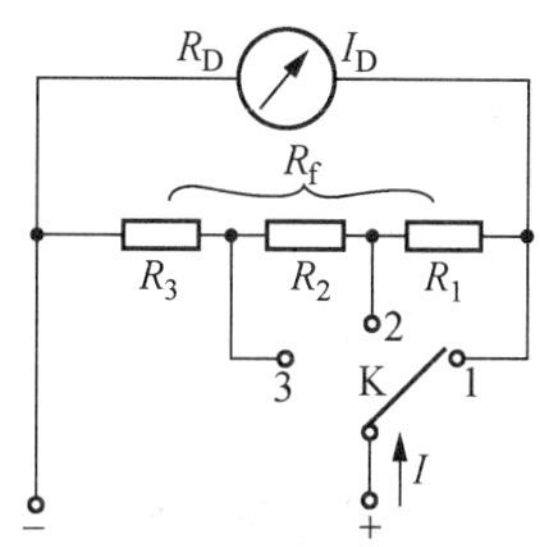

图 5-25　闭路式分流电路

由此可求得

$$R_f = R_1 + R_2 + R_3 = \frac{I_D}{I_1 - I_D} R_D$$

当开关在“2”位置时，电路等效为($R_D + R_1$)和($R_2 + R_3$)并联，则分流比为：

$$\frac{I_D}{I_2}=\frac{R_2+R_3}{R_f+R_D}$$

可得

$$R_2+R_3=(R_f+R_D)\frac{I_D}{I_2}$$

当开关在“3”位置时，电路等效成($R_D+R_1+R_2$)和 R_3 并联，分流比为：

$$\frac{I_D}{I_3}=\frac{R_3}{R_f+R_D}$$

可得

$$R_3=(R_f+R_D)\frac{I_D}{I_3}$$

由上述各式可分别求得 R_3、R_2 和 R_1。

图 5-26 列举了一种万用表直流电流档的电原理图，由于实际生产中表头内阻不相一致，故在表头所在的支路中串接一只电位器 W_1 加以调节，而表头的灵敏度是可以通过对表头磁铁充磁或退磁来调节的。当表头并联一串分流电阻后，量程扩大为 50μA(表头的最低电流量程)，等效电阻约为 2.8kΩ，因此在分析以后的电路时，可以将图 5-26 中的虚线框看作一只灵敏度为 50μA、内阻为 2.8kΩ 的电流表。

图 5-26 中表头两端并联了两只二极管，在电流表正常工作时，因表头两端电压最高仅为 40.6μA×3440Ω≈0.14V，故二极管不起作用，若因使用不当使表头两端的电压升高到 0.5～0.6V 时，二极管之一就会导通，从而起到保护表头的作用。

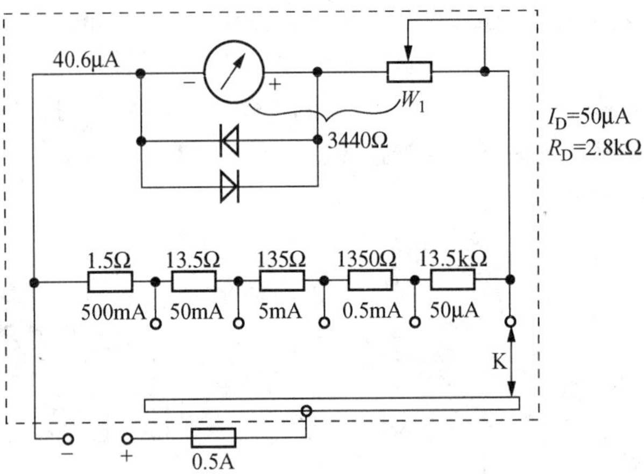

图 5-26　直流电流表原理图

5.2.1.3　电压测量电路工作原理

(1) 测量直流电压。直流电流与一串降压电阻串联后成为多量程的直流电压表，如图 5-27所示。灵敏度 I_D'为 50μA 电流时指针刚好指示满度，这时表头两端电压降 V_D 为

$$V_D=I'_DR'_D=50\mu A\times 28k\Omega=0.14V$$

它表示当表头加上 0.14V 电压时指针能偏转满度。若需改成量程为 1V、5V、25V 的电压表，则要求外加电压为 1V、5V、25V 时，表头指针应偏转满度，可采用串接不同的分压电阻达到这一要求。

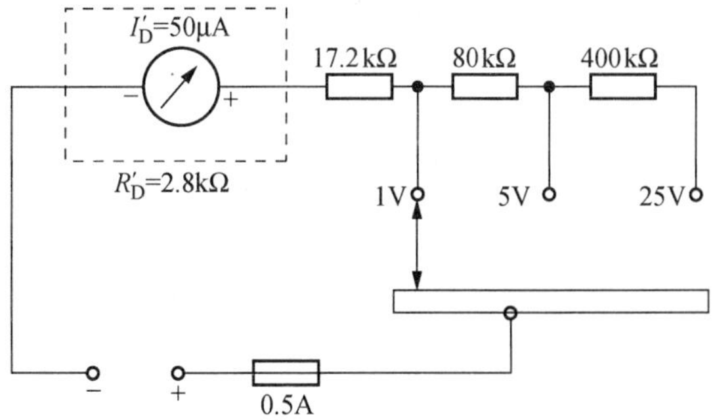

图 5-27　直流电压表原理图

当量程为 1V 时的分压电阻

$$R_1 = \frac{V_1 - V_D}{V_D} R_D = \frac{0.86}{0.14} \times 2.8 \times 10^3 = 17.2\text{k}\Omega$$

当量程为 5V 时，再串一只电阻 R_2，使 5V－1V＝4V 电压降在 R_3 上。故得

$$R_2 = \frac{5-1}{I_D} = \frac{4}{50 \times 10^{-6}} = 80\text{k}\Omega$$

当量程为 25V 时，再串一只电阻 R_3，使 25V－5V＝20V 电压降在 R_3 上。故得

$$R_3 = \frac{25-5}{I_D} = \frac{20}{50 \times 10^{-6}} = 400\text{k}\Omega$$

(2) 测量交流电压。万用表可用于测量交流电压。它的测量原理是将被测交流电压经半波或全波整流变成单向脉动电压，再进行测量，其电路如图 5-28 所示。用直流电表测量单向脉动电压时，指示的是该电压的平均值，为了能直接读出被测正弦交流电压的有效值，可以用有效值与平均值之间的关系进行换算。若正交流电压振幅为 Vm，则其有效值为 Vm/$\sqrt{2}$，经半波整流后输出电压的平均值为 Vm/π，两者之比称为波形因数，则半波整流波形因数

$$K = \frac{V_m/\sqrt{2}}{V_m/\pi} = 2.22$$

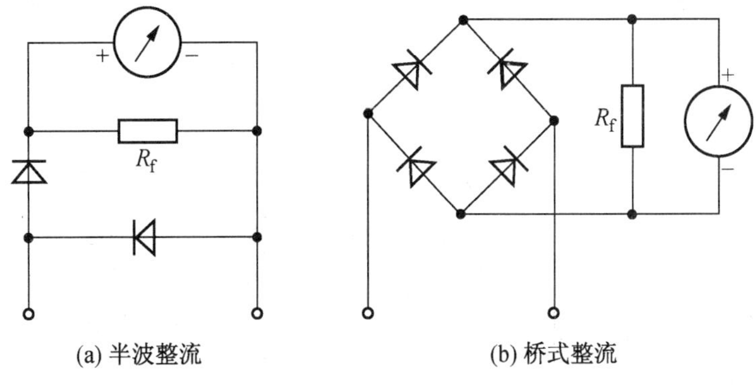

图 5-28　交流电压表的整流电路

而经全波整流后输出电压的平均值为 2Vm/π，故全波整流波形因数

$$K = \frac{V_m/\sqrt{2}}{2V_m/\pi} = 1.11$$

在采用半波整流时，若被测正弦交流电振幅为 141.4V(有效值为 100V)，则电表将指示

45V(平均值)处,只需将直流电压的刻度都乘以半波整流的波形因数 K,就成为能直读被测正弦交流电有效值的交流电压表。

由于刻度是按正弦交流电压有效值和整流后平均值的关系来换算的,故用万用表测量非正弦波形时,因波形因数不同,读数并非是被测非正弦波形的有效值。而且在万用表的交流电压档使用了整流元件,因此它的可测频率范围取决于整流二极管的工作频率,一般不应高于 3kHz。

5.2.1.4 电阻测量电路工作原理

在测量电压或电流时,被测电压或电流能使表头指针偏转,但在测量电阻时被测电阻中无电压和电流,因而不能使表针偏转,必须附加 V_s。测量电阻的原理图见图 5-29。其中电流 I 为

$$I=\frac{V_s}{R_D+R+R_x}$$

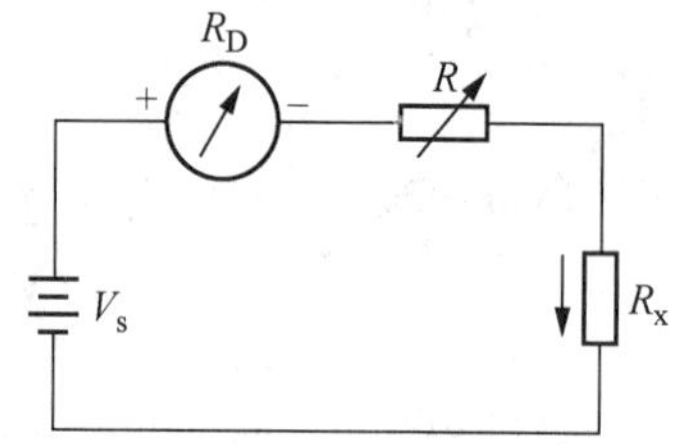

图 5-29 测量电阻原理图

若 V_s、R_D 和 R 值为已知时,回路中电流 I 和 R_x 一一对应,只要测出电流的数值,就可得知被测电阻的大小。对电阻的测量实质上是在对电流进行测量,只要将电流表表面按相应的电阻值进行刻度,就成为一欧姆表,以便直接读出被测电阻的大小。

当两测量表棒短接,即 $R_x=0$ 时,调节 R 可使表头指针指示满度。满度电流值为

$$I_{满度}=\frac{V_s}{R_D+R}=\frac{V_s}{R_T}$$

其中 $R_T=R_D+R$ 称为中心电阻值或中值电阻。因此可在电流为满度值处刻上 0Ω。当两表棒断开时,$R_x=\infty$,电流 I 为零,表针不偏转,所以可在表针指零的位置刻上∞Ω。当 $R_x=R_T$ 时,电流减少为满度值的一半,表针指示中心位置。若中值电阻 R_T 为 25kΩ,则可在中心位置刻上 25kΩ。当 $R_x=2R_T$ 时,电流将减少为满度值的 1/3,在这一位置可刻上 50kΩ。当 R_x 为 $3R_T$ 时,电流减少为满度值的 1/4,在这一位置可刻上 75kΩ,表面刻度如图 5-30 所示。由电流公式可知,当 $R_x \gg R_T$ 和 $R_x \ll R_T$ 时 I 的变化都不明显,只有在 R_x 和 R_T 相接近时,I 的变化才明显起来。所以当指针处于中间位置时,欧姆表的读数准确度较高。正由于这一原因,虽然 0 至∞欧姆都能刻在一条刻线上,但还是要分量程进行测量。

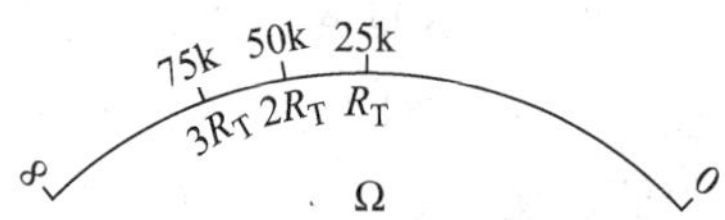

图 5-30 欧姆表的表面刻度($R_T=25$kΩ 时)

由于电池的电压是随电池新旧程度而变化的,V_s 的变化会造成测量结果不准确。为了解决这一问题,特设计一种与闭路式分流电路相似的调零电路,如图 5-31 所示。

在使用新电池时,电池电压高于 1.5V,它会使流过表头的电流增大,当两表棒短接时,表头指示将超过满度值,这时可以调节电位器 R_j,使触点向 b 点滑动,以减小流过表头的电流,使指针仍指示满度值。当电池用旧后电压低于 1.5V,两表棒短接时,流过表头的电流将减小,表针指示达不到满度值,这时可调节 R_j 向 a 点滑动,以增加流过表头的电流,使指针再指示满度,故称 R_j 为调零电位器。在测量电阻值之前应先将表棒短接,调节调零电位器,使表针指示 0Ω 处,然后再进行测量,否则测量结果不准确。若选取 R 远远大于图 5-31 虚线框内的电阻 R 时,尽管调节 R_j 能使 R_D 发生变化,但对总电阻 $R+R_D$ 的影响甚微。

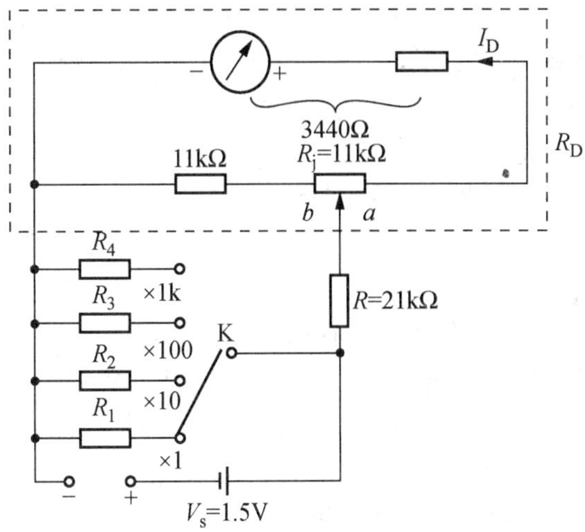

图 5-31　测量电阻的调零电路

为了满足测量各种不同阻值电阻的需要，可采用并联一串电阻 R_1、R_2、R_3、……进行分流，以扩大量程，通常分 $R\times1$、$R\times10$、$R\times100$、$R\times1k$、$R\times10k$ 等五档。其中 $R\times10k$ 档因电流太小，常采用 9V 或 15V 电池。

由图 5-31 可知，万用表欧姆档的正表棒（红棒）是接内部电池的负极，而负表棒（黑棒）是接内部电池的正极。这一点在使用万用表欧姆档检验电解电容器质量和判别二极管极性时要特别注意。

5.2.1.5　音频电平的测量

电平是一种表示电压、电流或功率等电量值相对大小的方法。指定某一电量的数值为标准，其数值与标准值之比的常用对数即为该数值的电平值。这与实际工作中在比较高度时，选海平面作为参考标准的道理是一样的。

$$\text{电平值(dB)} = 10\lg\frac{P}{\text{标准功率}} = 20\lg\frac{V}{\text{标准功率}}$$

规定取 600Ω 电阻消耗 1mW 的标准值。通过计算可以知道，这时 600Ω 电阻两端电压为 0.775V，这一电压值就定为标准电压，称为零电平。

由此任一电压值与标准电压相比都可求得一电平值。当电压高于标准电压值，则所得电平的 dB 数为正；如 dB 数为负，则表示该电压低于标准电压值。只要将万用表交流电压档刻上相应的 dB 值，就可直接读出被测电压的电平值，如在 10V 档的 0.775V 处刻 0dB。当量程改变时分贝数不直接读出，量程为 100V 和 500V 时它比 10V 档扩大了 10 倍和 50 倍，折算成分贝数应为＋20dB 和＋34dB，所以在使用 100V 和 500V 档测量音频电平时读数应相应地增加 20dB 和 34dB。

当被测电源带有直流成分，则应串接一只 0.1μF 耐压足够的隔直流电容再行测量。

5.2.2　万用表的使用要点

在了解万用表的工作原理后，就能较好地使用万用表。一般在使用万用表时，大致有以下几点需要注意：

a. 在进行测量时，量程转换开关应旋至相应的位置。当被测电流或电压数值无法估计时，应先将量程转换开关旋至该量程最高的一档进行测量，根据表针偏转情况逐渐旋至合适的量程进行读数。测电流和电压时表针在接近满度值一段范围内误差最小，测电阻时表针在中间位置时误差最小。

b. 电压表使用时应并联在待测电路的两端，而电流表使用时必须串联在待测支路中。电表的正表棒应始终接高电位一端，负表棒应接低电位端，不能反接，以免损坏表头。

c. 测电阻时应先将正、负表棒短接，校正零点。这时电路接通电表内附加的干电池，与负表棒相接的是表内电池的正极。在变换量程后要重新调整零点。当量程为×1、×100、×1k时内接电池是1.5V，当量程为×10k时内接电池是9V或15V。因此不要用×1和×10k档去测量晶体管，以免电流过大($R\times1$)或电压过高($R\times10k$)而损坏晶体管，也不要用×10k档去测耐压低的电解电容器，以免击穿。

d. 测量电阻时应将被测电路的电源关断，绝对不能在电阻带电的情况下测量，这样读数不准且会损坏表头。

e. 万用表交流电压档限于测量3kHz以下的正弦交流电，频率过高和波形失真都会造成很大的测量误差。

5.2.3 MF50型万用表原理及装配

5.2.3.1 概述

MF50型万用表可供测量直流电流、直流电压、交流电压、电阻以及音频电平、晶体管静态直流放大倍数、电容、电感等，适用于电器、电子及无线电工程。

5.2.3.2 总电原理图

MF50型万用表的总电原理图见图5-32。

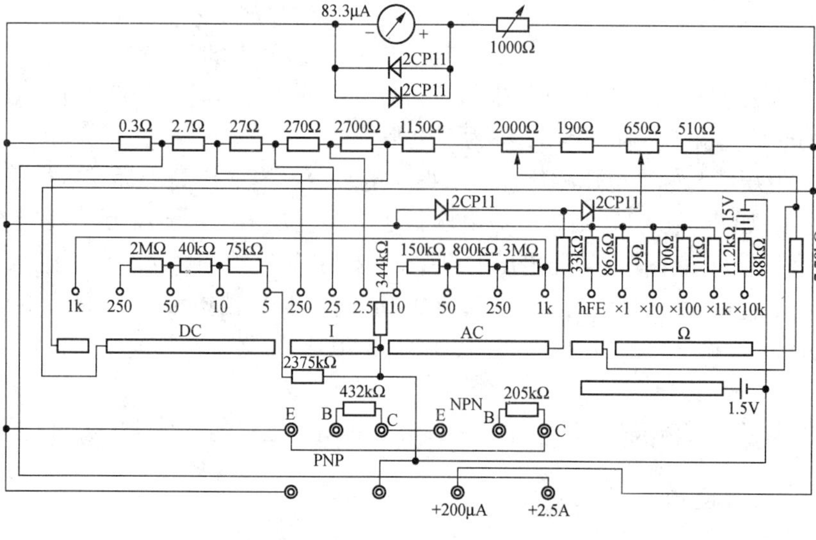

图5-32　MF50型万用表的总电原理图

5.2.3.3 分解电原理图

MF50 型万用表测量直流电流、直流电压、交流电压、电阻的分解电原理图见图 5-33。

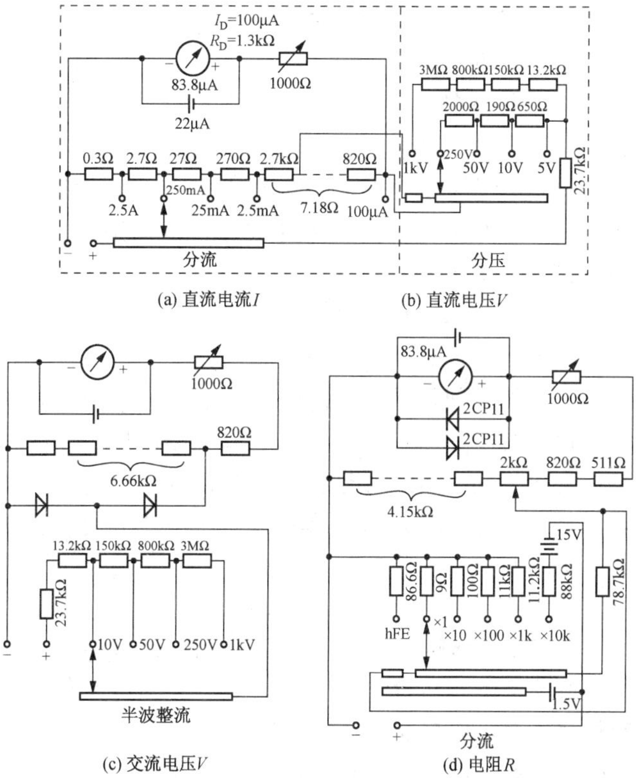

图 5-33 分解电原理图

5.2.3.4 印板与外部连接图

MF50 型万用表的印板与外部连接图见图 5-34。

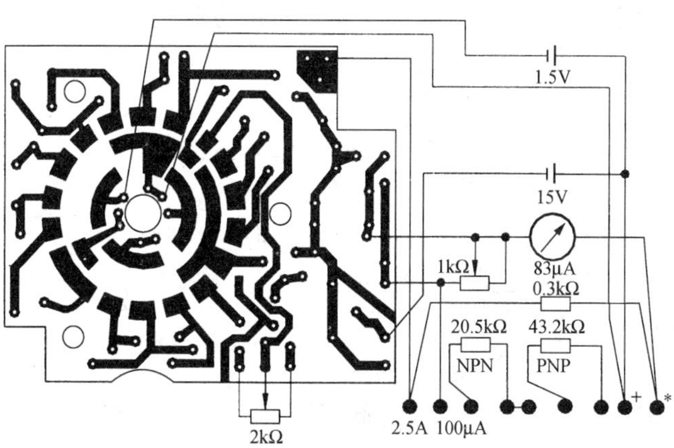

图 5-34 MF50 型万用表的印板与外部连接图

思考题

1. 无线电波是如何将音频信号向远距离传播的?
2. 无线电波可分为哪几种波?
3. 试述长波、中波、短波和超短波的特点。
4. 试画出无线电波发送过程图。
5. 试画出超外差式收音机原理框图。并画出各框图间的波形图。
6. 试画出超外差式收音机原理框图,并说明各框图的作用。
7. 试画出变频电路工作波形图。
8. 超外差式收音机采用什么工作原理?
9. 超外差式收音机有哪些优点?
10. 超外差式收音机的调谐回路是如何达到选择所需电台的目的?
11. 天线输入调谐回路是一个并联谐振回路,其谐振时阻抗、电压和电流呈什么状态?
12. 请写出调幅收音机中输入回路的谐振频率 f_0 的计算式。
13. 为了提高超外差式收音机的灵敏度,是否输入级电流放大倍数 β 应尽可能大?
14. 超外差式收音机的变频级有哪三部分组成?
15. 超外差式收音机的变频级具有哪三大功能?
16. 由超外差式收音机变频级输出的信号的载波体是多少赫兹(Hz)?
17. 超外差式收音机的本机振荡频率在什么范围内,它同所选电台频率是何关系?
18. 中波广播的频率范围是从多少千赫到多少千赫?
19. 某超外差式调幅广播收音机调谐于 1422kHz 时,其本机振荡频率应为多少?
20. 某超外差式调幅广播收音机调谐于 790kHz 时,其本机振荡频率应为多少?
21. 某超外差式调幅广播收音机调谐于 990kHz 时,其输入调谐回路频率应为多少?
22. 调频收音机和调幅收音机的中频放大器工作频率各为多少?
23. 超外差式收音机的中频放大电路中的中频变压器(中周)有哪些作用?
24. 为了提高收音机灵敏度,应如何选择输入回路的 Q 值?
25. 试述超外差式收音机的自动增益过程。
26. 经检波二极管输出的半周调幅脉动信号包含哪三种成分?
27. 请画出检波等效图,并写出容抗 Z_c 的计算式。
28. 低放电路中输入变压器的主要作用是什么?
29. 试述乙类推挽放大电路的特点,并说出什么是甲类放大器。
30. 我们常用的收音机性能指标有哪五项?
31. 简要地说明收音机静态工作点三步调整法。
32. 试画出低频通频带测试接线图。
33. 对自己装配的超外差式收音机进行低频幅频特性测试,并绘制出其曲线图。
34. 我们所说的调整中频放大级,是指主要对什么进行调整?
35. 试述如何调整低端、高端增益? 如何调整低端、高端频率点?
36. 试画出中频图示仪接线框图。

37. 试画出统调仪器接线框图。

38. 统调超外差式收音机时,它的频率范围应从多少赫兹到多少赫兹?

39. 简述万用表的使用要点。

6 EWB 入门

电子工作平台(Electronics Workbench)是加拿大 Interactive Image Technologies 公司于20世纪90年代初推出的专门用于电子线路仿真的虚拟电子工作平台(EWB),它除了具有界面直观、操作方便、仿真手段切合实际等优点外,还有良好的数据开发性和互换性,因此被电子设计人员广泛采用。电子工作平台的操作界面简单、明了,所有的元器件、信号源和仪器仪表均以图标的形式显示在操作界面上。各元器件的连接和仿真参数的设置,各种仪器仪表的使用均可在同一界面上完成。电子工作平台为用户提供了万用表、函数信号发生器、双踪示波器、波特图示仪、字信号发生器、逻辑分析仪和逻辑转换仪7种测量仪器和仪表。可以对仿真电路中的元器件人为地设置各种故障,如开路、短路、漏电等,从而可以方便地观察到不同故障情况下电路的工作状态。电子工作平台的分析方法和元器件的数学模型都是建立在 SPICE 程序基础上,仿真过程中软件能储存测试点的所有数据,列出被仿真电路的所有元器件清单,储存测试仪器的工作状态。

6.1 EWB 的基本界面

EWB 的基本界面如图 6-1 所示。

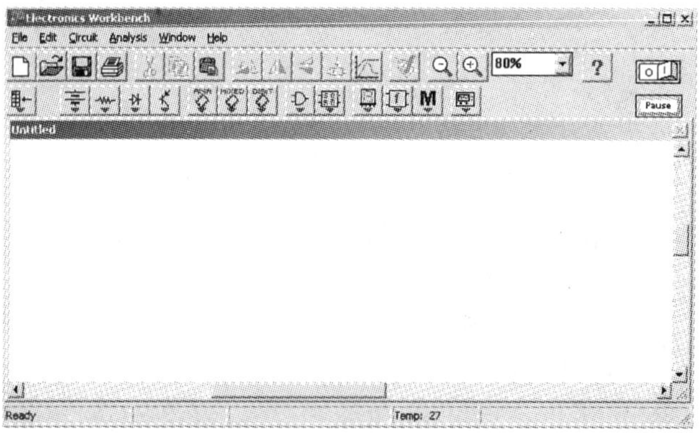

图 6-1 EWB 的基本界面

界面中最大的区域为电路工作区,在此工作区可进行电路的设计、连接和仿真测试。工作区的上方分别是菜单栏、工具栏和元器件库栏,右上角设有启动/停止开关(I/O)和暂停/恢复开关(Pause),工作区下方是状态栏。

6.1.1 菜单栏

菜单栏如图 6-2 所示。它有文件(File)、编辑(Edit)、电路(Circuit)、分析(Analysis)、视窗(Window)和帮助(Help)6个栏目。

文件菜单中的各项命令用于新建、打开、储存、打印文件等操作。

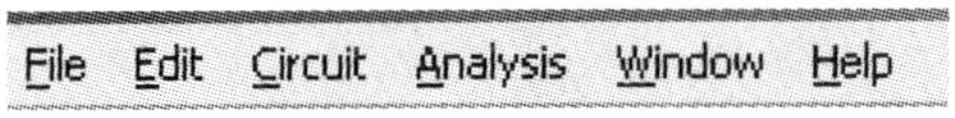

图 6-2 菜单栏

编辑菜单中的各项命令用于复制、剪切、粘贴、删除等操作。

电路菜单中的各项命令用于元器件的旋转、翻转、设置参数、创建子电路、放大缩小画面、栅格显示及节点、编号的设置等。

分析菜单中的各项命令主要用于电路的仿真操作和对电路进行各种分析。

视窗菜单可用于产生电路描述框。

帮助菜单可对用户提供有关电子工作平台的在线帮助，以及元器件的功能特性等信息。

6.1.2 工具栏

工具栏如图 6-3 所示。它包含了一些常用的操作命令。

图 6-3 工具栏

使用工具栏进行各种操作比使用菜单栏中的命令更直观、方便。工具栏中各按钮含义从左到右依次为新建文件、打开文件、储存文件、打印文件、剪切、复制、粘贴、元器件 90°旋转、元器件水平翻转、元器件垂直翻转、生成子电路、显示图形曲线、显示元器件特性、缩小画面、放大画面、按比例缩放画面及提供在线帮助。

6.1.3 元器件库栏

元器件库如图 6-4 所示。它分为自定义元器件库、信号源库、元器件库和仪器仪表库四大类。

图 6-4 元器件库栏

元器件库栏中的各图标从左到右分别为自定义元器件库(Favorites)、信号源库(Source)、基本元器件库(Basic)、二极管库(Diode)、三极管库(Transistors)、模拟集成电路库(Analog ICS)、混合集成电路库(Mixed ICS)、数字集成电路库(Digital ICS)、逻辑门电路库(Logic Gates)、数字电路库(Digital)、显示器件库(Indicators)、控制器件库(Controls)、其他元器件库(Miscellaneous)和仪器仪表库(Instruments)。单击元器件库栏的某个图标，即可打开该元器件库。

6.1.3.1 自定义元器件库

自定义元器件库(见图 6-5)是存放用户自己定义的元器件或生成的子电路，用户可根据要制作的电路区域，用鼠标点住区域的左上角，拖拉鼠标的光标至区域右下角释放，如图 6-6 所示。

图 6-5　自定义元器件库

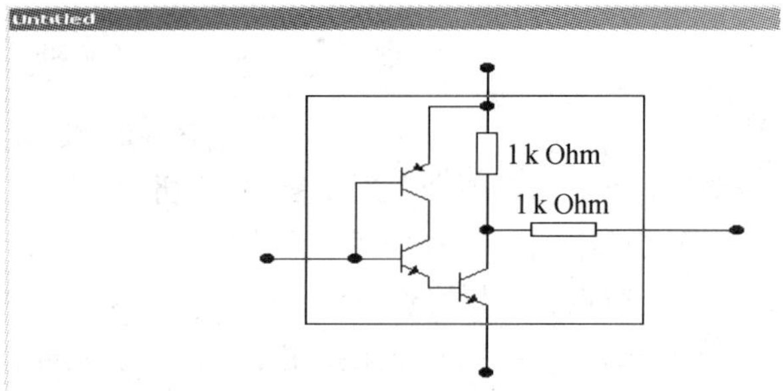

图 6-6　自定义区域

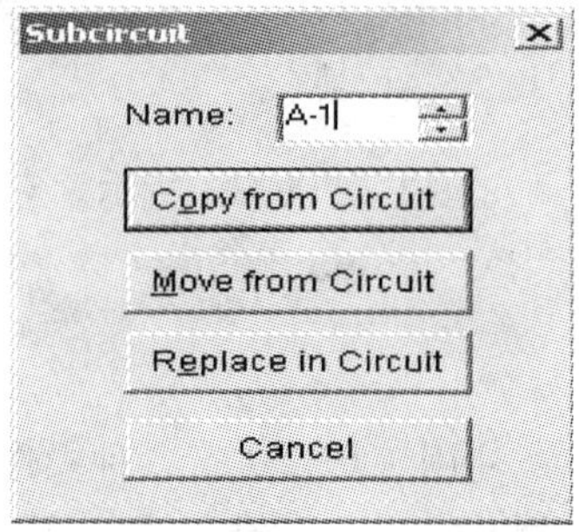

图 6-7　Subcircuit 对话框

自定义区域设定后，工具栏上的子电路图标就显示出来了，点击子电路图标，会弹出 Subcircuit 对话框，如图 6-7 所示。

在 Name 框中输入子电路的名称，此时生成子电路的方法有 3 种：

a. 选择 Copy From Circuit 时，在电路工作区中的电路不会有任何变动，但被选中的电路实际上已经被复制并集成在用户定义的子电路中。

b. 选择 Move From Circuit 时，被选中的电路被集成在用户定义的子电路中，但在电路工作区被选中的电路会变得一片空白。

c. 选择 Replace In Circuit 时，被选中的电路被集成在用户定义的子电路中，但在电路工作区被选中的电路会被已经集成的子电路所替代。

上述三项选项被选择后都会出现子电路窗口，如图 6-8 所示。选择 Cancel 时，表示放弃生成子电路。

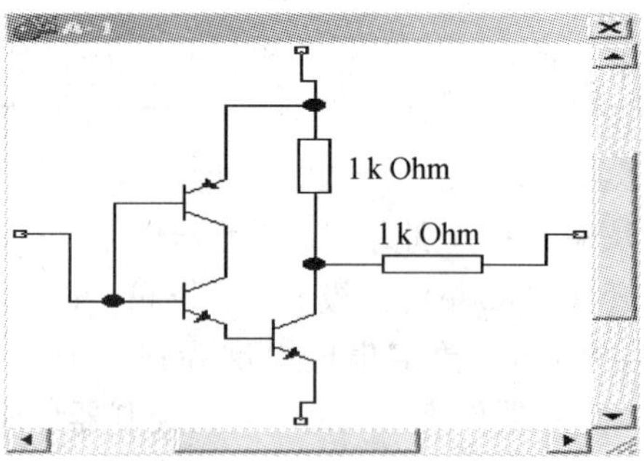

图 6-8　生成的子电路

EWB 软件允许若干元器件组成的电路定义为一个子电路，也允许将几个子电路或者若干元器件和几个子电路定义为一个集成度更高的子电路。在子电路中，对元器件数量没有什么限制，连电源也可以封装在子电路中。

6.1.3.2　信号源库

信号源库如图 6-9 所示。

图中上排从左到右依次为接地(Ground)、直流电压源(Battery)、直流电流源(DC Current

Source)、交流电压源(AC Voltage Source)、交流电流源(AC Current Source)、压控电压源(Voltage Controlled Voltage Source)、压控电流源(Voltage Controlled Current Source)、电流控制电压源(Current Controlled Voltage Source)、电流控制电流源(Current Controlled Current Source)、+5V 电源(+V_{cc} Voltage Source)、+15V 电源(+V_{dd} Voltage Source)、时钟信号源(Clock)。

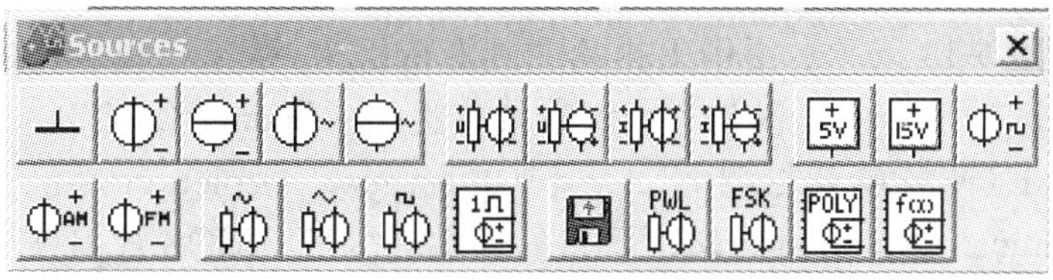

图 6-9　信号源库

图中下排从左到右依次为调幅源(AM Source)、调频源(FM Source)、压控正弦波发生器(Voltage Controlled Sine Wave Oscillator)、压控三角波发生器(Voltage Controlled Triangle Wave Oscillator)、压控方波发生器(Voltage Controlled Square Wave Oscillator)、受控单脉冲发生器(Controlled One Shot)、分段线性源(Piecewise Linear Source)、压控分段线性源(VoltageControlled Piecewise Linear Source)、频移键控源(Frequency Shift Keying Source)、多项式源(Ploynonial Source)、非线性相关源(Nonlinear Dependent Source)。

EWB 软件在仿真直流电路时,不能忘记放置接地 ⊥ 。

6.1.3.3　基本元器件库

基本元器件库如图 6-10 所示。图中上排从左到右依次为连接点(Connector)、电阻器(Resistor)、电容器(Capacitor)、电感器(Inductor)、变压器(Transformer)、继电器(Relay)、开关(Switch)、延时开关(Time-Delay Switch)、压控开关(Voltage Controlled Switch)、电流控制开关(Current Controlled)、上拉电阻器(Pull-Up Resistor)。

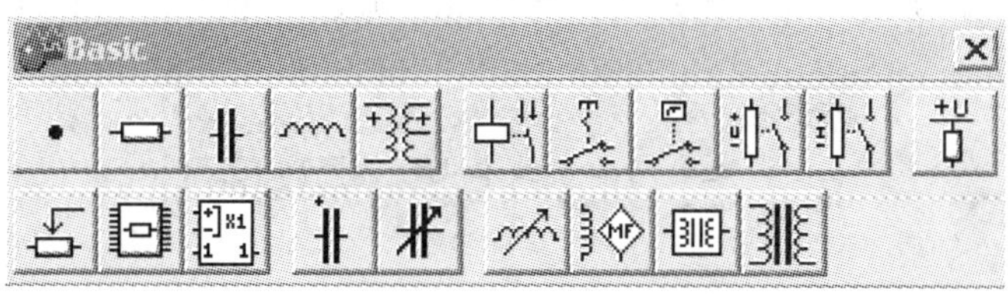

图 6-10　基本元器件库

图中下排从左到右依次为电位器(Potentiometer)、排电阻(Resistor Pack)、压控模拟开关(Voltage Controlled Analog Switch)、带极性电容器(Polarized Capacitor)、可调电容器(Variable Capacitor)、可调电感器(Variable Inductor)、空芯线圈(Coreless Coil)、磁芯电感器(Magnetic Core)、铁芯变压器(Nonlinear Transformer)。

6.1.3.4　二极管库

二极管库如图 6-11 所示。图中从左到右依次为二极管(Diode)、稳压二极管(Zener Diode)、发光二极管(LED)、全波桥式整流器(Full Wave Bridge)、肖特基二极管(Shockley Diode)、单向可控硅管(Silion Controlled Rectifier)、双向触发二极管(Diac)、双向可控硅管(Triac)。

图 6-11　二极管库

6.1.3.5　三极管库

三极管库如图 6-12 所示。图中上排从左到右依次为 NPN 三极管(NPN Transistor)、PNP 三极管(PNP Transistor)、N 沟道结型场效应管(N-Channel JFET)、P 沟道结型场效应管(P-Channel JFET)、三端耗尽型 NMOS 管(3-Terminal Depletion N-MOS)、三端耗尽型 PMOS 管(3-Terminal Depletion P-MOSFET)、四端耗尽型 NMOS 管(4-Terminal Depletion N-MOSFET)、四端耗尽型 PMOS 管(4-Terminal Depletion P-MOSFET)。

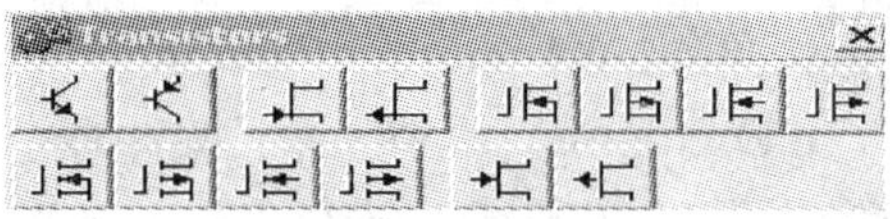

图 6-12　三极管库

图中下排从左到右依次为三端增强型 NMOS 管(3-Terminal Enhancement N-MOSFET)、三端增强型 PMOS 管(3-Terminal Enhancement)、四端增强型 NMOS 管(4-Terminal Enhancement N-MOSFET)、四端增强型 PMOS 管(4-Terminal Enhancement P-MOSFET)、N 沟道砷化镓(N-channel GaAsfet)、P 沟道砷化镓(P-channel GaAsfet)。

注意:三端与四端实际上是指衬底有无引出线之分,此引出线是用于屏蔽接地的。

6.1.3.6　模拟集成电路库

模拟集成电路库如图 6-13 所示。图中从左到右依次为三端运算放大器(3-Terminal Opamp)、五端运算放大器(5-Terminal Opamp)、七端运算放大器(7-Terminal Opamp)、九端运算放大器(9-Terminal Opamp)、比较放大器(Comparator)、锁相环(Phase-locked loop)。

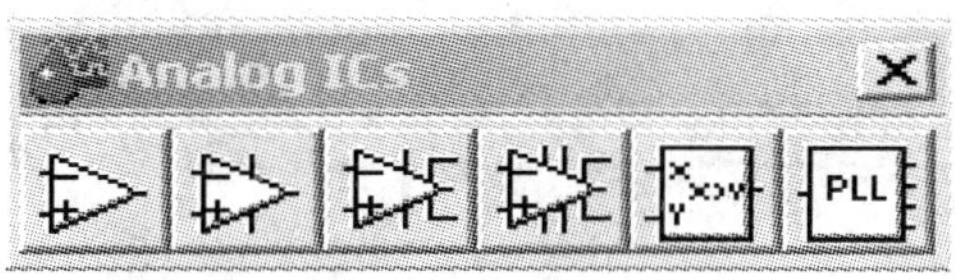

图 6-13　模拟集成电路库

注意:由于三端运算放大器省略了电源引脚和接地引脚,因此在画电路印制板图时必须添加电源引脚连线和接地引脚连线。

6.1.3.7　混合集成电路库

混合集成电路库如图 6-14 所示。图中从左到右依次为 A/D 转换器(Analog-To-Digital Converter)、电流输出型 D/A 转换器(Digital-To-Analog Converter-I)、电压输出型 D/A(Digital-To-Analog Converter-V)、单稳态触发器(Monostable Multivibrator)、555 时基电路(555-Timer)。

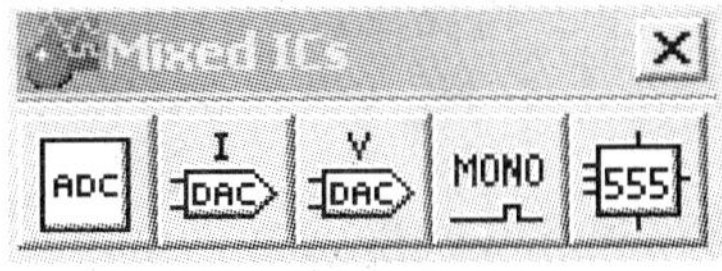

图 6-14 混合集成电路库

6.1.3.8 数字集成电路库

数字集成电路库如图 6-15 所示。图中从左到右依次为 TTL 电路的 74XX 系列、741XX 系列、742XX 系列、743XX 系列、744XX 系列和 CMOS 电路 4000 系列。其中 TTL 电路的工作电压为 5V，CMOS 电路的工作电压为 3～18V。

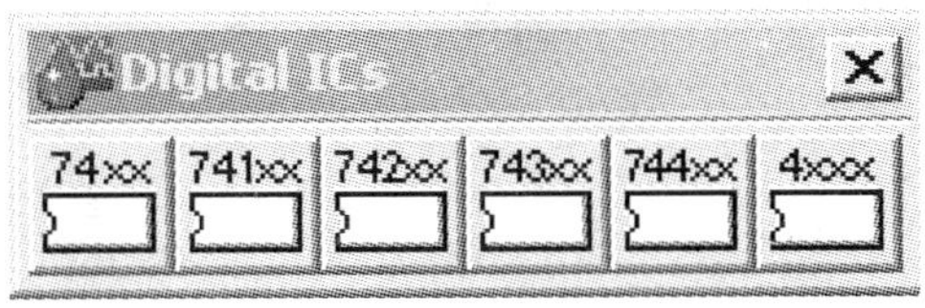

图 6-15 数字集成电路库

用鼠标点住图标并拖拉至外部，弹出如图 6-16 所示的对话框。

选中需要的电路，点击 Accept 按钮就能获得此器件，如图 6-17 所示。选中此器件，按鼠标右键，在 HELP 选项中可了解该器件的技术说明（其他元器件同样方法）。

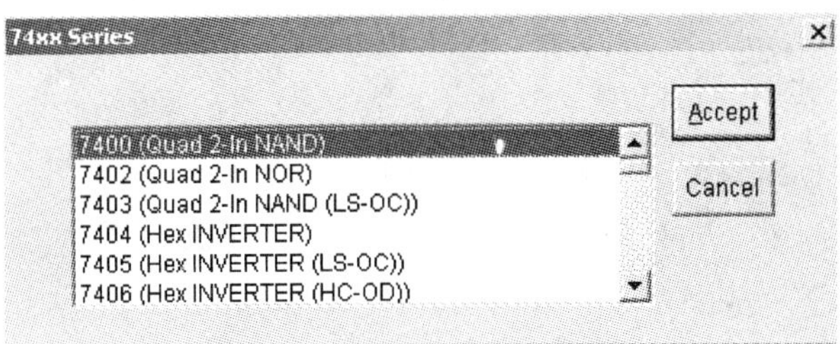

图 6-16 74XX 系列库

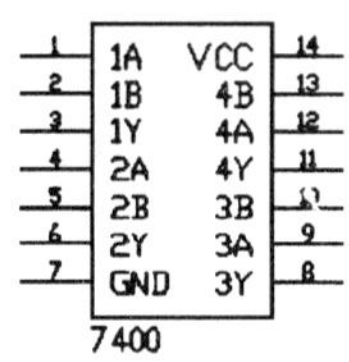

图 6-17 7400 二输入四与非门

6.1.3.9 逻辑门电路库

逻辑门电路库如图 6-18 所示。图中上排从左到右依次为与门（2-Input AND Gate）、或门（2-Input OR Gate）、非门（NOT Gate）、或非门（2-Input NOR Gate）、与非门（2-Input NAND Gate）、异或门（2-Input XOR Gate）、同或门（2-Input XNOR Gate）、三态缓冲器（Tristate Buffer）、缓冲器（Buffer）、施密特触发器（Schmitt-Triggered Inverter）。上排为单个门电路，没有具体的型号，使用时点住图标，拖拉至要放置的部位即可。

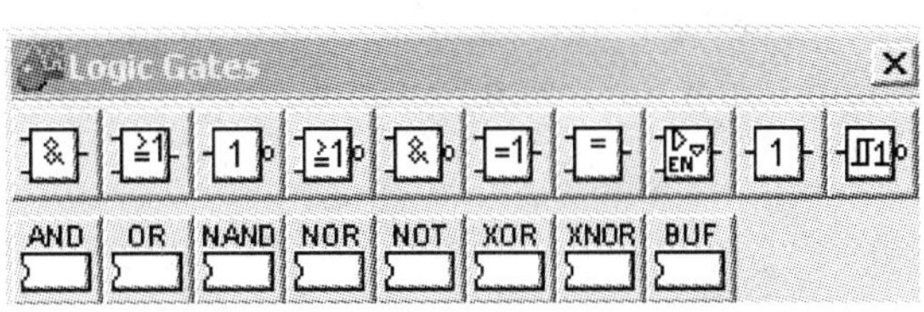

图 6-18 逻辑门电路库

图中下排从左到右依次为与门集成电路库(AND Gates)、或门集成电路库(OR Gates)、与非门集成电路库(NAND Gates)、或非门集成电路库(NOR Gates)、非门集成电路库(NOT Gates)、异或门集成电路库(Exclusive-OR Gates)、同或门集成电路库(Exclusive NOR Gates)、缓冲器集成电路库(Buffers)。下排为归类的门集成电路,使用时点住图标并拖拉至外部,弹出如图 6-19 所示的对话框。

选中需要的门电路,点击 Accept 按钮就能获得此器件,如图 6-20 所示。

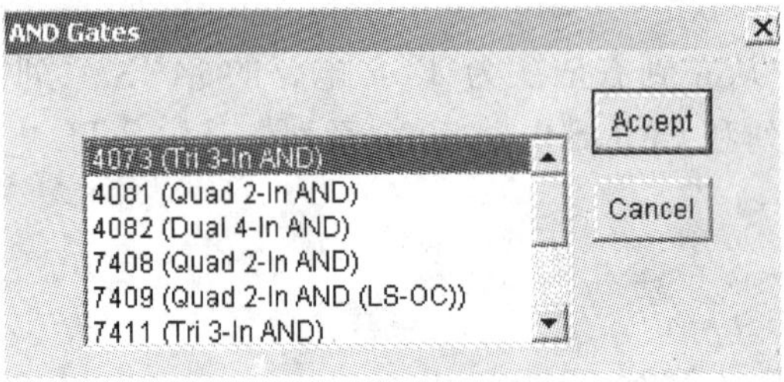

图 6-19 与门电路库

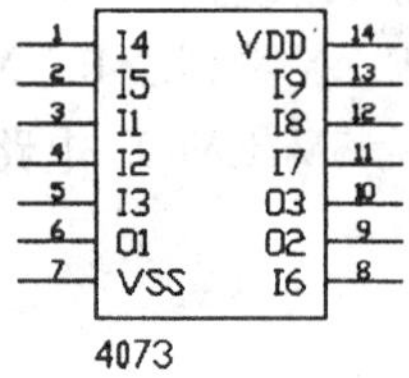

图 6-20 4073 三输入端与门

6.1.3.10 数字器件库

数字器件库如图 6-21 所示。图中上排从左到右依次为半加器(Half-Adder)、全加器(Full-Adder)、RS 触发器(RS-Flip-Flop)、JK 触发器Ⅰ(JK-Flip-Flop With Active High Asynch Input)、JK 触发器Ⅱ(JK-Flip-Flop With Active Low Asynch Input)、D 触发器Ⅰ(D Flip-Flop With Active High Asynch Input)、D 触发器Ⅱ(D Flip-Flop With Active Low Asynch Input)。上排为单个数字电路,没有具体的型号。

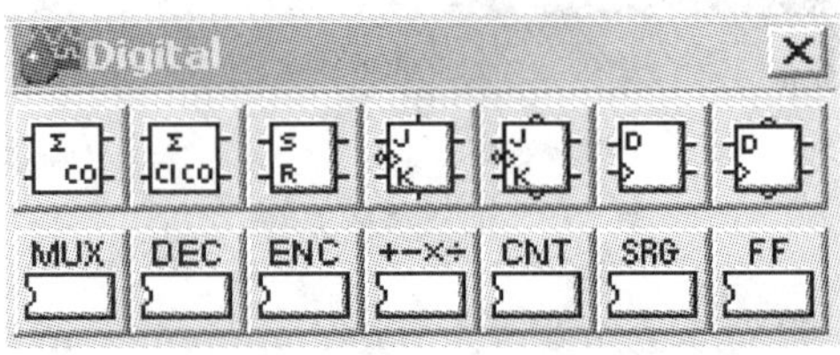

图 6-21 数字器件库

数字器件库的下排从左到右依次为多路选择器(Multiplexers)、多路分配器(Demuliplexers)、编码器(Encoders)、算术运算(Arithmetic)、计数器(Counters)、移位寄存器(Shift-Registers)、触发器(Flip-Flop)。下排器件,使用时点住图标并拖拉至外部,弹出如图 6-22 对话框。

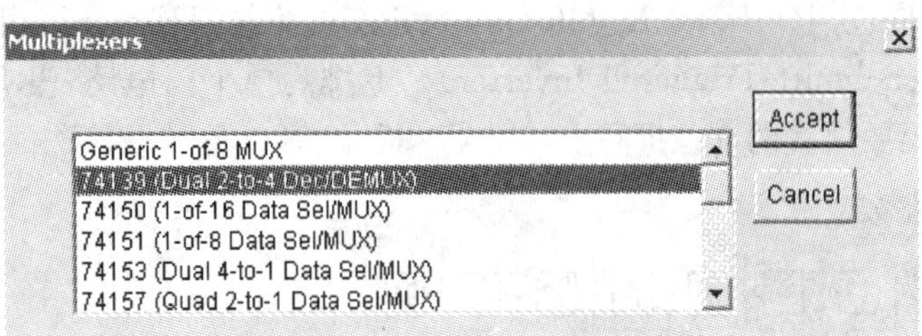

图 6-22 多路选择器

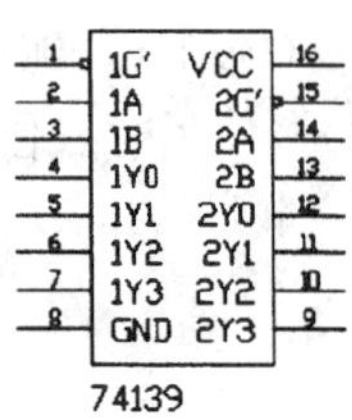

图 6-23 74139 双 2-4 线译码器

选中需要的电路,点击 Accept 按钮就能获得此器件,如图 6-23 所示。

6.1.3.11 显示器件库

显示器件库如图 6-24 所示。图中从左到右依次为电压表(Voltemeter)、电流表(Ammeter)、灯泡(Bulb)、彩色指示灯(Color-Probe)、七段数码管(Seven-Segment Display)、带译码数码管(Decoded Seven-Sement Display)、蜂鸣器(Buzzer)、条形光柱(Bargraph Display)、带译码条形光柱(Decoded Bargraph Display)。

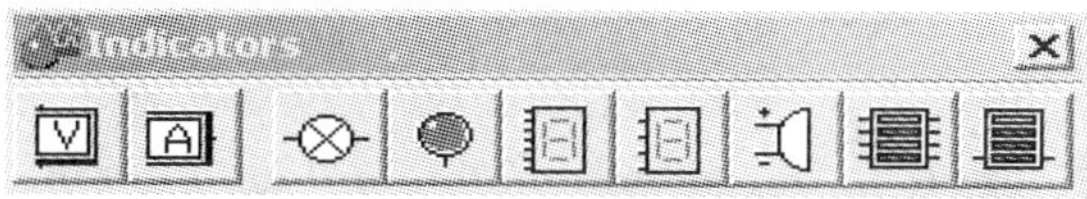

图 6-24 显示器件库

注意:使用带译码数码管进行仿真,绘制印制电路板时一定要补上 BCD 码七段译码器。

6.1.3.12 控制器件库

控制器件库如图 6-25 所示。图中从左到右依次为电压微分器(Voltage Gain Block)、电压积分器(Voltage Integrator)、电压比例模块(Voltage Gain Block)、函数传递模块(Transfer Function Block)、乘法器(Multiplier)、除法器(Divider)、三端电压加法器(Three-Way Voltage Summer)、电压限幅器(Voltage Limiter)、压控限幅器模块(Voltage-Controlled Limiter)、电流限幅器模块(Current Limiter Block)、电压滞回模块(Voltage Hysteresis Block)、电压变化率模块(Voltage Slew Rate Block)。

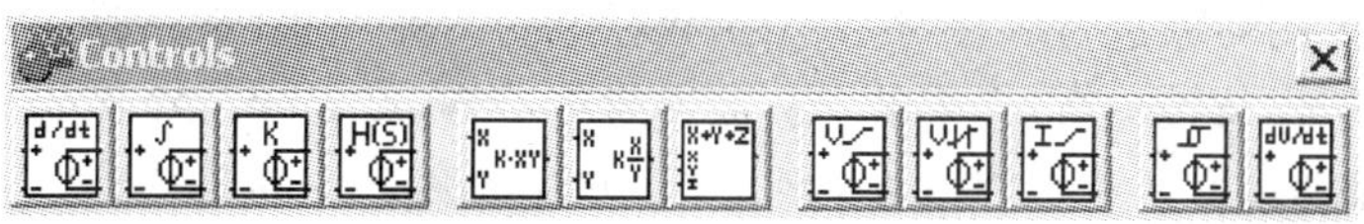

图 6-25 控制器件库

6.1.3.13 其他元器件库

其他元器件库如图 6-26 所示。图中从左到右依次为熔断器(Fuse)、数据写入器(Write Date)、子电路网表(Netlis Component)、有耗传输线(Lossy Transimissiom Line)、无耗传输线(Lossless Transissiom Line)、振荡晶体(Crystal)、直流电机(DC-Motor)、真空三极管(Triode Vacuum Tube)、开关式升压变换器(Boost Converter Step-Up)、开关式降压变换器(Boost Converter Step-Up)、开关式升降压变换器(Buck-Boost Converter)。

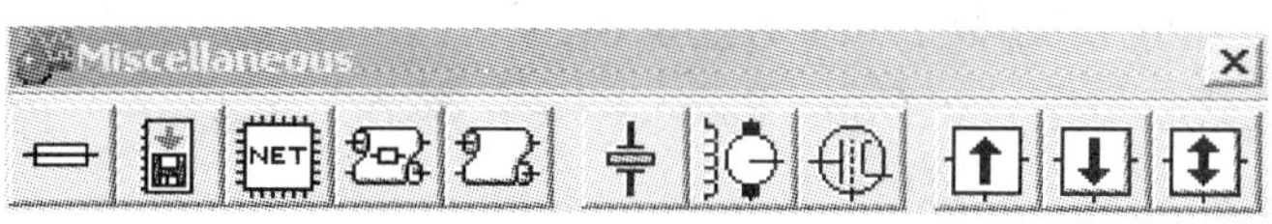

图 6-26 其他元器件库

6.1.3.14 仪器仪表库

仪器仪表库如图 6-27 所示。图中从左到右依次为数字式万用表(Multimeter)、函数信号发生器(Function Generator)、双踪示波器(Oscilloscope)、波特图示仪(Bode Plotter)、字信号发生器(Word Generator)、逻辑分析仪(Logic Analyzer)、逻辑转换仪(Logic Converter)。

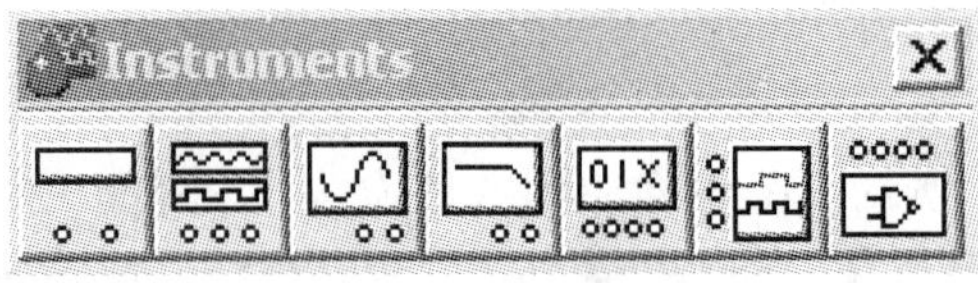

图 6-27　仪器仪表库

上述 7 种仪器在 EWB 软件中，每种仪器只允许使用一台（即每种仪器只能拿出一台）。双踪示波器使用时一定要接地线，否则无法工作。

6.2　EWB 的基本操作

6.2.1　元器件的基本操作

6.2.1.1　移动和旋转元器件

图 6-28　旋转工具栏

元器件移动只需用鼠标点住该元器件，拖拉至电路工作区中要安放的位置，然后释放鼠标即可。如果要同时移动一块区域，可用鼠标点击对角线的方法选择区域，然后用鼠标点住其中的任一个对象，拖拉至所要安放的位置释放鼠标即可。除此之外，也可以对已经被选中的对象，利用键盘上的光标移动键来进行移动。

如果要对选中的对象进行旋转时，点击工具栏上的图标，如图 6-28 所示。

图中第一个图标每按一次，选中的对象就逆时针旋转 90°。第二个图标每按一次，选中的对像就水平翻转（即镜像或称 180°的左右翻转）。第三个图标每按一次，选中的对象就垂直翻转（即上下颠倒或称 180°的上下翻转）。各种旋转结果如图 6-29 所示。

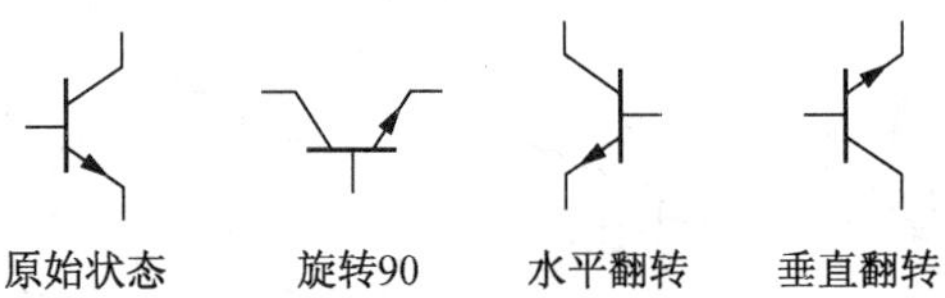

图 6-29　元器件的旋转

6.2.1.2　复制和删除元器件

对元器件的复制和删除用以下几种方法实现：

使用 Edit 下拉式菜单中 Cut、Copy、Paste、Delete 等命令，可以对选中的对象进行复制和删除。

选中某个对象后，按 Copy 键，再按 Paste 键，就能对其进行复制。

选中某个对象后，按 Cut 键，该对象即被删除。

选中某个对象后，按 Delete 键或 Cut 键，显示屏会弹出确认框，点击确认，该对象即被删除，如图 6-31 所示。

当元器件所在库处于打开状态时，也可以直接用鼠标将元器件拖曳回元器件库中。

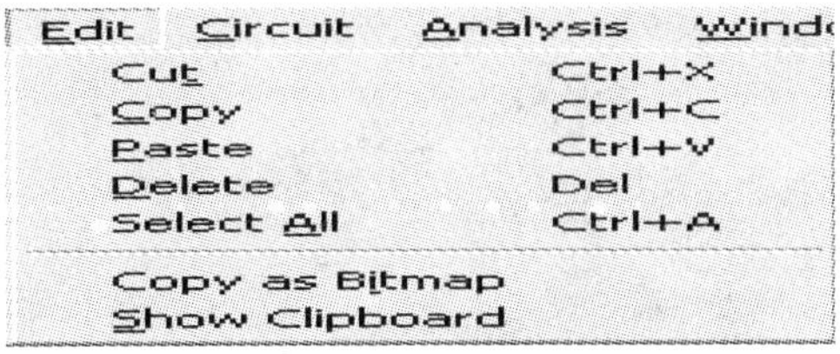

图 6-30 元器件和复制和删除

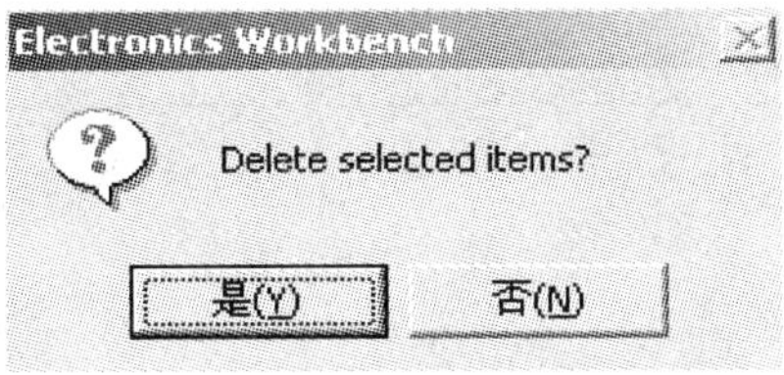

图 6-31 删除确认框

6.2.1.3 元器件特性的设置

EWB 软件对调用的元器件都有一个默认值，当电路图绘制完成后，在仿真应用中经常要对这些元器件的参数进行重新设置。用鼠标双击需重新设置参数的元器件，会弹出该元器件的特性对话框，对话框中一般包含 Value、Label、Fault 等选项，如图 6-32 所示。

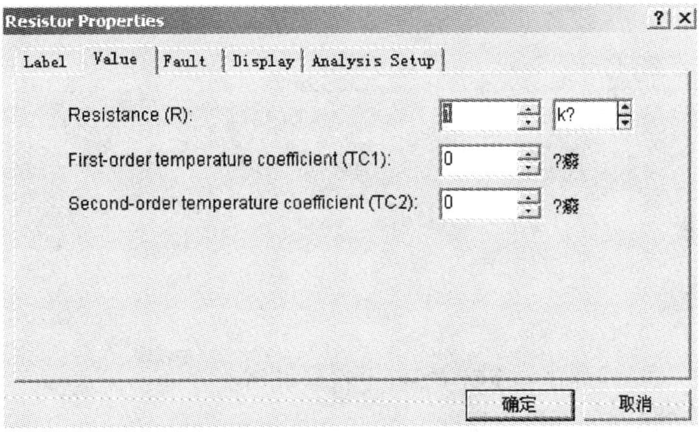

图 6-32 元器件特性对话框

Value 选项用于设置元器件的参数，如电阻器的阻值、电容器的容量、变压器的变压比等。

Label 选项用于设置元器件的标识和编号，如图 6-33 所示。

Value 选项是指元件而言，对于器件是没有 Value 选项的。器件通常是 Models 选项，Models 选项的对话框中默认为理想器件，如图 6-34 所示。

Fault 选项可以在设计的电子线路中人为地设置故障或对电路仿真时在电路中选择各种故障，从而观察在不同故障情况下电路的工作状态。Fault 选项中可设置开路(Open)、短路(Shot)、漏电流(Leakage)等故障，正常情况下应选择无故障(None)。

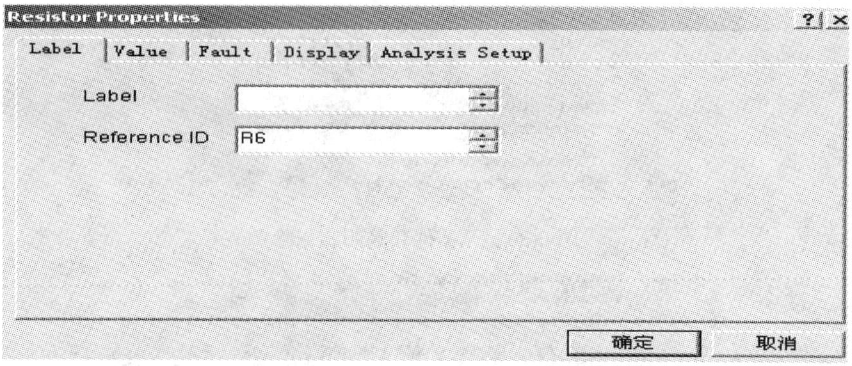

图 6-33　Label 选项

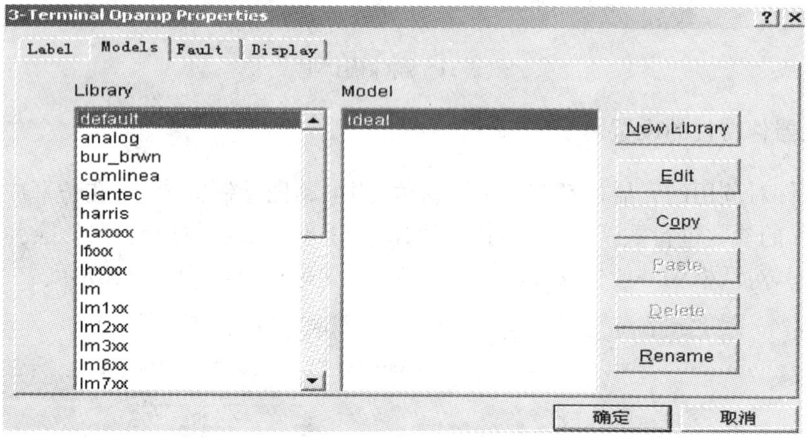

图 6-34　Models 选项

6.2.2　导线的操作

6.2.2.1　连接导线

在 EWB 界面上，导线的连接十分方便，先将鼠标箭头指向所需连接元器件引脚的端点，在此端点上出现一个小黑点后按下鼠标左键，并拖曳至所需连接的另一个元器件引脚的端点，这时该端点也会出现一个小黑点，释放鼠标左键，系统会自动选择合适的路线将两个端点进行连接。导线只能存在于两个节点、两个元器件的引脚或节点和元器件的引脚之间，所以在每个节点上最多只能有四根连接线，而在每个元器件引脚的端口最多只能有三根连接线，它们各成 90°。在绘制导线时，放置节点的导线长度必须大于节点的直径，如图 6-35 所示。

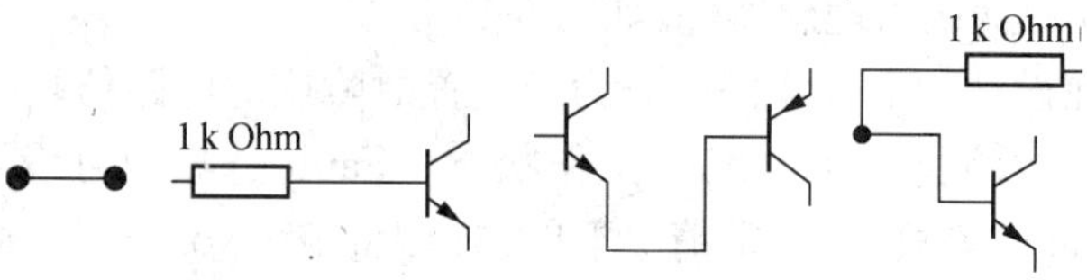

图 6-35　导线的连接

6.2.2.2 删除连接线

将鼠标箭头指向于连接线的一端点上，在端点上出现小黑点后，按下鼠标左键并拖曳该小黑点至空白处，释放鼠标左键，连接线即被删除。

6.2.2.3 修改连接线

由于连接线的走向是由 EWB 系统自动生成的，在实际应用中经常需要对不符合设计要求的连接线进行修改。用鼠标点住需修改的连接线后，鼠标箭头会变成一个上下(或左右)方向的箭头，这时即可用鼠标移动连接线了。

6.3 仪器仪表的使用

6.3.1 万用表

万用表是用来测量交流或直流电压、电流、电阻和电压分贝的一种常用仪表，EWB 中的万用表(见图 6-36)是自动变换量程的，其内阻及内部电路的各项参数被预置成接近理想的值，必要时可改变其设置。

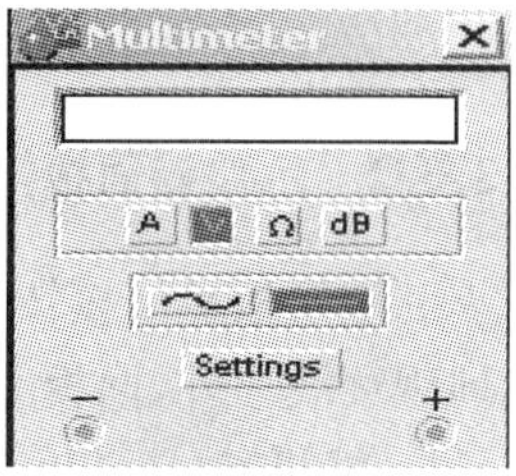

图 6-36 万用表

6.3.2 函数信号发生器

如同实际使用的函数信号发生器一样，EWB 中的函数信号发生器(见图 6-37)可产生正弦波、三角波和方波信号。这些信号的频率、幅度、占空比及直流偏置可在一定的范围内进行调整。函数信号发生器的仿真面板上有三个接线端口，公共端口(Common)为输出信号提供一个参考电平，如果公共端口接地，则"＋"端口和公共端口之间输出相对于地的正向信号，而"－"端口和公共端口之间输出相对于地的负向信号。

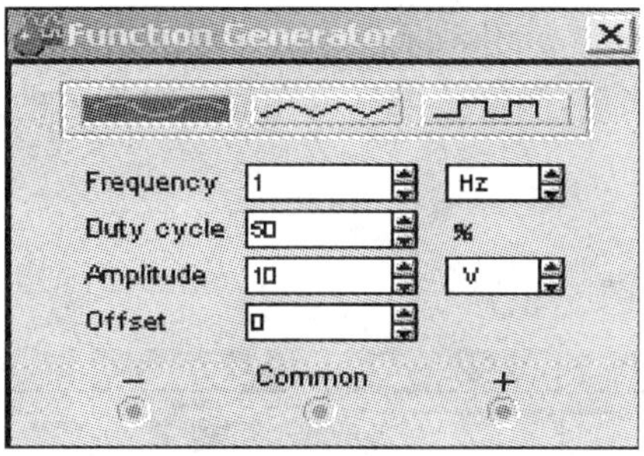

图 6-37 函数信号发生器

6.3.3 双踪示波器

6.3.3.1 示波器的基本功能

示波器是电子领域中最常用的测量仪器之一，EWB 中的示波器是一个仿真的双踪示波器

(见图 6-38),可以同时显示两路信号波形,也可以显示一个信号相对于另一个信号的比较波形。示波器的轴是波形的时间触发扫描,轴是波形的电平增益幅度。图中 0.5ms/DIV 是 X 轴每格的触发扫描时间值,5V/DIV 是 Y 轴每格的电压值。

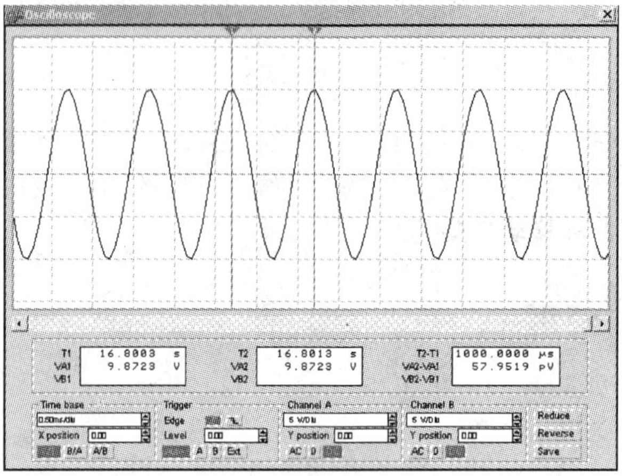

图 6-38　双踪示波器

6.3.3.2　示波器面板控制按钮

利用面板扩展按钮(Expand)可将示波器面板扩展。扩展后的面板除了能放大以便更仔细地观察波形外,面板上还增加了一些功能:

• 缩小键(Reduce):利用此按钮可将扩展的面板恢复至原来的大小。

• 保存键(Save):单击保存键将出现对话框,输入文件名并确认后,即可将示波器上显示的波形以文件形式保存起来,文件类型为 Scope Data(*. scp)。如果要打开此文件可有两种方法:一是在菜单(Analysis)中选择(Graphs),即可调出此图形显示窗;二是利用电源库中 PWL 源的方法。

• 读数指针:示波器面板扩展后,在其显示屏的左上方和右上方各有一个读数指针,左面一个为红色▼,右面一个为蓝色▼。用鼠标在显示屏范围内左右拖移这两个读数指针,即可对显示的波形进行比较精确的测量,测量结果显示在显示屏下方的三个窗口中。

6.3.4　波特图示仪

EWB 中的波特图示仪如图 6-39 所示。

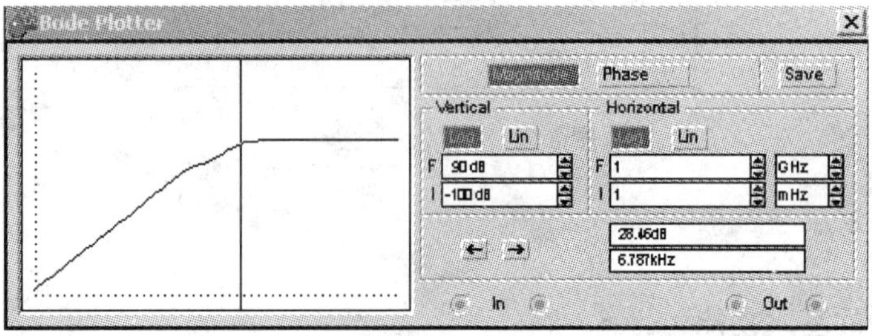

图 6-39　波特图示仪

6.3.4.1 波特图示仪的基本功能和操作

波特图示仪功能类似于频率特性测试仪，它可以测量放大电路、滤波电路、鉴频电路及其他有源或无源网络的幅频特性，还具有显示相频特性的功能。

在使用波特图示仪分析电路或网络时，应在电路或网络中接入交流信号源，波特图示仪仿真分析的结果与波特图示仪本身的设置有关。

在使用波特图示仪时，应使输入端（In）和输出端（Out）的极性设置保持一致，即如果输入端（In）左边的端口设置为正极，右边的端口设置为负极，则输出端（Out）左边的端口也应设置为正极，右边的端口也应设置为负极。在分析幅频特性时，只要设置一致，无论左边为正极还是右边为正极，都不会影响其分析结果。在分析相频特性时，设置左边端口为正极和设置右边端口为正极时，分析结果会有 180°的相位差。波特图示仪对于被测电路或网络所产生的失真不会有反应，因为在 EWB 中的分析程序是将被测电路或网络等效为线性模型来处理的，所以尽管被测电路或网络中的交流输出信号幅度很大，在实际电路中肯定有失真，但分析程序还会显示小信号输入时的分析结果。

6.3.4.2 波特图示仪面板控制按钮

• 功能键。

Magnitude：选择该按钮，显示屏显示的是幅频特性，即横坐标为频率，纵坐标为被测电路输出端信号电压与输入端信号电压之比（输出增益）。

Phase：选择该按钮，显示屏显示的是相频特性，即输出端信号与输入端信号之间的相位移。

• 垂直控制按钮（Vertical）。

Log：选择该按钮，纵坐标以对数的形式出现，分析幅频特性时，其单位是分贝，分析相频特性时，其单位是度。

Lin：选择该按钮，纵坐标以线性的形式出现，分析幅频特性时，其单位是倍，分析相频特性时，其单位是度。

F：设定最大幅度或相位量程。

I：设定最小幅度或相位量程。

• 水平控制按钮（Horizontal）。

Log：选择该按钮，横坐标以对数的形式出现。

Lin：选择该按钮，横坐标以线性的形式出现。

F：设定波形显示结束频率。

I：设定波形显示起始频率。

6.3.5 字信号发生器

EWB 中的字信号发生器如图 6-40 所示。

6.3.5.1 字信号发生器的功能

字信号发生器实际上是一个功能强大的四位十六进制的逻辑信号发生器，用来产生 BCD

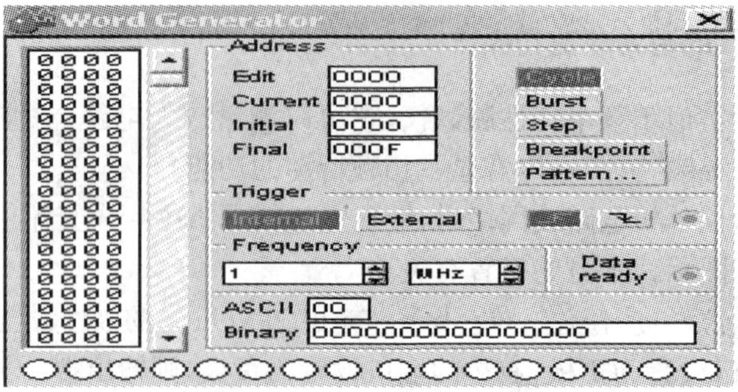

图 6-40　字信号发生器

码、8421 码、格雷码等码组，且输出码组字长有 16bit，即它能产生十六路同步逻辑信号，在对数字逻辑电路进行测试时显得极为方便。

6.3.5.2　字信号发生器面板控制按钮

• 十六进制码输入。十六进制码输入编辑区位于仿真面板的左面，窗口中每一行为一个单元，每一单元为四位十六进制数并有相应的单元地址，虽然四位十六进制数可安排 65536 个单元，但电子工作平台中实际使用的单元地址只能从 0000～03FF 共 1024 个单元。用鼠标左键点击所需的单元行，即可在此单元行上输入数据或修改数据。

• 二进制数输入。二进制数输入编辑窗(Binary)位于仿真面板的下面，窗口中显示的是十六位二进制数，用鼠标在此点击后即可以二进制数的方式输入或修改数据。

• 地址单元(Address)。

编辑地址(Edit)：此窗口显示当前正在编辑的字信号的单元地址。

当前输出单元地址(Current)：此窗口显示当前正在输出的字信号的单元地址。

起始地址(Initial)：此窗口用于设置输出字信号的首地址。

终止地址(Final)：此窗口用于设置输出字信号的末地址。

• 触发方式选择(Trigger)。

Internal：选择内部信号触发按钮时，字信号发生器的输出由其内部的时钟来触发。

External：选择外部信号触发按钮时，字信号的输出与否以及输出的频率由外触发信号输入端输入的信号所决定。如果选择此按钮而外触发输入端口又没有触发信号，则字信号发生器不会输出字信号。

• 输出方式选择。

Cycle：选择重复循环输出按钮时，字信号发生器以 Initial 窗口中的地址为输出字信号的首地址，以 Final 窗口中的地址为输出字信号的末地址，不断循环输出信号。

Burst：选择单循环输出按钮时，字信号发生器以 Initial 窗口中的地址为输出字信号的首地址，以 Final 窗口中的地址为输出字信号的末地址，单次输出信号。

Step：选择步进输出按钮时，每按一次就依次输出一个单元地址的数据。

Break Point：选择断点设置按钮时，光标选择的地址即为断点地址，数据输出至断点地址时程序会自动停止输出数据。

Pattern：选择模板选择按钮时，点击后弹出如图 6-41 所示的对话框。该对话框中各选项功能如下：

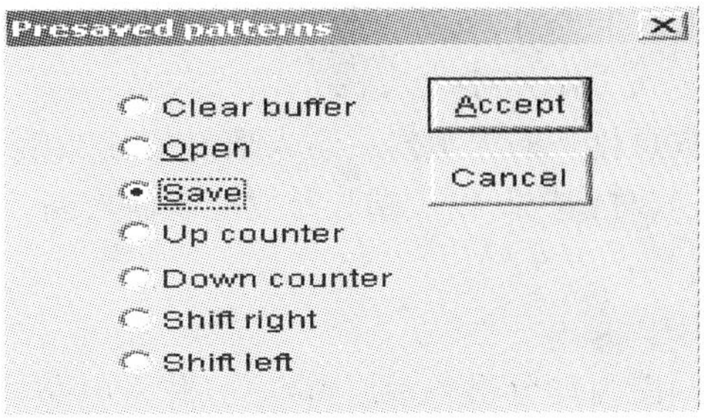

图 6-41　Pattern 选项

◆ 清除数据缓冲区(Clear Buffer):选择此按钮,在缓冲区中的数据全部清除。

◆ 打开数据文件(Open):选择此按钮,可调用这些以"DP"为扩展名的文件。

◆ 保存文件(Save):在使用字信号发生器时,可以将输入或编辑好的字信号以"DP"为扩展名的形式保存起来以备需要时调用,可避免以后重新输入数据。

◆ 递增数码(Up Counter):选择此按钮,可在数据输入窗口自动生成从 0000、0001、0002……03FF 增量为 1 的数据组。

◆ 递减数码(Down Counter):选择此按钮,可在数据输入窗口自动生成从 03FF、03FE、03FD……0000 减量为 1 的数据组。

◆ 右循环码(Shift Right):选择此按钮,可在数据输入窗口自动生成从 8000、4000、2000、1000、0800、0400……形式的右移循环码。

◆ 左循环码(Shift Left):选择此按钮,可在数据输入窗口自动生成从 0001、0002、0004、0008、0010、0020……形式的左移循环码。

Frequency:频率设置框。用来设置字信号发生器内部时钟的频率。

6.3.6　逻辑分析仪

逻辑分析仪(见图 6-42)实际上是四位 8421 码的波形分析图,它对应于字信号发生器的输出。

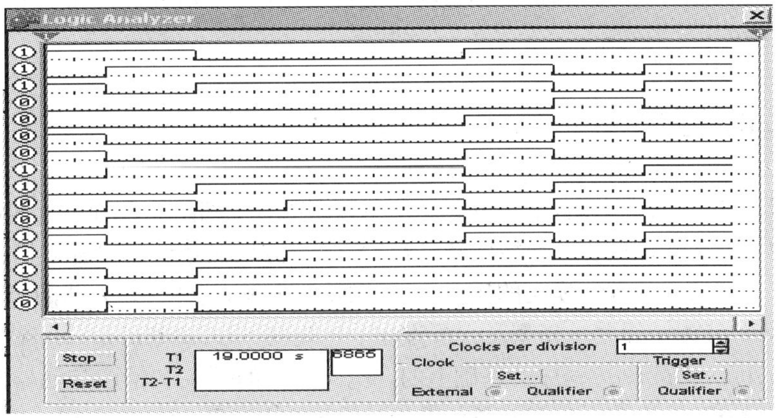

图 6-42　逻辑分析仪

各种信号发生器、示波器是在模拟电路的测量分析中最常用的仪器,而字信号发生器和逻辑分析仪是分析各种逻辑数字电路必不可少的设备。在分析逻辑电路时往往要对各种不同的组合关系进行观察,一般仪器的显示屏很难把所有的组合状态同时显示在屏幕上,所以逻辑分析仪中都有一个先进先出的存储器，即逻辑分析仪将输入的数据组存储起来，输出显示时以最先输入的信息最先输出的方式工作，以保证信号的时序关系。

逻辑分析仪面板左边垂直排列的为十六路输入信号的连接端口，下方水平排列的端口从左至右依次为外时钟输入端、时钟控制输入端和触发控制输入端。

6.3.7 逻辑转换仪

逻辑转换仪(见图 6-43)能自动分析各种逻辑电路，并将电路的逻辑关系用真值表或布尔表达式的形式表示出来，也可以根据真值表或布尔表达式自动生成与其对应的电路，这种真值表、布尔表达式、电路之间的自动转换，在逻辑设计及电路仿真时显示出极大的便利。

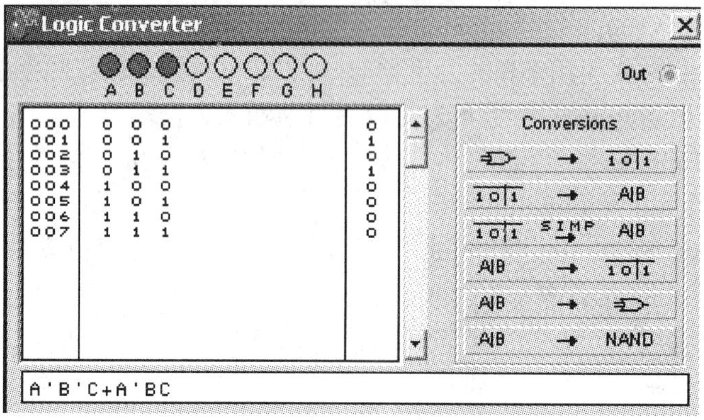

图 6-43 逻辑转换仪

逻辑转换仪面板上方为 A、B、C、D、E、F、G、H 八个输入端口。面板中最大的区域为真值表编辑显示区，该区域左边是输入信号各种状态组合序号，中间为输入的各种组合状态，用鼠标在 A、B……H 端口点击后，系统会自动生成所有的组合状态，在真值表编辑显示区的右边是对应各种状态的逻辑输出，可根据电路的设计要求进行编辑修改。面板的下方为布尔表达式显示区，右边有 6 个选择按钮，可利用这些按钮进行电路、布尔表达式和真值表之间的相互转换。

6.4 基本分析方法

EWB 软件可以对模拟电路、数字电路和模拟数字混合电路进行各种仿真和性能分析。系统元器件库中的各元器件都有其对应的数学模型，所谓仿真就是通过对各元器件的数学表达式和示波器等测试仪器的数学模型的运算，从而求得数值解，使之实现电路的仿真分析和各种曲线的显示。EWB 中的元器件模型及分析方法是建筑在 SPICE(Simulatation Program With Integrated Circuit Emphasis)程序的基础上的。电路仿真的效果和精度与元器件数学模型的精度、仿真方法的选择、运算时迭代步长的选择等设置有关。下面简单介绍一下 EWB 软件中的几种分析方法。

6.4.1 直流工作点分析(DC Operating Point)

直流工作点分析又称为静态工作点分析，是各种分析电子线路方法中最基本的一种。在进行直流分析时电路中的交流信号源被视为零，电容器被视为开路，电感器被视为短路，数字器件被视为高阻接地。完成电路图的制作后，可在 Circuit 菜单中选择 Schematic Options 命令，在其弹出的 Show/Hide 选项框中使 Show Nodes 有效，这时电路图上会出现各节点的标志号，如图 6-44 所示。

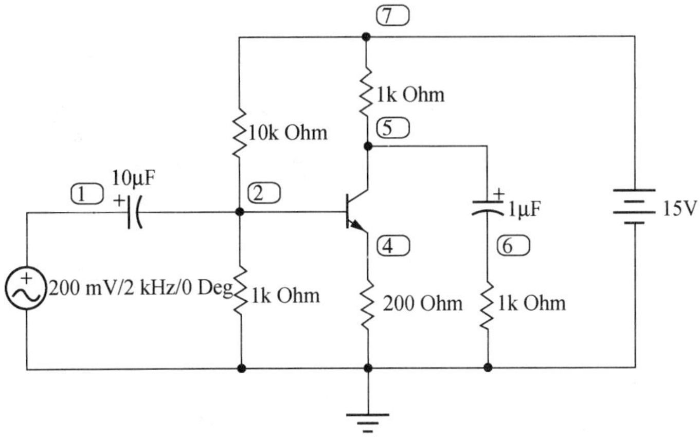

图 6-44　分析测试电路图

接着打开 Analysis 菜单并选择 DC Operating Analysis 命令，即完成了电路的直流工作点分析。在显示屏上出现的 Analysis Graphs 框中可以看到 6 个节点的电压值和两条源支路的电流值。在图表中，左边一列显示的是节点(支路)的标志号，右边一列显示的是对应节点(支路)的电压值(电流值)，电压的单位为伏特，电流的单位为安培，注意在直流分析时，程序只显示交流信号源和直流电压源支路的电流值。点击 Node/Branch 按钮，图表按节点的顺序号从小到大排列。点击 Voltage/Current 按钮，图表按显示数值的大小排列，如图 6-45 所示。

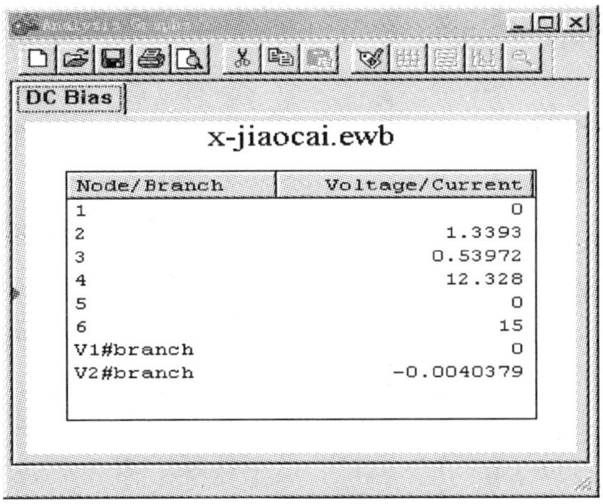
DC Bias

x-jiaocai.ewb

Node/Branch	Voltage/Current
1	0
2	1.3393
3	0.53972
4	12.328
5	0
6	15
V1#branch	0
V2#branch	-0.0040379

图 6-45　直流分析图表

6.4.2　交流频率分析(AC Frequency Analysis)

交流频率分析主要用于分析电路或网络的频率特性，在分析时，程序会自动将直流电源设置为零，交流信号源、电容器、电感器等元器件置于交流工作模式，在对模拟小信号电路进行频率分析时，程序还会将数字逻辑电路设置成高阻接地。此外，如果电路的输入激励信号是函数信号发生器的非正弦波信号时，程序会自动把它作为正弦波信号输出，因此分析的结果仍然是电路对交流正弦波信号的响应。在EWB软件中有两种方法可以对电路或网络进行交流频率分析。一种是将电路的输入端和输出端与波特图示仪相连接，在波特图示仪上观察电路或网络的频率响应，另一种是采用菜单命令的方法。采用波特图示仪进行分析时可参照波特图示仪使用方法的内容。采用菜单命令分析时，应先使电路显示节点(支路)标志号，然后打开Analysis菜单，选择其中的AC Frequency命令，显示屏会弹出如图6-46所示的对话框。

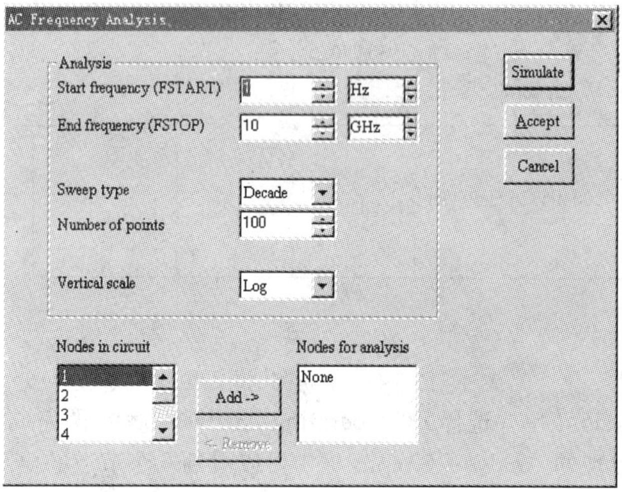

图6-46　交流频率分析

在AC Frequency Analysis对话框中各设置框的含义如下：

Start Frequency框中可设置交流分析时扫描的起始频率，它表示了横坐标轴的最小值，默认值为1Hz。

End Frequency框中可设置交流分析时扫描的终止频率，它表示了横坐标轴的最大值，默认值为1GHz。

Sweep Type框中可将扫描形式设置为十进制、线性或倍频程，它表示了横坐标的分度方式，默认值为十进制(Decade)。

Number Of Points / Points Per框中可设置显示的点数，分析对数越大显示的曲线就越精细，但分析所需的时间也越长，默认值为100。

Vertical Scale框中可将纵向刻度设置成线性、对数或分贝数，默认值为对数(Log)。

Nodes For Analysis框中显示的是被分析的节点标志号。

Nodes In Circuit框中显示的是被测电路中的节点标志号，这里的节点标志号是指编号(ID)，而不是Lable。在Nodes In Circuit对话框中选择所需分析的节点标志号，可以选择一个节点标志号，也可以同时选择几个节点标志号，点击Add按钮，这时在Nodes For Analysis框中，会出现被选择的节点标志号。如果要取消分析某个节点，只需在Nodes For Analysis框中选中该节点的标志号，然后点击Remove按钮即可。完成上述工作后，点击Simulate按钮，即会弹出如图6-47所示的图表显示框。在图表显示框中，上面的曲线是电路的幅频特性，下面的曲线是电路的相频特性。

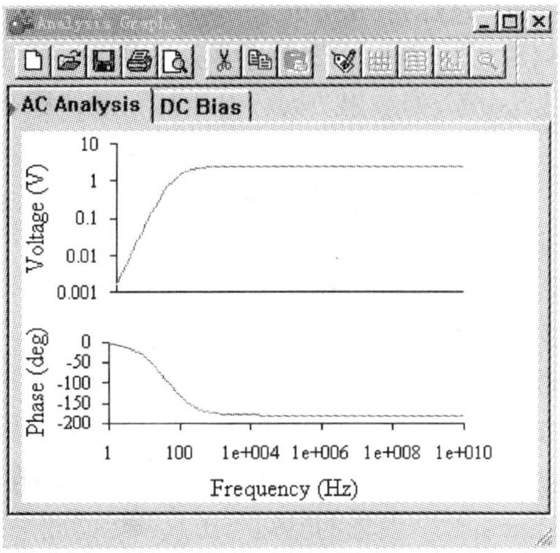

图 6-47　交流分析图表

6.4.3　瞬态分析(Transient)

瞬态分析又称时域分析,是指对所选定的电路节点的时域响应。在进行瞬态分析时,程序将电路中的直流电源保持常数,电容器和电感器作为能量储存元件,而输入电路的信号其周期被划分成若干个间隔,并在每个时间点上进行 DC 分析,从而计算出每个时间点上的电压值,最后以曲线的形式显示该节点上的电压波形。瞬态分析有两种方法:一种是将电路与示波器相连接,在示波器上观察电路或网络的瞬态波形;另一种是采用菜单命令的方法。用示波器进行瞬态分析时,可参照示波器使用方法中的有关内容。采用菜单方式时可在电路图制作完成后,打开分析 Analysis 菜单并选择 Transient 命令,弹出如图 6-48 所示的对话框。

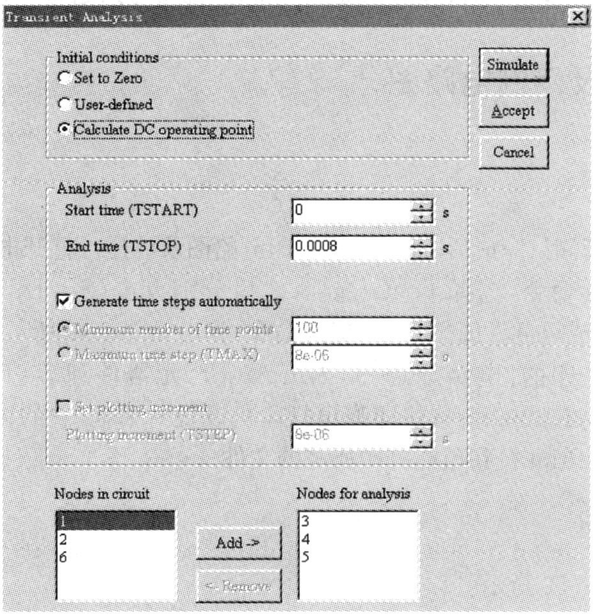

图 6-48　瞬态分析

设置(单选)对话框中各项参数的含义为:

• 初始条件设置为零(Set To Zero):如果选择此项则系统会将电路中电容器的初始电压、电感器中的初始电流设置为零,如果想要观察电路从瞬态到稳态的这样一个过渡过程时,可考虑选择此项。

用户自行定义(User-Defined):如选择此项,系统会将用户在元器件特性对话框中所设定的值作为瞬态分析的初始条件。

计算直流工作点(Calculate DC Operating Point):如果选择此项,系统在仿真时将首先计算电路的直流工作点,并将计算结果作为瞬态分析的初始条件。

• 分析条件设置。

仿真起始时间(Start Time):一般仿真起始时间都设置为零,如果此项设置不为零则应保证起始时间小于仿真结束时间,此外,此项设置不为零时不能使用自动产生时间步长项。

仿真结束时间(End Time):此项设置的时间与仿真开始时间之差即为电路的仿真时间。

自动产生时间步长(Generate Time Steps Automatically):该选项选中后将自动产生时间步长。

最小时间点数(Minimum Number Of Time Points):即在设置的仿真时间内程序所要分析的最少点数。

瞬态分析最大时间步长(Maximum Time Step):表示两个最小时间点之间的时间差。最小时间点数和瞬态分析最大时间步长中如果有一项设置改变,则另一项参数也会随之改变。

绘图增量设置(Set Plotting Increment):绘图增量设置的基本单位为秒,它表示绘图点之间的时间间隔,此项设置应与最小时间步进的设置一致。

• Nodes In Circuit 和 Nodes For Analysis。这两项选择框的含义及使用方法与交流分析相同。

完成上述参数的设置工作后,点击 Simulate 按钮,即可显示图表。

6.5 文件打印及示例电路图

6.5.1 文件打印

电路图设计、仿真测试完成后,通常需要打印电路图及波形。打开电路(Circuit)菜单并选择 Schematic Options 命令,选择 Fonts 选项,然后分别点击(Set Label Font)、(Set Value Font),把颜色选项改成黑色。选择 File/Print 命令,弹出如图 6-49 所示的对话框。

从中选择需要打印的:电路原理图(Schematic)、元器件列表(Parts list)、仪器仪表(Instruments)。如果点击 Setup 按钮即弹出打印机设置对话框,它的设置与 Windows 的打印机设置相同。点击 Print 按钮就能打印所需的文件。

6.5.2 示例电路图

(1) 跟随器如图 6-50 所示。

(2) 比例放大器如图 6-51 所示。

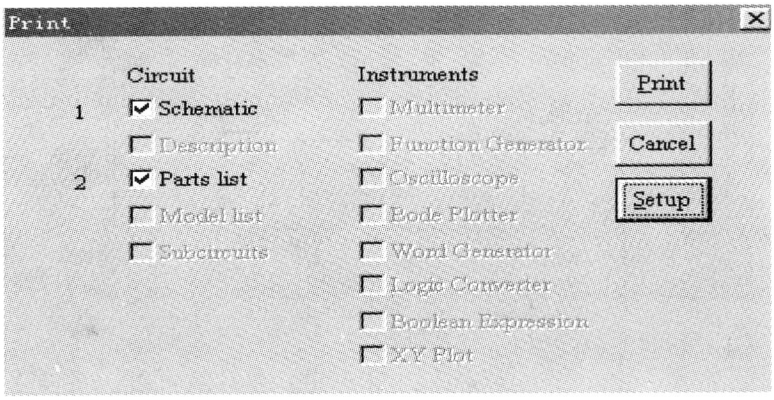

图 6-49　打印对话框

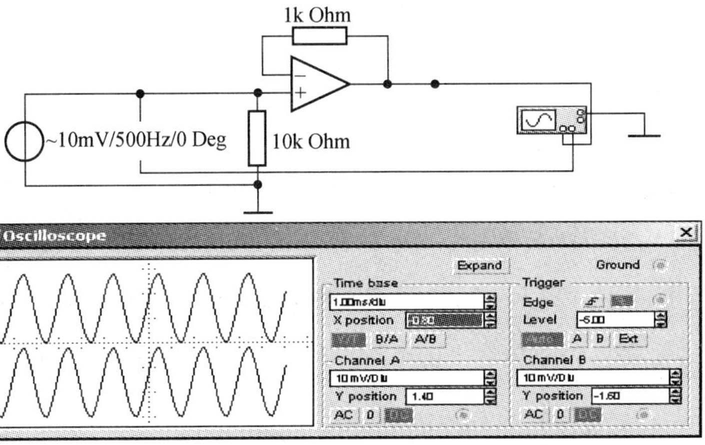

图 6-50　跟随器

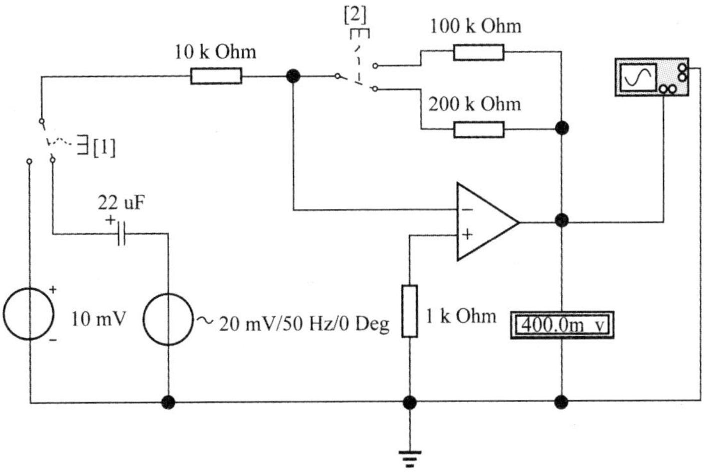

图 6-51　比例放大器

注：如果图 6-51 中的交流信号的电平幅度是 10V、20V、50V 或 220V，比例放大器输出的电压是多少？如何解释其输出的结果？

(3) 陷波器如图 6-52 所示。

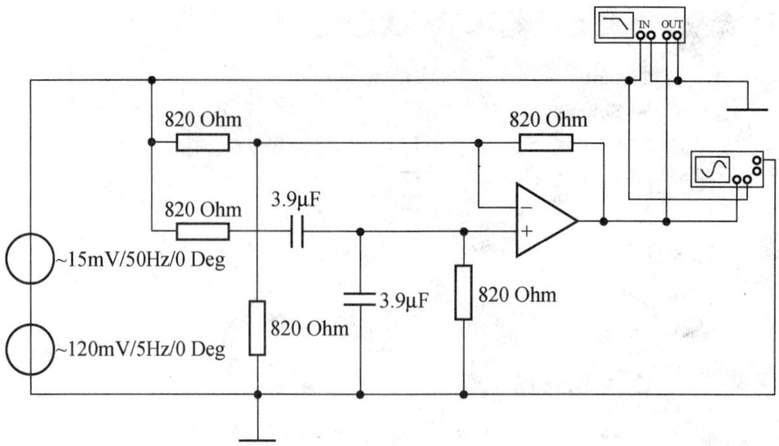

图 6-52　陷波器

附　555 电路简介

555 电路外接电阻 R_1, R_2 和电容 C 可组成一个无稳态多谐震荡器。打开电源的一瞬间，电容上的电压为 0，输出端为高电平。当电容上的电压超过比较器 A_1 的参考电平 $V_C \geqslant \frac{2}{3}V_{CC}$ 时，比较器 A_1 输出高电平，即 $\overline{R}=H$，通过 RS 触发器使输出变为低电平，同时使晶体管 T 导通，电容通过晶体管放电，直到电容上的电压下降到 $\frac{1}{3}V_{CC}$ 为止。即电容上的电压从 $\frac{2}{3}V_{CC}$ 降到 $\frac{1}{3}V_{CC}$，这个放电过程如图 6-53 中时间段 t_2 所示。

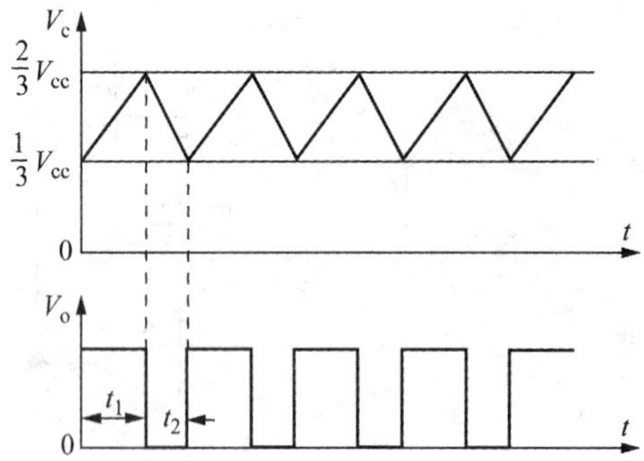

图 6-53　多谐振荡器波形图

555 电路内部方框图如图 6-54 所示。

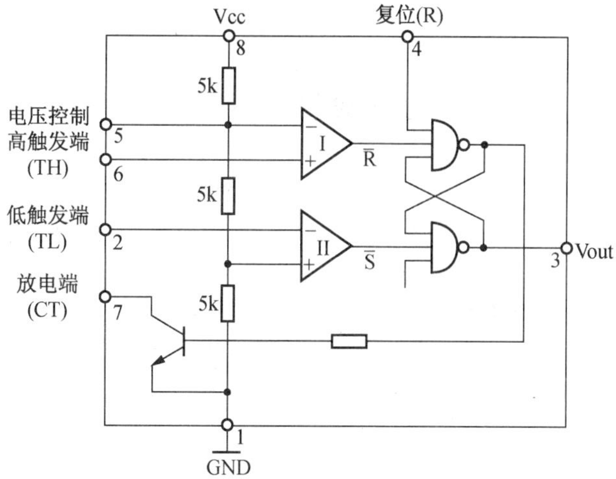

图 6-54　555 电路

思考题

1. 简述电子工作平台的主要特点。
2. 电子工作平台元器件库分哪几类?
3. 自定义元器件库有何作用? 它与子电路有何关系?
4. 动手制作一个子电路,并对它起名后存入库中。
5. 元器件特性中参数是如何设置的?
6. 在制作仿真电路时,如何进行导线的连接和删除?
7. 在制作仿真电路时,如何进行元器件的复制和删除?
8. 在制作仿真电路时,如何进行元器件的移动和旋转?
9. 在调用元件库中的开关时,能否采用两个以上的字符进行命名? 为什么?
10. 为什么在元器件库中没有传感器?
11. 简述七种仪器和仪表的特点及使用方法。
12. 在分析参数设置时,哪些是有关电路仿真的工作点参数?
13. 说明比例放大器的特点。
14. 动手创建一个电路,并对它进行仿真。
15. 试着将库中的电压表、电流表调出使用。
16. 对参考书中例子进行仿真,并掌握它。

7 Protel 99 SE

1987年美国最先推出了TANGO软件包，TANGO软件包在当时确实解决了电子工程技术人员的繁琐设计工作。但它毕竟是很机械的，只能制作双面印制电路板，焊盘只能是圆形，连接线只有两种固定的宽度，不能绘制光滑的斜线和弧线，电子工程技术人员只得采用焊盘外画方块的办法来达到目的。不过它与电子工程技术人员手工绘制印制电路板的照相版技术相比要先进得多，是当时非常令人满意的软件包，也使电子工程技术人员步入了用计算机设计电子线路的时代。

随着电子工业的飞速发展，TANGO软件包越来越不能适应时代的需要，为了适应发展，美国的Protel Technology公司推出了Protel for DOS系统替代TANGO软件包。Protel for DOS系统以其"方便、易学、实用、快速"迅速地在世界上被认可，大约在20世纪90年代中期Protel for DOS系统传入我国。Protel for DOS系统虽然操作命令需要用户熟记，但它的图形已经可以任意制作，连接线的宽度最窄已经能够画到0.12 mm，能任意制作斜线和各种曲线，并能制作七层印制电路板。

Protel for DOS系统的操作命令带给用户的烦恼，迫使美国的Protel Technology公司对Protel for DOS系统进行修改，这个修改也是在Windows系统出现后，世界各应用软件商纷纷支持，全面转向Windows平台上的软件开发，Protel 99 SE就是在这种环境下诞生的。Protel 99 SE是全界面操作系统，完全省去了用户对操作命令的记忆，但对于SCH和PCB的元器件库还是需要记忆的，虽然通过元器件库的实时编辑按钮(EDIT)可阅览，但仍比较费时。

根据近几年来的教学经验，我们感到，由于Protel系统的特殊性，初学者应该具备一定的电路知识，如低频电子线路、高频电子线路、数字电路等方面的知识，还应对印刷电路板的设计规则和实际的电路元器件有一个大致的了解，这样才能正确地理解软件中的操作规定和参数设置。当然如果能够通过完成一个实际的设计，即从设计电路到绘制出印刷电路板图，最后实际制作并调试成功，这将会对该软件的学习起到事半功倍的效果。

针对学习者主要是绘制电路原理图和印刷电路板图的具体情况，在编写本章时，突出了实际应用，按照实际操作顺序介绍Protel 99 SE中关于原理图和PCB设计的各种编辑方法，以及一些主要的命令操作。

Protel 99 SE主要由两大部分组成，第一部分是电路设计部分，第二部分是电路仿真与PLD设计部分。本章是围绕第一部分的电路设计部分进行讲解，这一部分包括原理图设计(SCH)、印制电路板设计(PCB)和PCB自动布线。

7.1 Protel 99 SE (SCH)电原理图设计

7.1.1 *启动* Protel 99 SE

Protel 99 SE的执行程序位于三个地方：桌面、开始栏、开始栏/程序/Protel 99 SE。启动应用程序后会出现如图 7-1 所示的界面。

图 7-1　启动 Protel 99 SE

经过数秒钟后(视计算机性能而定),便进入了如图 7-2 所示的 Protel 99 SE 主窗口。

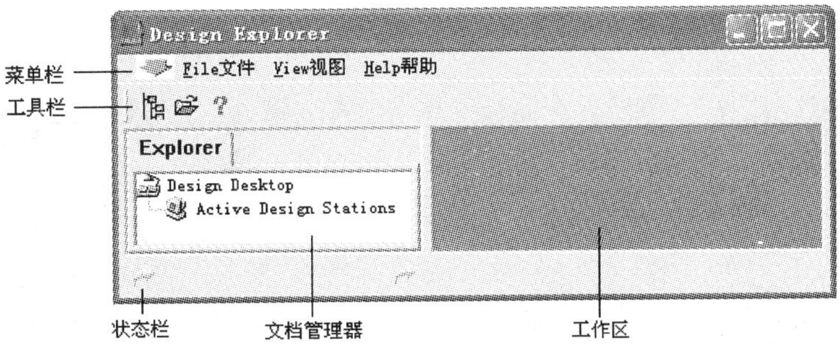

图 7-2　Protel 99 SE 主窗口

Protel 99 SE 整个设计都是在 Windows 的环境下,可以同时打开多个工作窗口,也可以将窗口最小化为图标,操作起来极其简便。

下面介绍 Protel 99 SE 主窗口的各个组成部分。

7.1.1.1　Protel 99 SE 菜单栏

菜单栏的功能是进行各种命令操作,设置各种参数,进行各种开关的切换等。它主要包括 File、View 和 Help 三个下拉菜单。

(1) File 菜单。File 菜单主要用于文件的管理,包括文件的打开、新建等,如图 7-3 所示。

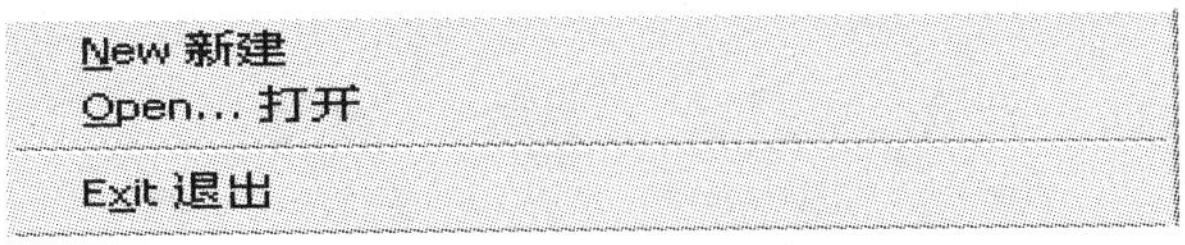

图 7-3　File 菜单

File 菜单的选项及功能如下:

- New 新建:新建一个空白文件,文件的类型为综合型数据库,格式为". ddb"。
- Open 打开:打开并装入一个已经存在的文件,以便进行修改。
- Exit 退出:退出 Protel 99 SE。

(2) View 菜单。View 菜单用于切换设计管理器、状态栏、命令状态栏的打开与关闭,每项均为开关量，鼠标点击一次，其状态改变一下，如图 7-4 所示。

图 7-4　View 菜单

(3) Help 菜单。用于打开帮助文件，如图 7-5 所示。

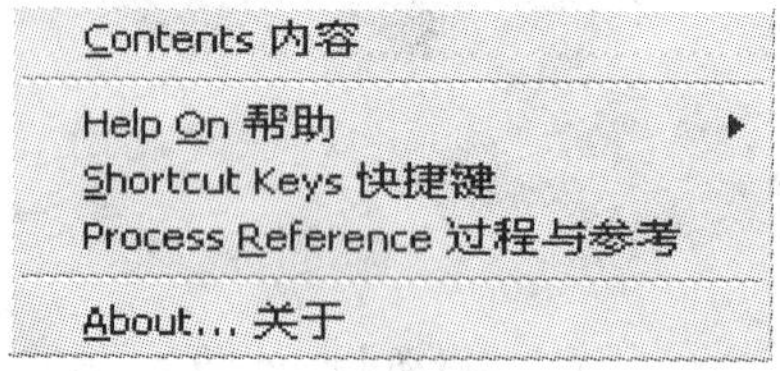

图 7-5　Help 菜单

7.1.1.2　Protel 99 SE 系统菜单

用鼠标左键点击图标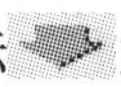或者在面板上单击鼠标右键，就会出现如图 7-6 所示的菜单。它主要功能是设置 Ptotel 99 SE 客户端的工作环境和各服务器的属性。

图 7-6　系统菜单

系统菜单的选项及功能如下：

(1) Servers：该选项是 Ptotel 99 SE 的服务器设置编辑器。它管理着 Protel 99 SE 的所有服务器，包括安装、打开、停止、移走、设置安全性、属性以及观察角度等。点击该项会出现如图 7-7 所示的对话框。用户可先用鼠标选定服务器，然后点击图中图标 Menu 即可弹出命令菜单，实现服务器的管理和编辑。

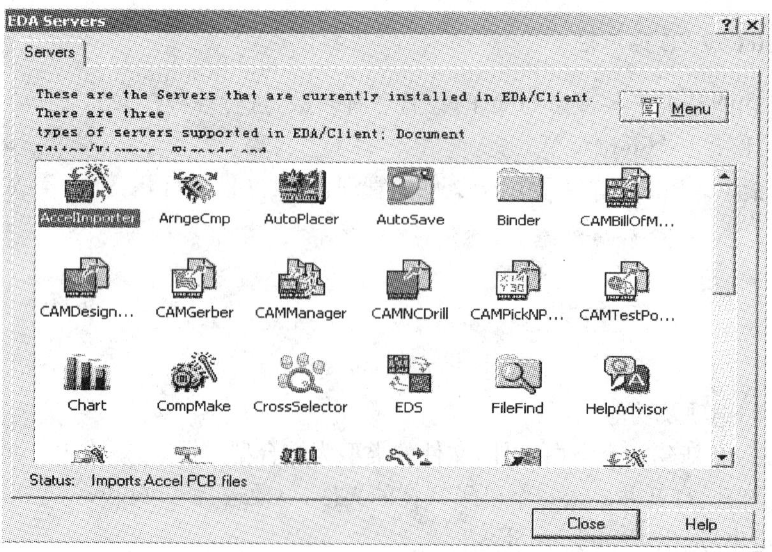

图 7-7　服务器设置对话框

(2) Customize：Ptotel 99 SE 是一个高度可定制的集成环境，对于所有服务器来说，所有菜单、工具栏、快捷键都是客户端的资源，而且都设定为可修改的。点击该选项后将弹出如图 7-8 所示的对话框，即可对各种资源进行创建、修改、删除。

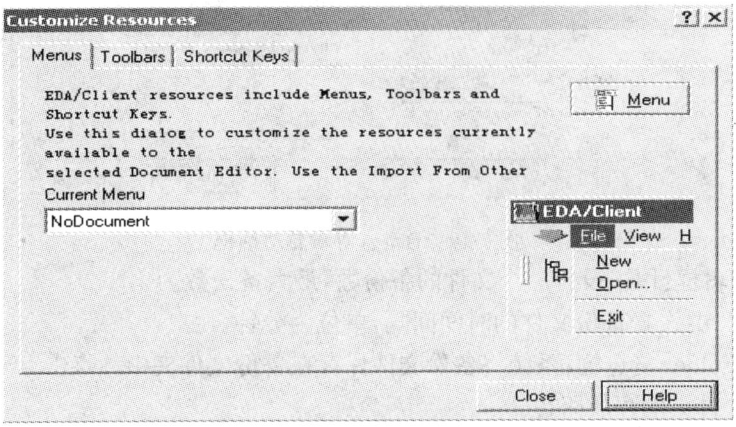

图 7-8　资源设置对话框

(3) Preferences：该选项用于设置系统的相关参数。如是否需要备份，显示工具栏等，以及设置自动存盘和系统字体。点击该项后弹出如图 7-9 所示的对话框。

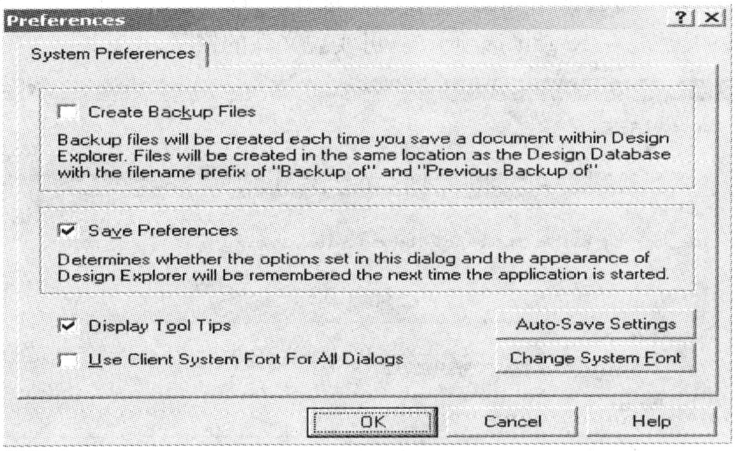

图 7-9　系统参数设置对话框

• Create Backup Files：设置自动创建备份文件，如用户想在设计绘图时，需要系统自动创建备份文件，则选中复选框，系统将会备份保存修改前的图形文件。

• Save Preferences：用户可将设置的系统参数保存起来。

• Use Client System For All Dialogs：不选中此项，则系统界面字体就变小，并在屏幕上全部显示出来。

• Change System font：设置系统的字体大小。

• Auto-Save Settings：设置自动保存文件。点击此选项，系统弹出如图 7-10 所示的对话框。

◆ Options 框：

Enable 复选框：对 Options 操作框的其他选项进行设置。

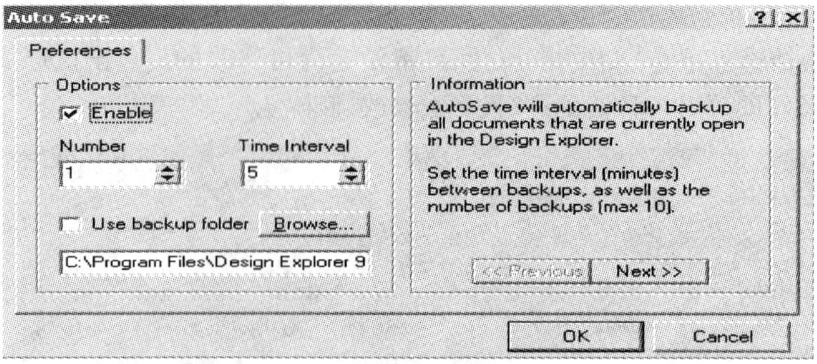

图 7-10　自动保存设置对话框

Number 编辑框：用来设置一个文件的备份数，最大备份数为 10。

Time Interval：设置备份文件的时间间隔，单位为分钟。

Use Back Folder 复选框：系统将备份文件保存在备份文件夹中。点击 Browse 按键，用户可以选择备份文件夹的存放路径。

◆ Information 框：

用来显示设置信息，按 Next 按钮可察看下一屏信息。

(4) Design Utilities：该选项为 Protel 99 SE 的设计实用小技巧，可实现对数据库文件的压缩和修复。点击该项后会弹出如图 7-11 所示的对话框。在 Compact Design 选项卡中，可实现数据库文件的压缩；在 Repair 选项卡中，可实现文件的修复。

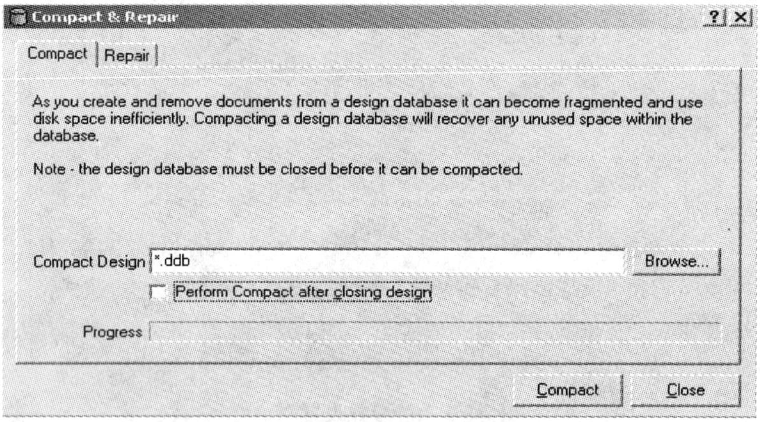

图 7-11　设计实用技巧对话框

(5) Run Script：该选项用户可以运行脚本程序。

(6) Run Process：该选项允许用户手工运行多个进程。

(7) Security：该选项允许用户对 Protel 99 SE 的主要服务器进行锁定和解锁。

7.1.1.3　工具栏

在没有打开任何文档时，Design Explorer 工具栏包含的内容非常少，如图 7-12 所示。

图 7-12　工具栏

可以通过第一个按钮打开或关闭文档管理器，右击工具栏，会出现如图 7-13 所示的选项。通过这些选项，你可以将工具栏置于不同的位置。第二个按钮用于打开已有的文档，而第三个按钮用于打开帮助文件。

注意：Design Explorer 工具栏中包含的选项会随着打开的文档而发生变化。

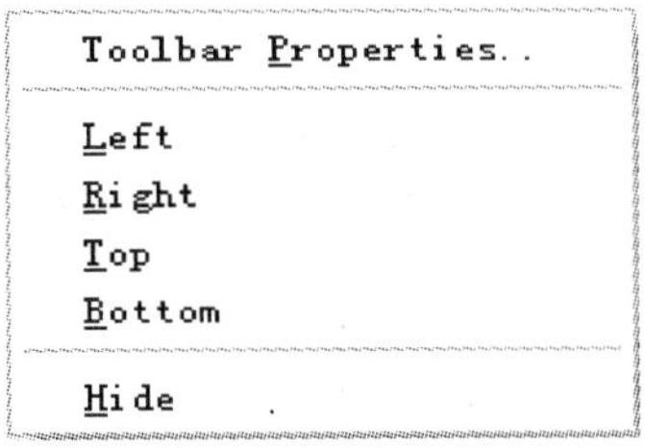

图 7-13　文档管理器菜单

7.1.1.4　工作区窗口

该区域用于显示打开的各种文档。此外，还可以通过不同的显示方式显示多个文档。

7.1.1.5　文档管理器

文档管理器不仅显示所有打开的文档，而且将这些文档之间的关系也显示出来，这样可以很方便地打开某个文档，并可以快速地在不同文档之间切换。单击文档管理器中的某个文档名称，就可以激活该文档，工作区窗口会显示这个文档内容。

7.1.1.6　状态栏

Design Explorer 有两种状态栏，分别称为状态栏和命令状态栏。命令状态栏显示的是当前正在执行的命令名称及其状态，而状态栏显示的是当前光标的坐标位置。单击 View 视图中 Status bar 和 Command Status 选项，可以分别打开这两种状态。

7.1.2　电原理图的设计

电原理图设计不仅是整个电路设计的第一步，也是电路设计的根基。由于以后的设计工作都是以此为基础，因此电原理图的设计好坏直接影响到以后的设计工作。电原理图的设计过程一般可按图 7-14 所示的流程图进行。

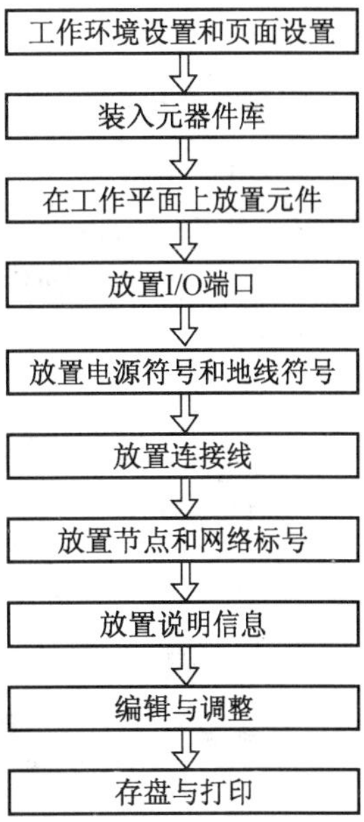

图 7-14　电原理图设计流程

7.1.2.1　新建一个电路图文件

(1) 创建项目数据库。Protel 99 SE 提供了一个集成的设计工作环境，客户在各个阶段的设计是调用 Protel 99 SE 的各个服务器，设计之前，用户必须首先创建一个类型为.ddb 的数据库，通常称之为项目数据库。用户以后所有的设计文件都存放在该数据库中。

在 Protel 99 SE 主窗口点击 File/New 项，弹出如图 7-15 所示的新建项目数据库对话框。

- Design Storage Type：用户可以选择的文件保存类型，有以下两种：

其一是 MS Access Datebase(MS ACCESS 数据库)。可将设计

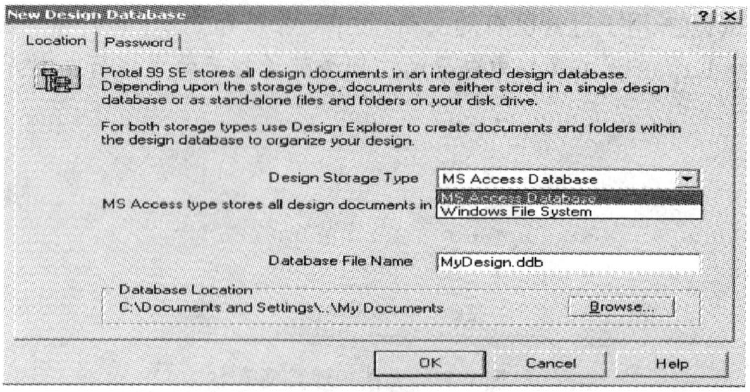

图 7-15　新建项目数据库对话框

电路图数据库文件设置为保密级。单击图 7-15 所示的对话框中的Password，进入文件密码设置选项卡(如图 7-16 所示)，用户可以选择 Yes 单选钮，并且可以在 Password 编辑框中输入密码，然后再在确认密码(Confirm Password)编辑框中输入设置的密码，按 OK 后，即设置成功。

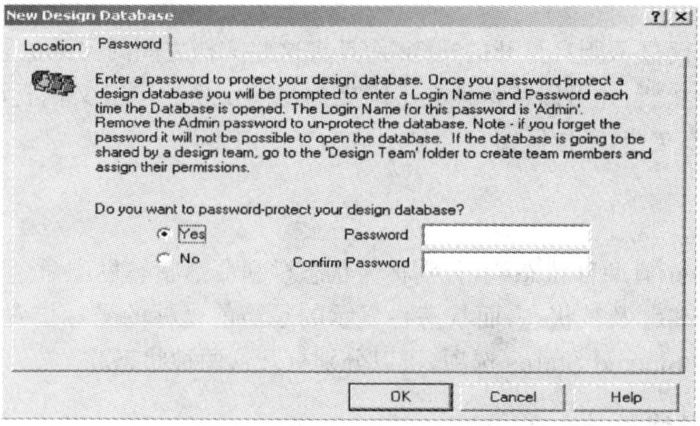

图 7-16　文件密码设置选项卡

其二是 Windows File System(Windows 文件系统)。无密码项设定。

• Database File Name(数据库文件名)。其默认为 MyDesign. ddb，用户可输入所设计的电路图数据库名称，文件的后缀为“. ddb”。如要改变数据库文件所在当前目录，可单击 Browse 按钮，系统弹出如图 7-17 所示的“文件另存”对话框，此时用户可以改变数据库文件存放路经。

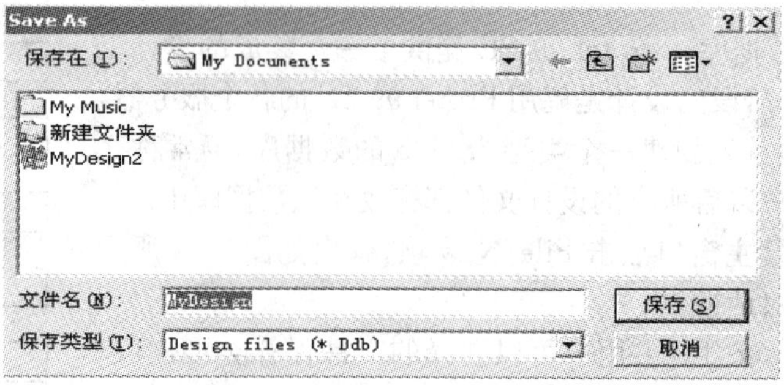

图 7-17　文件另存对话框

(2) 新建 MyDesign. ddb 设计窗口。创建 MyDesign. ddb 完毕后，在设计管理器的导航树中会出现 MyDesign. ddb 的分枝，并在面板中出现一个设计窗口，如图 7-18 所示。

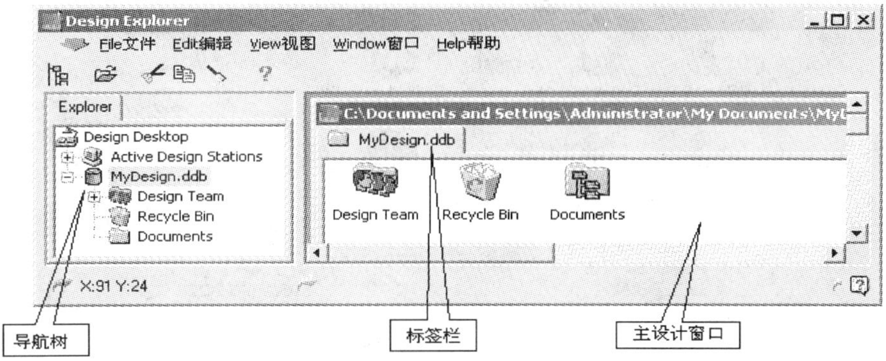

图 7-18 新建 MyDesign. ddb

数据库文件创建完毕后，导航树中出现三个分枝，同样在主设计窗口中出现三个图标：设计工作组、垃圾桶、文件夹。

导航树与 Windows 资源管理器的使用方法是一样的。主窗口是一个标准的 Windows 窗口。在导航树中点击分枝，就会在主窗口标签栏里显示该图标，并在窗口里显示该项所包括的内容。

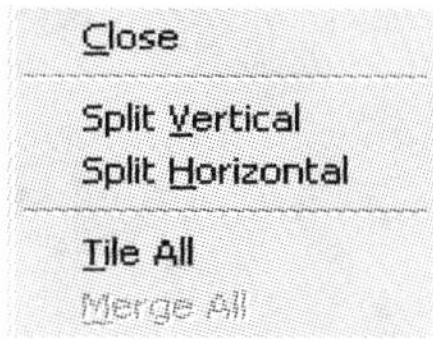

图 7-19 文档显示方式设置

在标签栏里用鼠标点击想要的文档标签就可在主窗口里切换已打开的文档。在标签栏里点击鼠标右键，就会弹出如图 7-19 所示的菜单，用户可以选择同时打开的多个文档在主窗口中的显示方式。

- Close：该文档在主窗口中关闭。
- Split Vertical：该文档与主窗口纵向并排显示。
- Split Horizontal：该文档与主窗口横向并排显示。
- Tile all：所有文档都独立显示。
- Merge all：所有文档都合并显示。

项目数据库的打开方式有两种，一是在 File 菜单里选取 File/Open 命令，二是用工具栏里的图标。

项目数据库的关闭方式也有两种，一是在 File 菜单里选取 File/Close Design 命令，二是直接关闭主设计窗口。另外对于已存在的数据库可以直接在 File 菜单里打开，用 File 菜单里的 File/Close 命令将关闭所有已打开的设计数据库。

7.1.2.2 进入设计

(1) 启动电原理图设计系统。用户进行某一设计，就是调用某一服务器工作，所以开始工作应首先选择服务器。进入 Protel 99 SE 主界面后，执行 File/New 命令，这时屏幕上就会出现如图 7-20 所示的对话框。

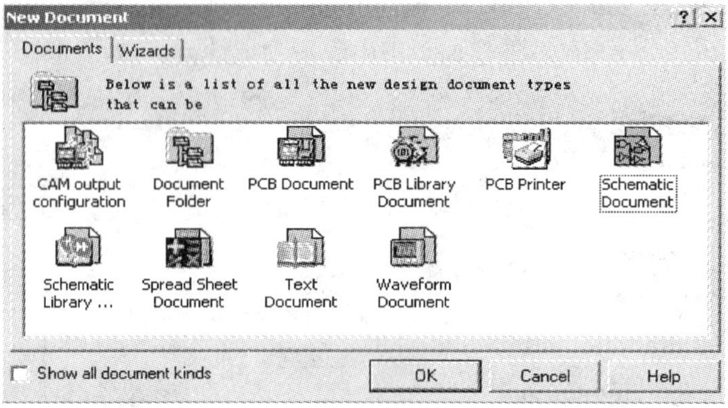

图 7-20　新建文档对话框

从框中选择原理图设计服务器图标 Schematic Document，双击图标或单击 OK 按钮，你会发现 Design Explore 界面上出现一个 sheet1 图标，如图 7-21 所示，即建立原理图设计文档。

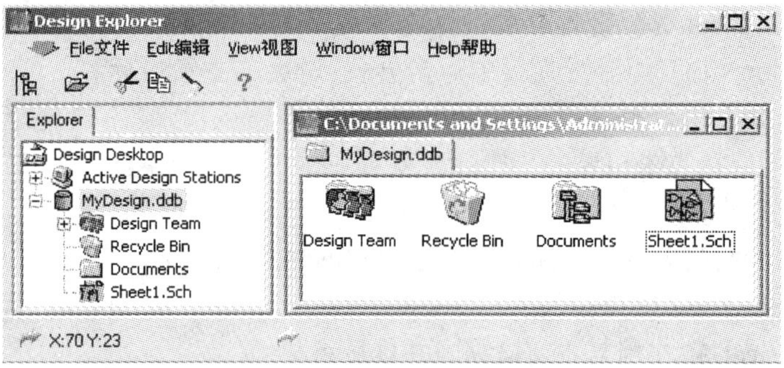

图 7-21　原理图设计文档

双击原理图文档图标 Sheet1.Sch，就会进入原理图设计服务器的界面。如图 7-22 所示，这就是用户用于原理图设计的工作环境。

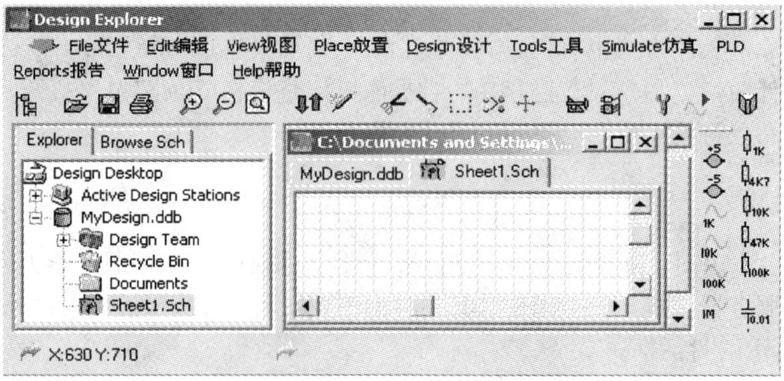

图 7-22　原理图设计工作环境

(2) 设计管理器。Protel 99 SE 有一个强大的设计管理器，其界面如图 7-23 所示。它允许用户对项目设计数据库浏览和修改。它包括设计导航(导航树)、设计窗口、设计面板、设计标签、设计工具栏 、状态栏。

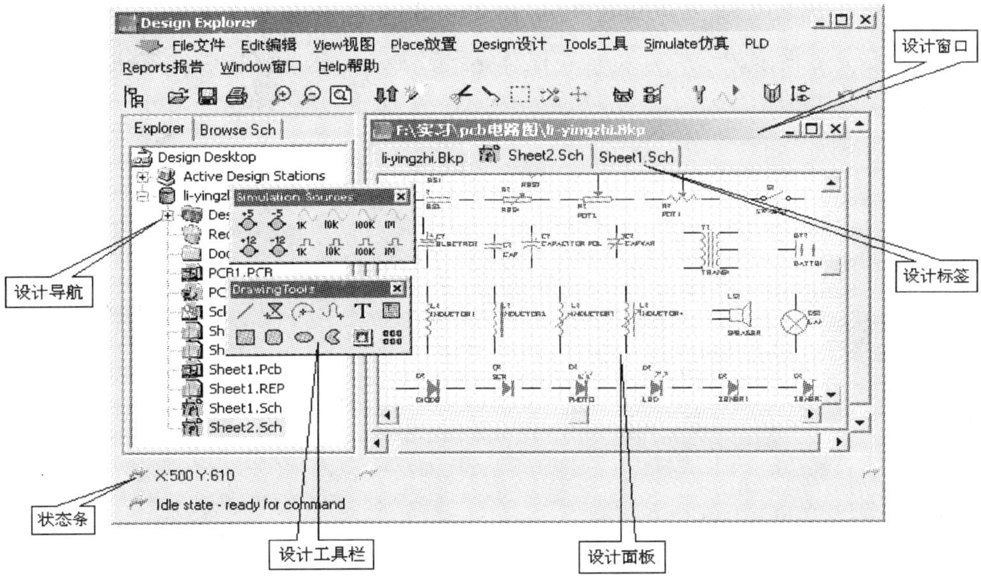

图 7-23　设计管理器

7.1.3　文档设置(设置图纸)

绘制原理图的步骤中首先要设置图纸，即确定原理图纸的有关参数，如图纸的尺寸大小、方向、底色边框、标题栏、文件信息等。

文档设置有两种方法，执行菜单 Design/Options 命令或在面板上点击鼠标右键，在弹出的菜单中执行 Document Options…文档选项命令，就会出现如图 7-24 所示的设置或更改绘图纸属性的对话框，该对话框包含 Sheet Options 选项和 Organization 两个选项卡。

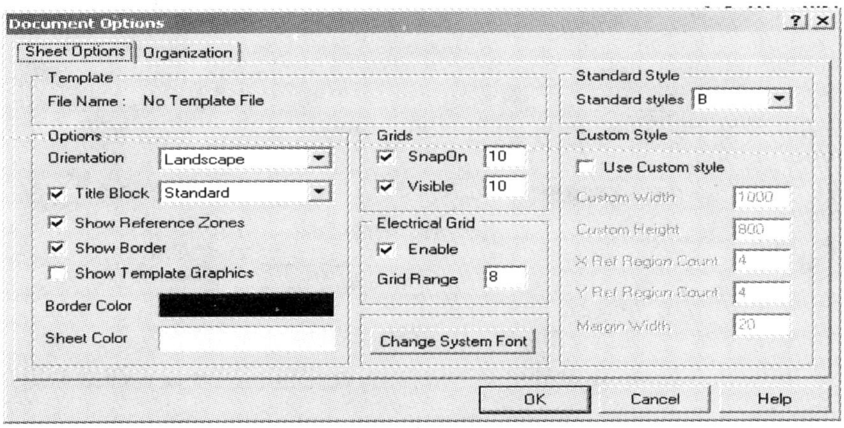

图 7-24　绘图纸属性设置对话框

7.1.3.1　Sheet Options(图纸选项)

(1) Template(模板)。如果当前图纸套用了某一个模板，Template 框中就会显示出该模板文件的完整目录和名称，从图 7-24 中可以看出其没有使用模板文件。

(2) Options(选项)。该选项包含了图纸方向的设定、标题栏的设定、边框的设定、工作区颜色的设定、图纸栅格的设定等几部分。

• Orientation(设定图纸的方向)。用鼠标点击 Orientation 窗口中的按钮 ▼,即会出现一个下拉列表框,如图 7-25 所示。此对话框用于设置图纸的方向,包括 Landscape 和 Portrait 两个选项:

Landscape:表示横向放置图纸。

Portrait:表示纵向放置图纸。

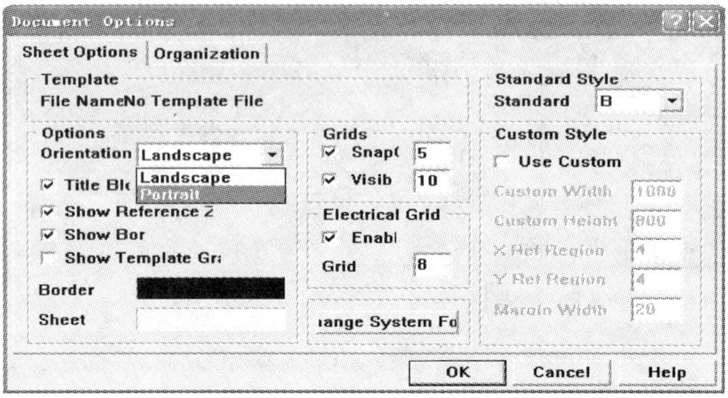

图 7-25　图纸边框方向的设置

• Title Block(设置标题栏的类型)。用鼠标单击 Title Block 窗口中的按钮 ▼,即会出现一个下拉列表框,如图 7-26 所示。此对话框用于设置图纸选择标准型(Standard)或美国国家标准协会(ANSI)标题栏。

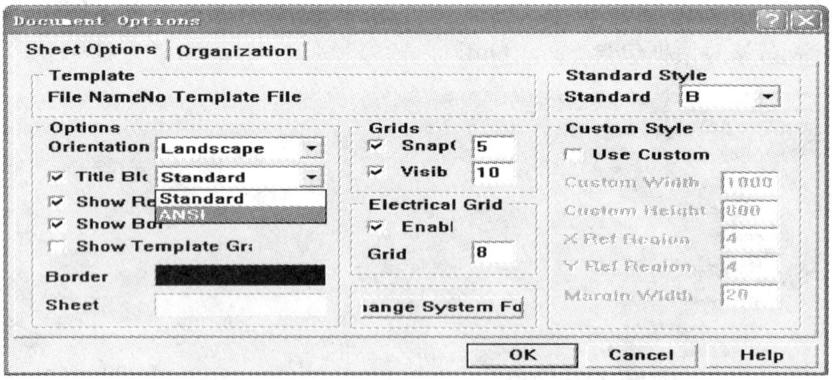

图 7-26　标题栏类型的设置

• Show Reference Zone(设置显示参考边框)。此复选框用于设置图纸边缘是否显示栅格参考区,选中该复选框表示显示,否则不显示。

• Show Border(设置显示图纸边框)。此复选框用来表示是否显示图纸边框,选择方法同上。

• Show Template Graphics(设置显示图纸模板边框)。选中这个复选框显示当前图纸所套用的模板,否则不显示。

• Border Color(设置图纸边框颜色)。可设置图纸边框的颜色,默认为黑色。单击此颜色,这时屏幕上会出现如图 7-27 所示的对话框,用户可以从这个对话框中选择自己需要的颜色。

• Sheet Color(设置工作区的颜色)。可设置图纸的底色,默认为黄色,设置方法同上面的 Border 选项相同。

(3) Grids(栅格)。该框中包含 Snap 复选框和 Visible 复选框。如图 7-28 所示。

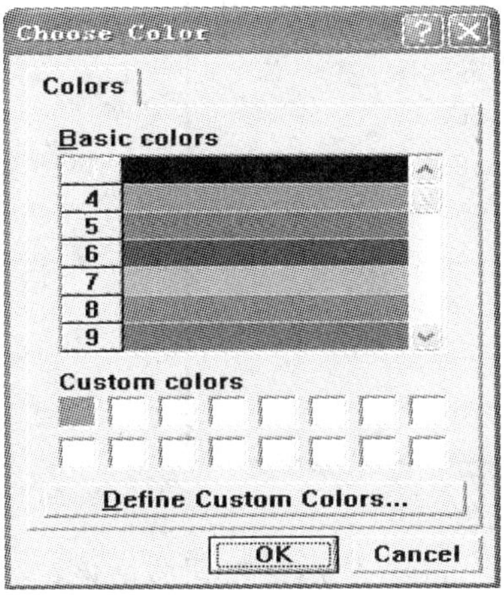

图 7-27　颜色设置对话框

图 7-28　图纸栅格的设置

• Snap On(锁定栅格)。选中这个复选框,则可以在右边的框中设置隐藏栅格点的间距,即设置光标在图纸上移动时的最小距离,默认值为 10。如用户需要进行更精细的设计,可以在该复选框右边的编辑框中,键入自己需要的栅格间距值。倘如不选中该复选框,就表示隐藏栅格点的间距,在这种情况下,光标在图纸上移动的最小间距是 1。该项设置目的是为了方便地对准目标和引脚。

另外,也可通过菜单进行这项设置,方法是单击 View 菜单,接着选择 Sanp Grid 选项,用户可以进行设置和不设置栅格点的间距之间的切换操作。

• Visible(可视栅格)。该复选框用于设置图纸上是否显示栅格点的间距,值得注意的是这里的栅格只是起画图参考作用,它不影响十字光标的位移量,只影响视觉效果,而实际的栅格点的间距取决于 Snap On 复选框中的设置值。

此外,也可以利用菜单栏进行这项操作,方法是单击 View 菜单,然后选择 Visible Grid 选项,你会发现视图上的栅格消失,再次执行这项命令时,栅格又会出现在图纸上。

(4) Electrical Grid(电气栅格)。用于设置是否启用电气栅格,如图 7-29 所示。

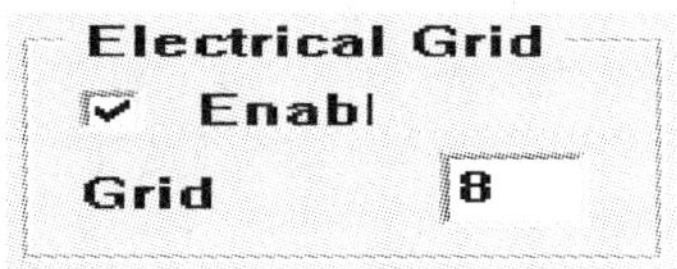

图 7-29　电气栅格的设置

选中该项目时,系统在画导线时,会以箭头光标为圆心,以 Grid 栏中的设置值为半径,向四周搜索电气节点。如果找到了最近的节点,就会把十字光标移到该节点上,并在该节点上显示出一个圆点。如果不选该项,则无自动寻找电气节点功能。

选中 Enable 复选框,表示启用电气栅格,这时可以在该复选框下面的 Grid 编辑框中键入用户需要的栅格间距值,如“8”。则系统会在画导线时,以设定值 8 为半径,以当前光标为中心,向四周搜索电气节点。

(5) Change System Font(更改系统字型)。单击 Change System Font 选项会弹出如图 7-30所示的字体对话框。用户可以在这个对话框中设置自己需要的语言种类、字体及其属性。元器件的引脚就是使用该项功能所设定的字形或字体。

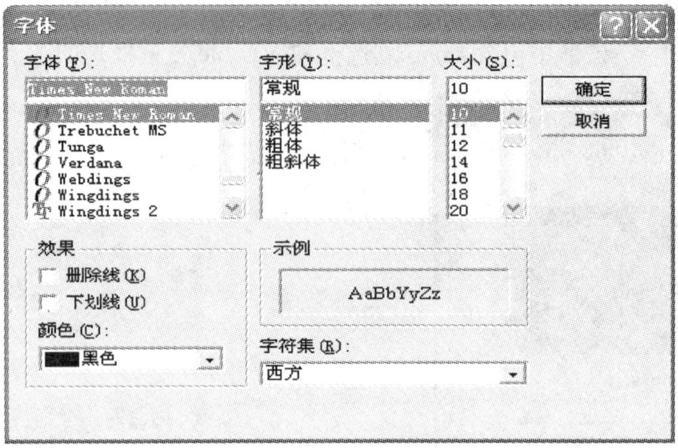

图 7-30 字体设置对话框

(6) Standard Style(标准图纸格式)。用鼠标单击 Standard Style 按钮激活该选项，然后将光标移到 A 位置，即可选定图纸的大小为 A，如图 7-31 所示。

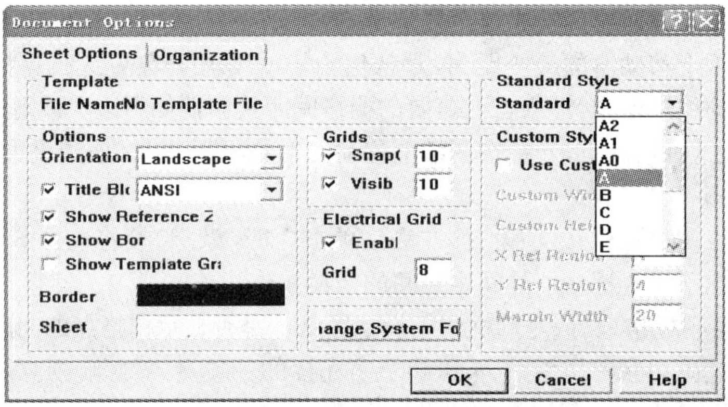

图 7-31 图纸设置选项对话框

该栏设置提供了多种标准图纸，默认图纸的大小为 B。

米制：A0(最大)、A1、A2、A3、A4(最小)。

英制：A(最小)、B、C、D、E(最大)。

Orcad 图纸：Orcad A、Orcad B、Orcad C、Orcad D、Orcad E。

其他：Letter、Legal、Tabloid。

(7) Custom Style(自定义图纸格式)。用户除了选择标准图纸格式外，还可自定义图纸格式。选择 Custom Style 框，就可设置框中的各项内容，如图 7-32 所示。

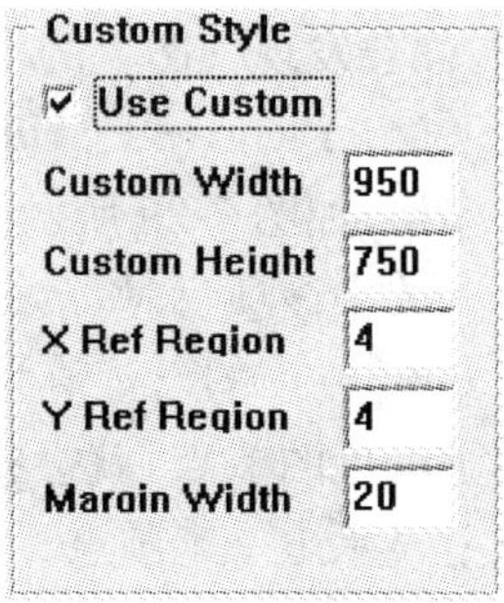

7-32 用户自定义图纸大小

Use Custom Style：表示使用用户自定义的图纸类型。

Custom Width：设置自定义图纸的宽度，其最大为 6500 个单位。

Custom Height：设置自定义图纸的高度，其最大为 6500 个单位。

X Ref Region：设置 X 轴的等分数。

Y Ref Region：设置 Y 轴的等分数。

Margin Width：设置图纸与边框之间的距离。

7.1.3.2 Organization

用户用鼠标点击 Organization 按钮，可打开文件信息设置选项卡，如图 7-33 所示。

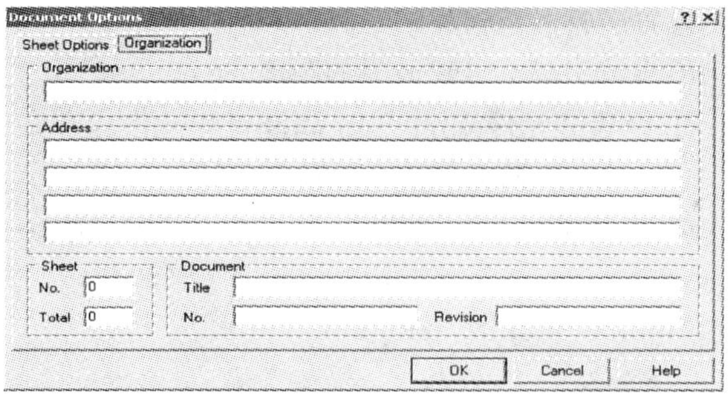

图 7-33　文件信息设置选项卡

(1) Organization。设置单位或公司的名称。

(2) Address。设置单位或公司的地址。

(3) Sheet。

Sheet 框中的 No. 栏：设置本张原理图的编号。

Sheet 框中的 Total 栏：设置图纸的总张数。

(4) Document。

Document 框中的 Title 栏：设置本张电路图的标题。

Document 框中的 No. 栏：设置文件编号。

Document 框中的 Revision 栏：设置文件版本号。

7.1.4 设置原理图的环境参数

一张原理图绘制的效率和正确性，常常与环境参数设置有重要的关系。

执行菜单命令 Tools/Preferences 或在面板上点击鼠标右键，在弹出的菜单中执行 Preferences…选项命令，系统将弹出如图 7-34 所示的参数设置对话框。通过该对话框可以分别对原理图环境、图形编辑环境以及默认原始状态进行设置等。

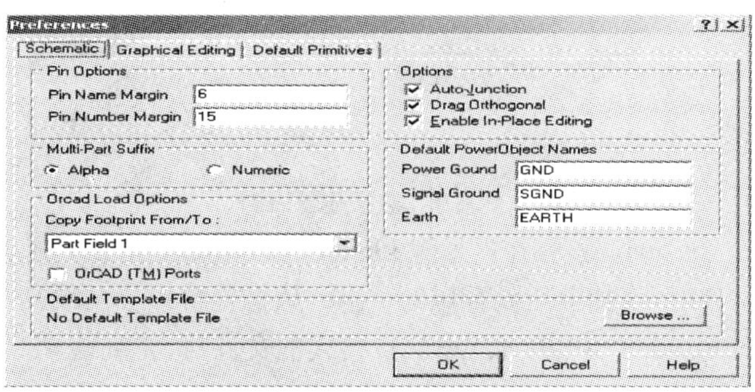

图 7-34　参数设置对话框

7.1.4.1 Schematic 选项卡

原理图环境设置通过 Schematic 选项卡来实现，如图 7-34 所示，该选项卡可以设置的参数如下：

- Pin Options。设置引脚选项，设置元件的管脚名称和编号与元件边缘（元件的主图形）的距离。该编辑框包含以下两项：

Pin Name Margin：设置引脚名离边界的距离。

Pin Number Margin：设置引脚编号离边界的距离。

- Mult-Part suffix。设置多元件流水号的后缀，有些元件内部是由多个元件组成的，如 74LS04 由六个非门组成，则通过该编辑框就可以设置元件的后缀。

Alpha：选中该单选项框，则后缀以字母表示，如 U1A、U1B、U1C…。图 7-35 所示即为选中该选项时的后缀显示。

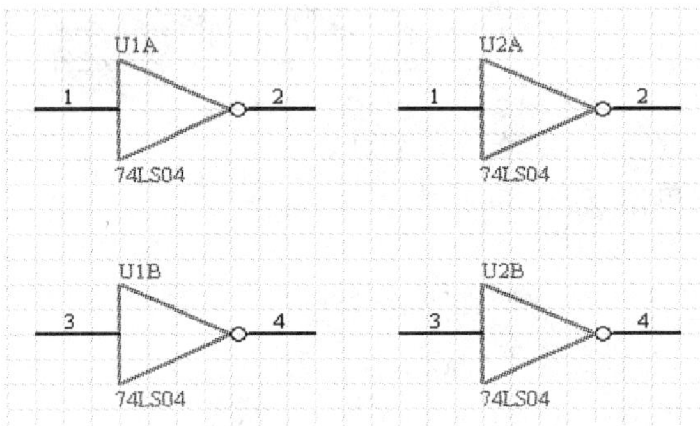

图 7-35　字母显示后缀

Numeric：选中该单选项，则后缀以数字表示，如 U1：1、U1：2、U1：3…。图 7-36 所示即为选中该项时的后缀显示。

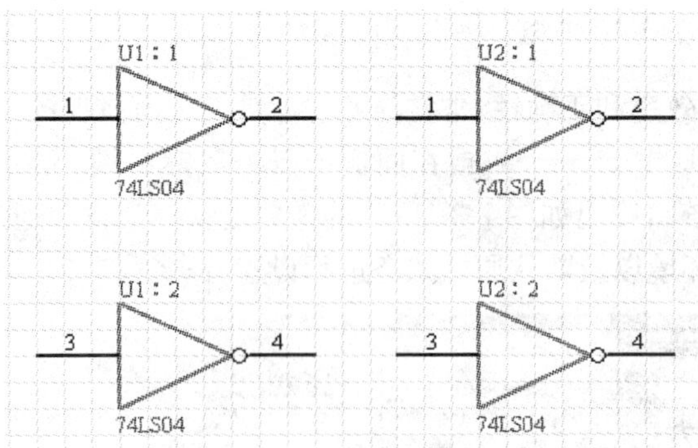

图 7-36　数字显示后缀

- Orcad Load Options。该操作框设置 Orcad 加载选项。当设置了该项后，用户如使用 Orcad 软件加载该文件时，仅加载所设置域的引脚。该框包含以下两项：

Copy Footprint From/To：当读取 OrCAD 格式的文件时，将列表框中指定的数据项复制到 Protel 格式的 Footprint 栏中。其中的数据项包括 Ignore 以及 Port Field1～Port Field8 九个选项；当选择 Ignore 选项时，表示不进行复制，而选择其他八个选项，则表示将相应的数据项复制到 Footprint 栏中。

OrCAD Ports：选中该复选框，表示绘制原理图时，手动拉长的 I/O 端口都会自动缩短到刚好能够容纳端口名称的长度。

• Options。该操作框有三个复选框：Auto-Junction 复选框、Drag Orthogonal 复选框、Enable In-Place Editing 复选框。

Auto-Junction：选中该项，则用户在画导线时，就会在导线“T”字相接处自动产生节点，而“+”字相接处不会产生节点；如此项不选，则“T”字和“+”字相接处都不产生节点，用户须手动添加节点。

Drag Orthogonal：选中该项，在拖动元件时，与元件相连接的导线将保持 90°直角；如不选中该复选框，则拖动元件时，与元件相接的导线可以呈现任意角度。

Enable In-Place Editing：选中该项，用户可以实现对嵌套对象进行编辑，即可以对插入的连接对象实现编辑。

• Default PowerObject Names。该操作框用来设置默认电源接地名称，可以分别设置电源地、信号地、大地的默认名称。

Power Ground：该编辑框用来设置电源地名称，如 GND。

Signal Ground：该编辑框用来设置信号地名称，如 SGND。

Earth：该编辑框用来设置大地名称，如 EARTH。

• Default Template File。用户可以在该框中设置默认的模板文件，当设置了该文件后，下次进行新的原理图设计时，就会调用该模板文件来设置新文件的环境变量。通过右边的 Browse 按钮可以查找自己需要的模板文件，单击 Clear 按钮则清除模板文件。

7.1.4.2 Graphical Editing(设置图形编辑环境)

图形编辑环境设置可以通过 Graphical Editing(图形编辑)选项卡来实现，该选项卡如图 7-37 所示。

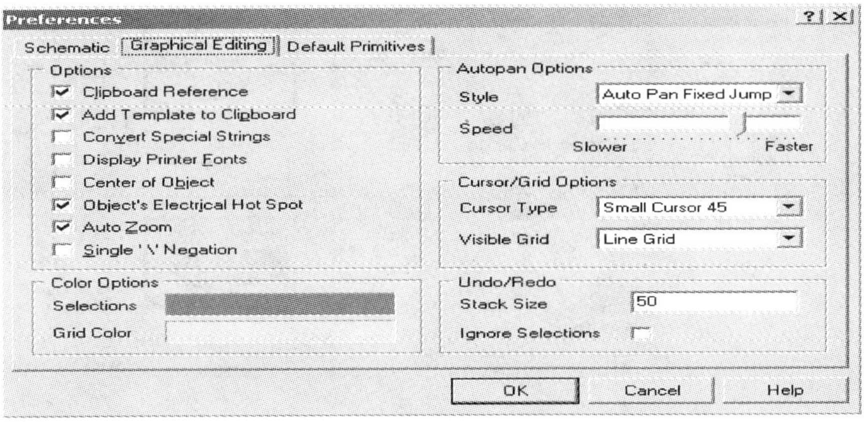

图 7-37　图形编辑选项卡

• Options。该选项操作框可以用来设置图形编辑环境的一些基本参数，共包括 8 个选项卡：

Clipboard Reference：用于设置剪贴板参考点。选中该选项后，则当用户执行 Edit/Copy

或 Cut 命令时，用户将被要求选择一个参考点，这对于拷贝一个将要粘贴回原来位置的原理图部分很重要。该参考点将是粘贴时被保留部分的点，即作为 Paste 命令的参考位置。

Add Template to Clipboard：选中该复选框，当用户执行 Edit/Copy 或 Cut 命令时，系统将选中的图纸及其模板文件一起添加到剪贴板中。建议用户选中该选项，以便保持环境一致性。

Convert Special Strings：用于转换特殊字符串，选中该选项图纸上的特殊字符串会立即转换成实际字符串，用户可在屏幕上看到特殊字符串的内容。

Display Printer Fonts：用于设置是否采用打印机的字体显示图纸中的字符。如选中该复选框，则表示按照打印机中的字体显示图纸中的字符，用户可看到那些文本与打印出的文本一致，因为并不是所有文本都会被输出设备所支持。

Center of Object：用于确定移动没有参考点图件时的光标所处位置。对于有参考点的元件来说，移动该元件时，光标将自动跳到元件的参考点上；而对于没有参考点的图件来说，如果选中这个复选框，移动图件时，光标会自动跳到图件的中心。

Object's Electrical Hot Spot：选中该复选框，移动或拖动元件时，光标会自动跳到最近的栅格点上。菜单中也提供了完成这项任务的相关命令，单击 View 菜单，然后选择 Electrical Grid 选项，就可以在光标是否位于电气栅格点处两种状态之间来回切换。

Auto Zoom：选中该选项后，当使用 Window 菜单中的 Tile 命令平铺窗口时，所有打开的窗口都会自动缩小各自的尺寸，将窗口中包含的视图完整地显示出来，如图 7-38 所示。如不选中该复选框，仍然执行平铺命令，则打开的窗口不会自动缩小尺寸，即按照原来的尺寸显示，而不管是否能全部显示窗口中包含的内容，如图 7-39 所示。

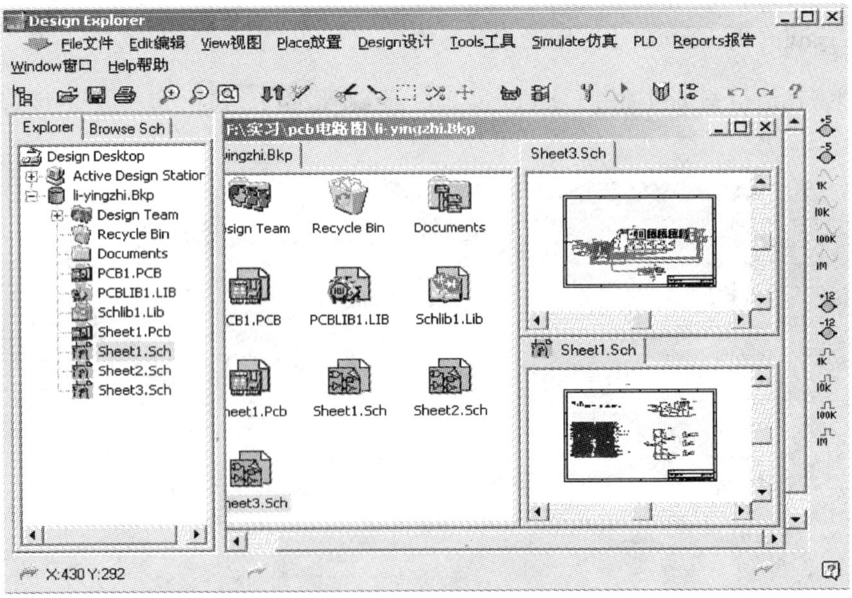

图 7-38　选中 Auto Zoom 的视图

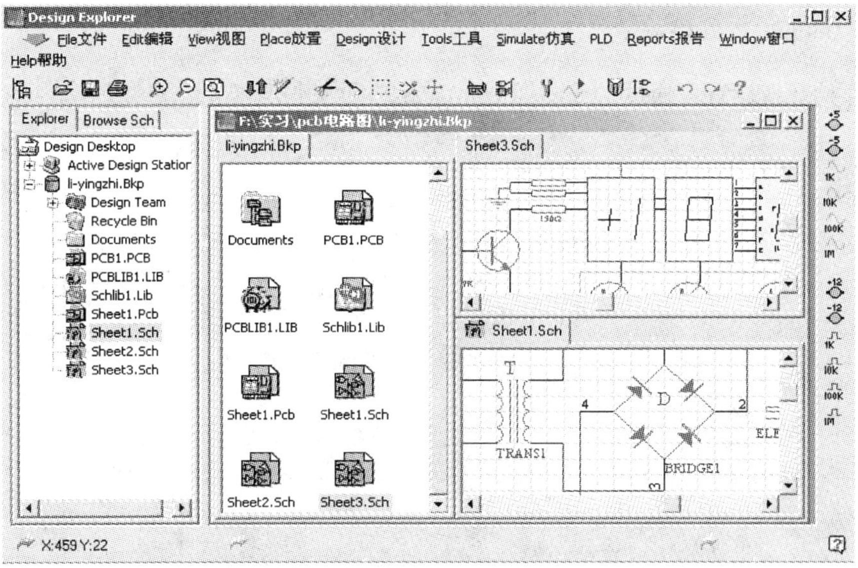

图 7-39 不选 Auto Zoom 的视图

Single'\'Negation：选中该选项，则可以以'\'表示某字符为非或负。

• Color Options（设置所选择的对象和栅格的颜色）。该操作框用来设置所选择的对象和栅格的颜色。

Selectuions：用于设置所选中图件的边框颜色，默认为黄色。

Grid Color：用于设置工作区栅格线的颜色，默认颜色为 213 号浅灰色。

• AutoPan Options。用于设置自动翻页，绘制原理图时，常常要平移图形，该框设置图件的移动形式和速度。所谓自动翻页就是当光标移到工作区边缘时，图纸会自动向相反方向移动。它包含 Style 和 Speed 两个选项：

◆ Style。该列表框包含三种样式类型：

Auto pan off：禁止自动翻页。

Auto pan fixed jum：按照固定的长度翻页，翻页的长度由 Speed 栏中的设置值确定。

Auto pan Recenter：自动翻页到中心位置，也就是每次翻页的长度是工作区长度的一半。

◆ Speed。用于设置图件移动的速度，即设置自动翻页时每一步的长度。

• Cursor/grid Options。用于设置光标形式和栅格的类型。它包含 Cursor Type 和 Visible Grid 两个选项：

◆ Cursor Type。包含三种光标类型：

Large Cursor 90：光标呈"＋"字型，而且光标横穿整个图纸。

Small Cursor 90：光标仍然呈"＋"字型，只是比前者小得多。

Small Cursor 45：光标就是 Small Cursor 90 中"＋"字型旋转 45°后得到的。

◆ Visible Grid。用于设置栅格的显示类型，包含线状栅格（Line Grid）和点状栅格（Dot Grid）两个选项，默认情况下为线状栅格。

• Undo/Redo。用于设置重复撤消操作的有效次数，默认次数为 50。

Undo Stack Size：设置用户希望操作数目。

Ignore Selections：选择此框，则会忽略选择对象的操作。

7.1.4.3 Default Primitives

默认原始环境设置可通过 Default Primitives 选项卡实现，如图 7-40 所示。

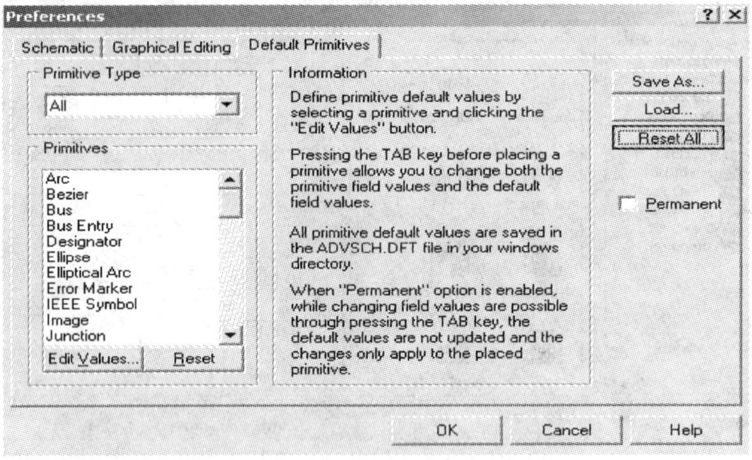

图 7-40　默认原始环境设置选项卡

用户可选中原始默认设置类型(Primitives Type)，然后从 Primitives 列表框中选择相应的对象，使用鼠标双击选项或单击 Edit Values 按钮，屏幕上会弹出该对象属性对话框。单击 Reset 按钮可以恢复该对象的初始设置，单击 Reset All 即可使所有选项恢复至默认状态。当在对话框 Primitives Type 中选择非 All 选项时，点击 Reset All 即可使该项恢复至其默认状态。

7.1.5　画面的管理

7.1.5.1　工具栏的打开与关闭

在原理图设计过程中，要用到 Protel 99 SE 所提供的各种工具和管理器。充分利用这些工具和管理器将会使操作更加简便，因此，了解这些工具栏和管理器的打开与关闭，可以极大地方便用户的设计。本软件提供了下列几种常用工具栏，如图 7-41 所示。

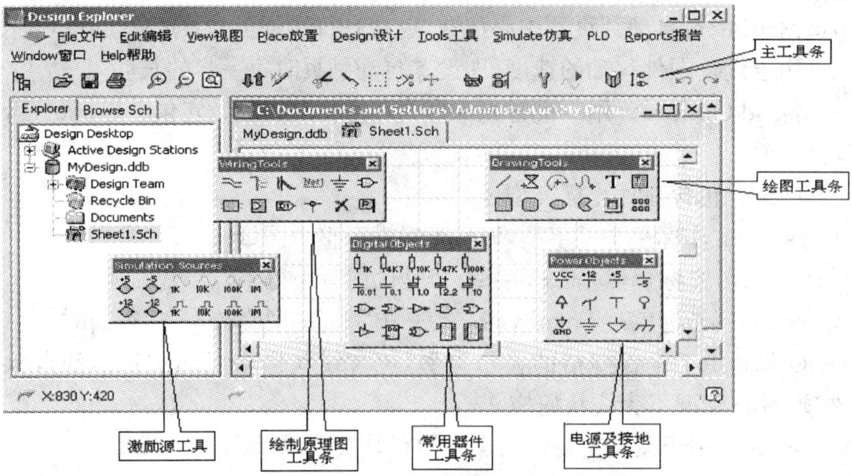

图 7-41　各种管理器及工具栏处于打开状态

(1) Main Tools(主工具栏)。打开或关闭主工具栏可执行菜单命令 View/Toolbars/Main Tools,如图 7-42 所示。

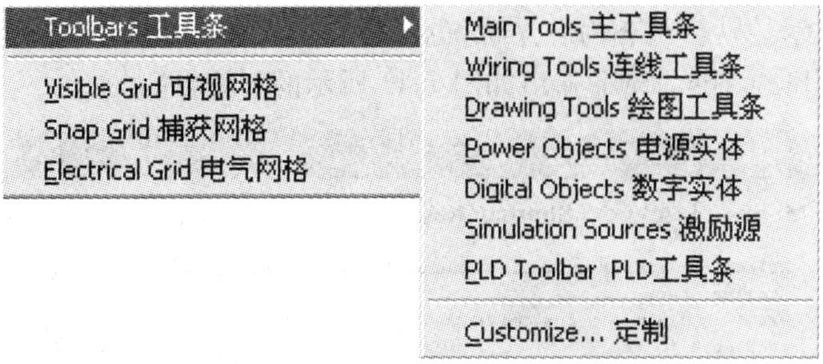

图 7-42　View 菜单中 Toolbars 子菜单

(2) Wiring Tools(绘制原理图工具栏)。打开或关闭绘制原理图工具栏可执行菜单命令 View/Toolbars/Wiring Tools,如图 7-42 所示。用鼠标单击主工具栏里的按钮即可打开或关闭此工具条,该工具栏打开后,其结果见图 7-41。

(3) Drawing Tools(画图形工具栏)。打开或关闭画图形工具栏可执行菜单命令 View/Toolbars/Drawing Tools,如图 7-42 所示;或用鼠标单击主工具栏里的按钮,即可打开或关闭此工具条。打开的悬浮状态画图形工具栏,其结果见图 7-41。

(4) Power Objects(电源及接地符号工具栏)。打开或关闭电源及接地符号工具栏可执行菜单命令 View/Toolbars/ Power Objects,如图 7—42 所示。该工具栏打开后,其结果见图 7-41。

(5) Digital Objects(常用器件工具栏)。打开或关闭常用器件工具栏可执行菜单命令 View/Toolbars/Digital Objects,如图 7-42 所示。该工具栏打开后,其结果见图 7-41。

(6) Simulation Sources(激励源工具栏)。打开或关闭激励源工具栏可执行菜单命令 View/Toolbars/Simulation Sources,如图 7-42 所示。该工具栏打开后,其结果见图 7-41。

(7) 设计管理器和元件库管理浏览器的打开与关闭。打开或关闭设计管理器和元件库管理浏览器的方法就是执行菜单命令 View/Design Manager,也可用鼠标单击主工具栏里的按钮,即可将浏览器在打开与关闭之间进行切换。

(8) 设计管理器与元件库管理浏览器之间的切换。设计管理器与元件库管理浏览器是集成在一起的,如图 7-43 所示。在设计工作中,有时需要经常在设计管理器与元件库管理器之间进行切换,用户只需用鼠标点击设计管理器上端标签栏里的相应标签即可。

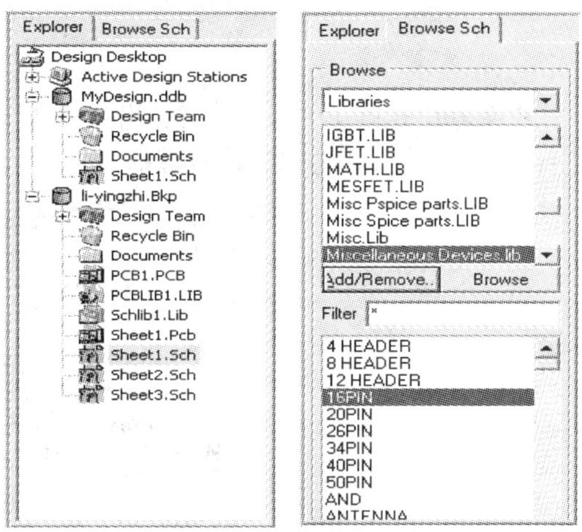

图 7-43　设计管理器与元件库管理浏览器

7.1.5.2 工具条的显示形式

各种工具条显示的默认状态为悬浮状，也可将它们设置在设计窗口的上下左右位置。执行菜单 View/Toolbars/customize 弹出如图 7-44 所示的对话框。

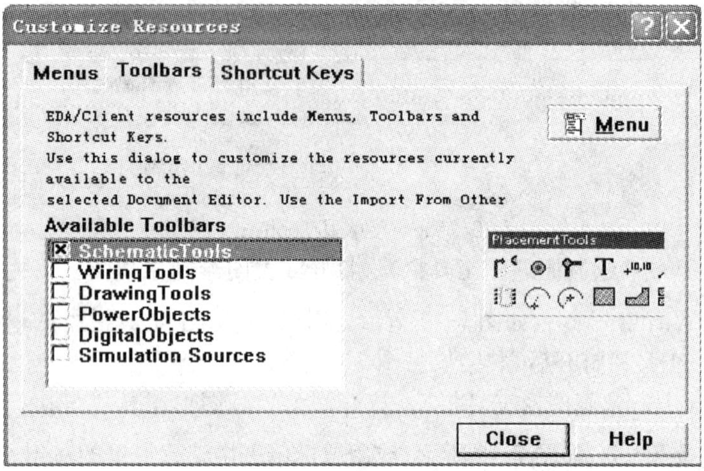

图 7-44 单击 Customize 后出现的对话框

在图 7-44 所示的对话框中选择需要打开的工具栏，使相应的工具栏复选框呈"X"字形，接着单击 Menu 按钮，屏幕上会弹出如图 7-45 所示的菜单。

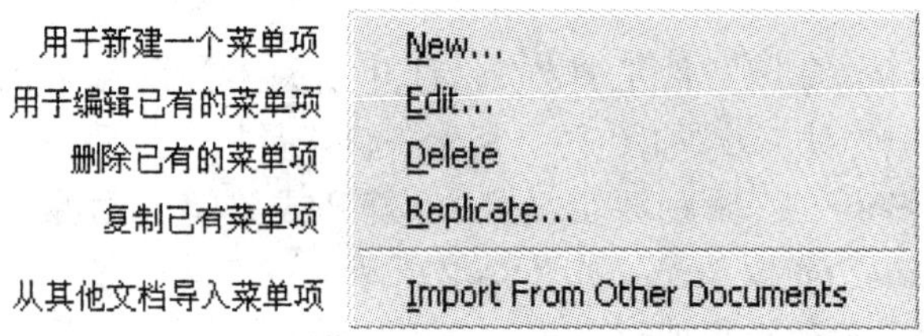

图 7-45 Menu 菜单

从菜单中选择 Edit 命令，就会出现如图 7-46 所示的对话框；或者用户直接双击所选择的工具栏，屏幕上同样会出现该对话框。

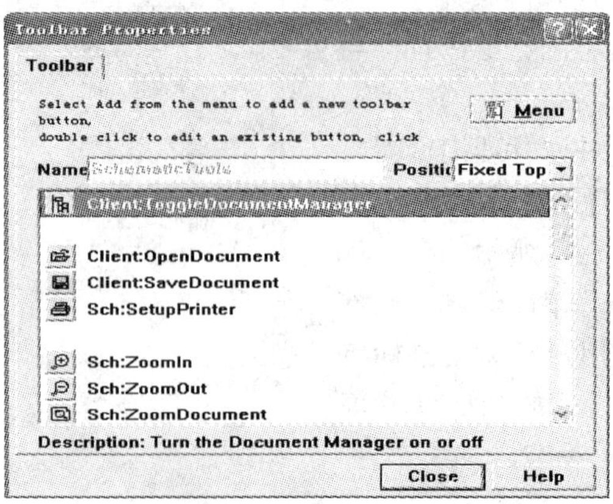

图 7-46 工具栏属性设置对话框

单击图 7-46 中的 Position 下拉列表框，如图 7-47 所示。

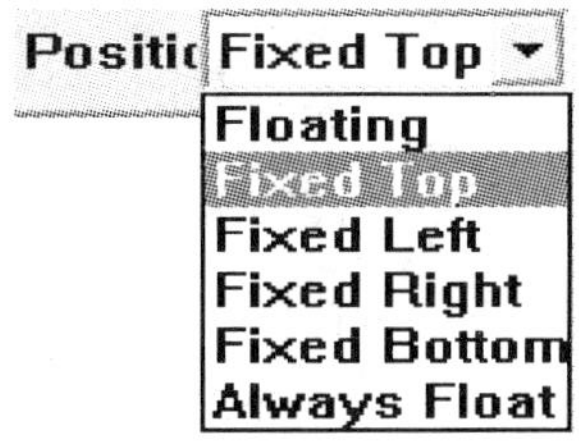

图 7-47　Position 下拉列表框

从中用户可以选择任何一种固定放置方式，然后单击 Close 按钮关闭对话框，此时，被选择的工具栏被安置在设计面板上相应的位置。

7.1.6　装入元件库

绘制原理图首先要进行元件的放置。要放置元件，就必须知道元件(如三极管、电阻、电容等)所在库并从中取出。

Protel 99 SE 中有好多元件库，常用的有 GB4728、Spice（分立元件）、Miscellaneous Device. lib、Smice 等元件库。

7.1.6.1　装入元件库的两种方法

(1) 执行菜单命令 Design/Add/remove library，屏幕上会弹出改变当前库设置对话框，如图 7-48 所示。

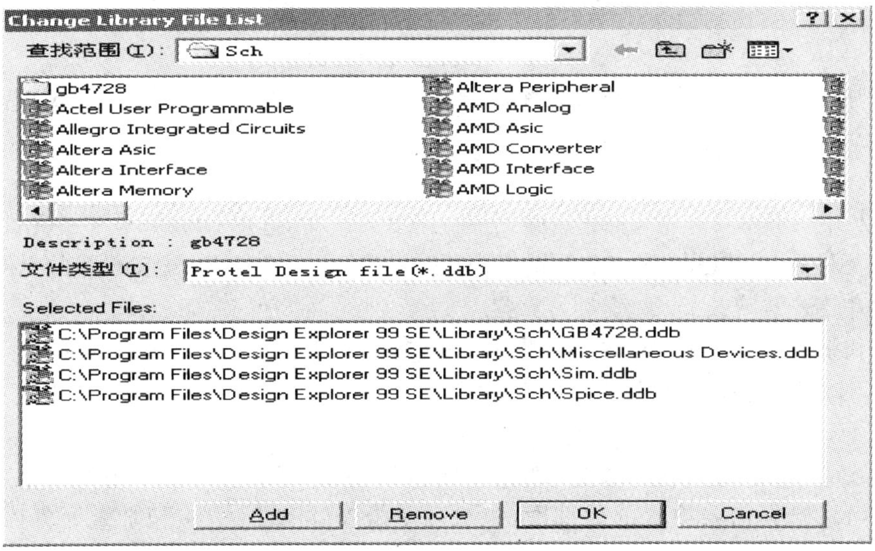

图 7-48　改变当前库设计对话框

(2) 在元件库管理浏览器中，点击 Add/Remove 按钮，同样会出现图 7-48 所示的对话框。

在此对话框中找出所需要的元件库，如 GB4728、Spice（分立元件）、Miscellaneous Device. lib、Smice 等元件库，然后点击 Add 按钮，或直接双击该图标，就可以将这些元件库添加到 Selected Files 列表框中，再单击 OK 按钮关闭该对话框。这时用户会发现元件库管理浏览器中出现了许多元件名，如图 7-49 所示。

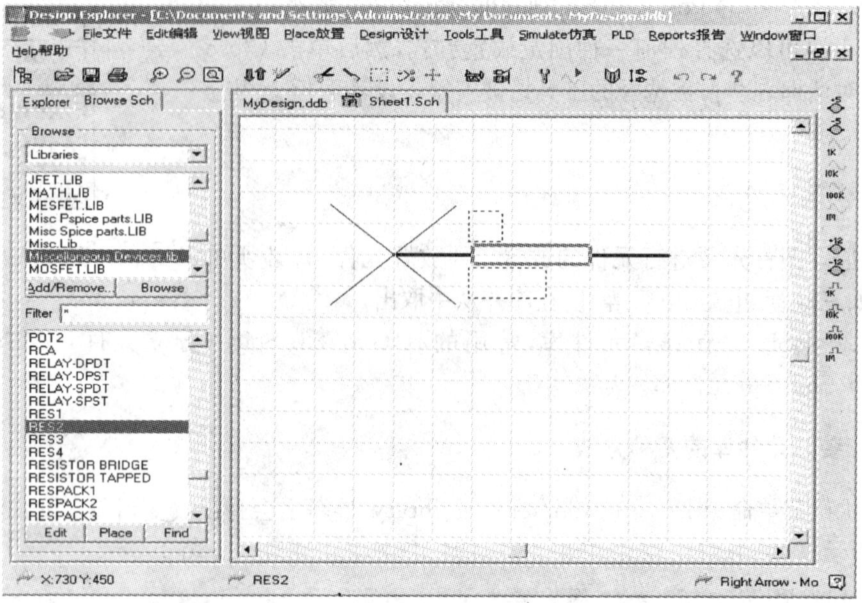

图 7-49　原理图设计界面

如果用户想要把当前状态的元件库移出或关闭，先点击 Remove，再点击 OK 按钮即可。

7.1.6.2　放置元件的两种方法

(1) 利用元件库管理浏览器来放置元件。在图 7-49 中，选择 Browse 框中的元件库，选定要放置的元件后，用鼠标左键单击元件库浏览器中的 place 按钮或双击要放置的元件，移动光标到桌面单击左键或按 Enter 键即可放置。

(2) 利用菜单命令放置元件。在图 7-49 中，执行菜单命令 Place/Part，屏幕上会出现如图 7-50 所示的元件名称设置对话框。在对话框中输入元件名，然后点击 OK 按钮，即可将元件放置到桌面。

单击 Browse(浏览)按钮，系统将弹出如图 7-51 所示的浏览元件库对话框。在该对话框中，用户可以选择需要放置的元件库，也可以单击 Add/Remove 按钮加载元件库，然后在

图 7-50　元件名称设置对话框

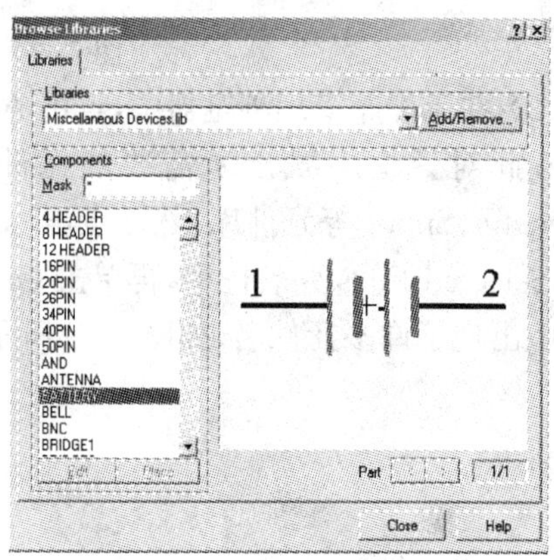

图 7-51　浏览元件库对话框

Components(元件)列表中选择自己需要的元件，在浏览框中可以察看元件图形。选择好元件后，单击 Close 按钮，系统返回到如图 7-50 所示的对话框，此时可以在 Designator 编辑框中输入当前元件的流水号(例如 R1)。

7.1.6.3 常用元器件名称代号

常用元器件名称代号如图 7-52 所示。

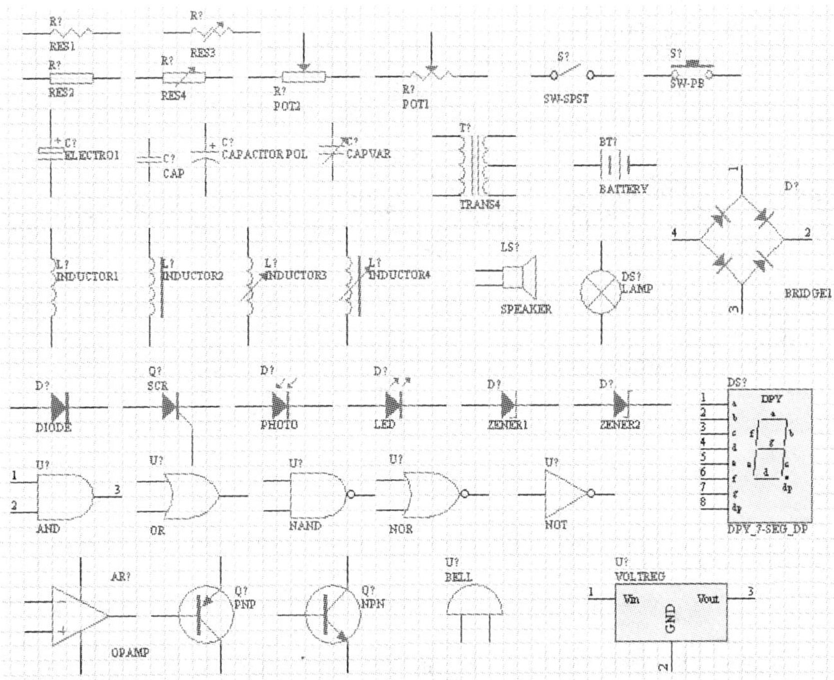

图 7-52 常用元器件名称代号

7.1.7 自制元器件

尽管 Protel 99 SE 提供的元件库非常丰富，但是随着科技的发展，不断有新型元件的发明。因此，在实际工作中，有时在元件库中找不到需要的元件，此时用户须利用 Protel 99 SE 的元件库编辑器，自己动手创建新元件。

7.1.7.1 启动原理图元件库编辑服务器

执行菜单 File/New，屏幕上弹出如图 7-53 所示的对话框，从中选择原理图设计服务器图标(Schematic Library Document)，单击 OK 即建立原理图元件库编辑文档。用户可以执行 Edit/Rename 命令修改文档名。

双击设计管理器中原理图元件库文档图标，就会进入如图 7-54 所示的原理图元件库编辑服务器工作界面。

图 7-53　建立原理图元件库文档

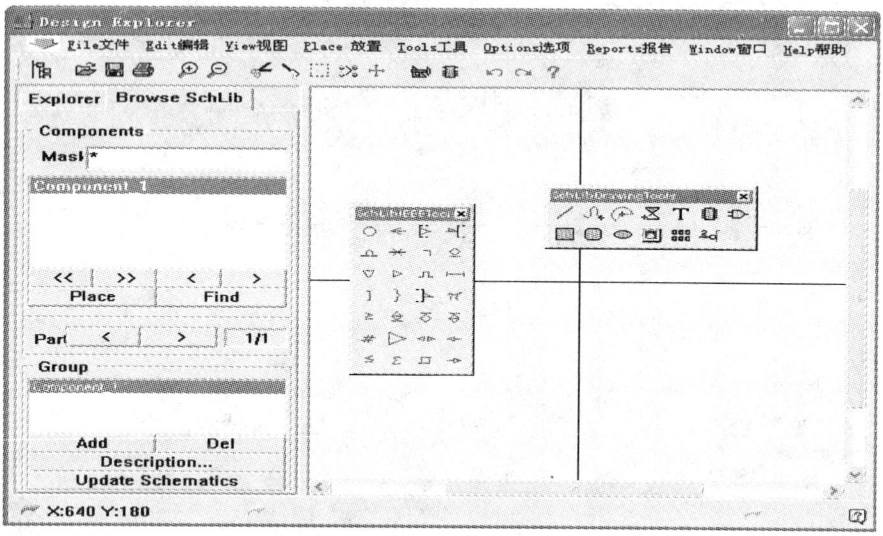

图 7-54　原理图元件库编辑服务器工作界面

7.1.7.2　元件库管理器

在图 7-54 中，左边为元件库管理器，它是和设计管理器集成在一起的，打开和关闭的方法与设计管理器相同。

元件库管理器有 Components(元件)、Group(组)、Pins(引脚)、Mode(元件模式)四个区域。

工作平面区有一个"＋"字坐标轴，将元件编辑区划分为四个象限。象限定义与数学上的定义相同。

(1) Components 区域。Components 的功能是选择所要编辑的元件。

Mask：设置项用于筛选元件。

元件名显示区：位于 Mask 设置项的下方，它的功能是显示元件库里的元件名。如要改变该元件的名称，先单击主菜单 Tools/Rename Component，屏幕上出现如图 7-55 所示的对话框。如需在显示区内增加元件名，单击主菜单 Tools/New Component，同样会出现如图 7-55 所示的对话框。单击对话框中的 OK 按钮，即可打开元件库编辑服务器的工作界面，在此界面上用户可再次创建一个新元件。

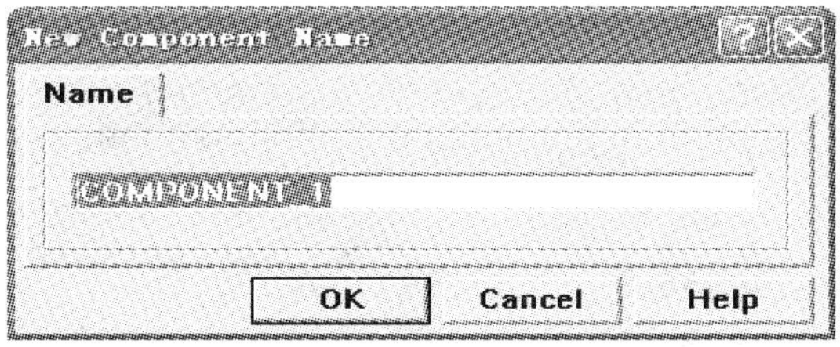

图 7-55　文件重命名或添加元件组对话框

“《”:此按钮的功能是选择元件库中的第一个元件,类同于菜单命令 Tools/First Component。

“》”:此按钮的功能是选择元件库中的最后一个元件,类同于菜单命令 Tools/Last Component。

“〈”:此按钮的功能是选择前一个元件,类同于菜单命令 Tools/Pre Component。

“〉”:此按钮的功能是选择下一个元件,类同于菜单命令 Tools/Next Component。

Place:将所选元件放置到电路图中。点击该按钮后,系统自动切换到原理图设计界面,同时原理图元件编辑服务器推到后台运行。

Find:点击该按钮后系统将启动元件搜索工具。

Part:该选项是针对复合包装元件而设计。Part 右边有一个状态栏,显示当前的元件号。

(2) Group 区域。Group 区域的功能是在元件名显示区显示指定元件的元件组。元件组就是指共用元件图的元件,但是元件名不同。

Add:将指定的元件名称归入该元件库。点击该按钮后,会出现如图 7-55 所示的添加元件组对话框。输入指定的元件名称,点击 OK 按钮即可将指定元件添加至元件组。

Del:将元件组显示区内指定的元件从该元件组里删除。

Description:等同于菜单命令 Tools/Description。

Update Schematics:更新电路图中有关该元件的部分。点击该按钮,系统将该元件在元件编辑服务器所做的修改反映到原理图中。

(3) Pins 区域。引脚区域用于显示引脚信息。

Pins:显示元件引脚。

Sort by Name:指定名称排列。

Hidden Pins:用于设置是否在元件图中显示隐含引脚。

(4) Mode 区域。Mode 区域的功能是指定元件的模式,包括 Normal、De-Morgan 和 IEEE 三种模式。

7.1.7.3　利用菜单管理元件

元件库管理器的功能也可以通过主菜单命令 Tools 来实现,如图 7-56 所示。

- New Component:新建元件。
- Remove Component:删除元件库管理器 Component 区域中指定的元件。
- Rename Component:修改元件库管理器 Component 区域中指定元件的名称。
- Remove Component Name:删除元件组里指定的元件名称。如果该元件仅有一个元件名称的话，连元件图也删除。此命令相当于点击 Group 区域的 Del 按钮。

• Add Component Name：往元件组里添加元件名称。此命令相当于点击 Group 区域的 Add 按钮。

• Copy Component：将元件复制到指定的元件库中。点击该命令后，会出现对话框，选择元件库后按 OK 即可将该元件复制到指定的元件库中。

• Move Component：将该元件移到指定的元件库中。点击此命令后，会出现对话框，选择元件库后按 OK 即可将该元件移到指定的元件库中。

• New Part：在复合元件中新增元件。

• Remove Part：删除复合元件中的元件。

• Next Part：切换到复合元件中的下一个元件。相当于 Component 区域中 Part 右边的"〉"按钮。

• Prev part：切换到复合元件中的前一个元件。相当于 Component 区域中 Part 右边的"〈"按钮。

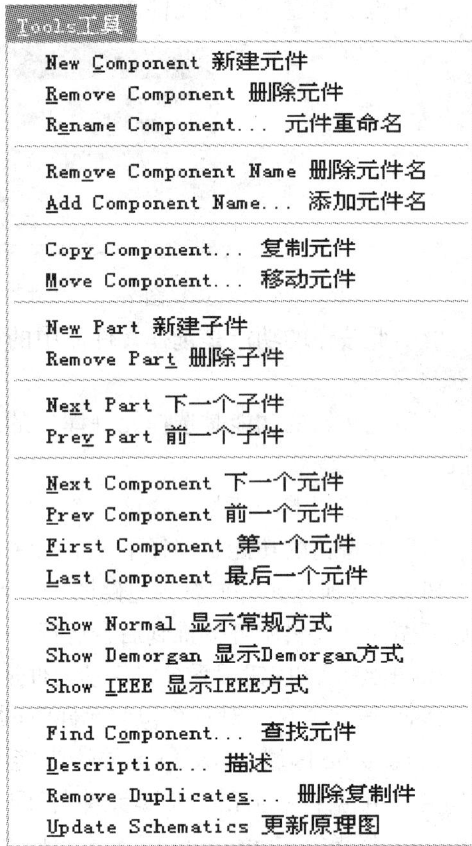

图 7-56　Tools 菜单项

• Next Component：切换到元件库中的下一个元件，相当于 Component 区域中 Part 右边的"〉"按钮。

• Prev Component：切换到元件库中的前一个元件，相当于 Component 区域中 Part 右边的"〈"按钮。

• First Component：切换到元件库中的第一个元件，相当于 Component 区域中"《"按钮。

• Last Component：切换到元件库中的最后一个元件，相当于 Component 区域中"》"按钮。

• Show Normal：相当于 Mode 区域中的 Normal 选项。

• Show Demorgan：相当于 Mode 区域中的 Demorgan 选项。

• Show IEEE：相当于 Mode 区域中的 IEEE 选项。

• Find Component：相当于 Component 区域中的 Find 按钮。

• Description：启动元件描述对话框。相当于 Group 区域中的 Description 按钮。

• Remove Duplicates：删除元件库中重复的元件名。

• Update Schematics：将元件库编辑器中所做的修改，更新到打开的原理图中，相当于 Group 区域中的 Update Schematics 按钮。

7.1.7.4　制作实例

绘制一个数码显示管，并将它保存在 schlibl. lib 元件库中。

(1) 在图 7-54 中，将鼠标移到元件库文件的坐标原点处，使用菜单命令 View/Zoom In 或按 Page Up 键，将元件绘图页拉近到满意为止，此时会发现工作区中黄色区域逐渐呈现出栅格来，而且栅格逐渐放大。

(2) 使用菜单命令 Place/Rectangle 或单击绘图工具栏上的▨按钮，此时鼠标指针旁边会多出一个"＋"字符号，将"＋"字符号移动到坐标轴原点处(X:0 ;Y:0)，单击鼠标左键，将它定为直角矩形的左上角。移动鼠标指针到矩形的右下角，再次单击鼠标左键，接着单击鼠标右键，结束该矩形的绘制过程，如图 7-57 所示。

(3) 双击矩形，打开如图 7-58 所示的 Rectangle 对话框，用户可在此对话框中设置一些直角矩形的属性，将 Fill Color(填充颜色)项改为白色。

图 7-57 绘制矩形

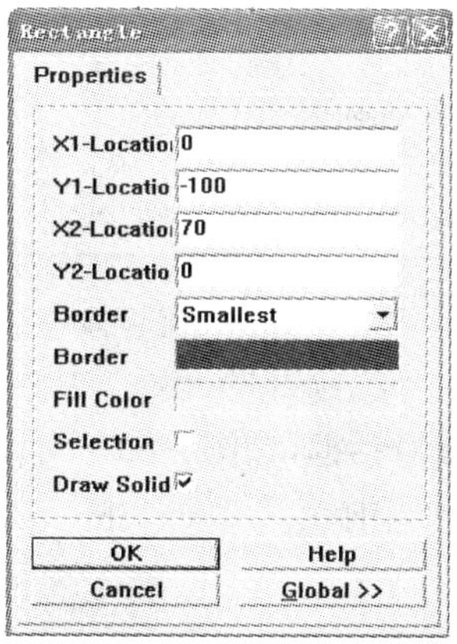

图 7-58 改变矩形属性

(4) 单击主菜单命令 Place/Line 或单击绘图工具栏上的╱按钮，在矩形中，绘制数码管的"日"字形，在"日"字形的线条上双击鼠标左键，打开 PolyLine 对话框，如图 7-59 所示，将 Line Width 栏中的 Small 改选为 Large，改变线宽，颜色为绿色，如图 7-60 所示。

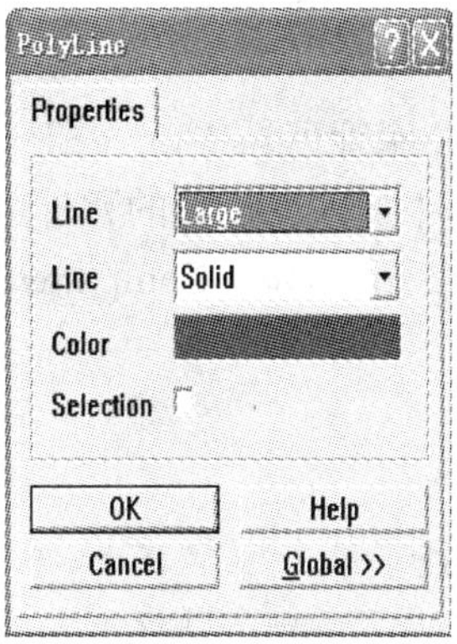

图 7-59 改变直线属性

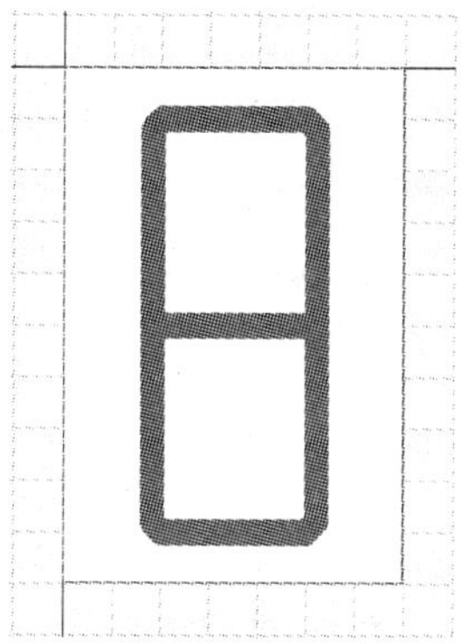

图 7-60 绘制日字

(5) 接下来绘制元件的引脚，所谓引脚就是元件与导线或其他元件相接的地方，也是元件中唯一具有电气属性的图件。执行菜单命令 Place/Pins 或单击绘图工具栏上的按钮，这时光标呈"＋"字形，并且还有一个引脚，引脚的外形取决于最后一次放置的引脚。当出现悬浮的引脚时，按下 Tab 键，打开如图 7-61 所示的 Pin 对话框。将对话框中的内容设置成需要的项目，单击 OK 按钮，关闭对话框。然后将引脚放置到合适的位置，如图 7-62 所示。

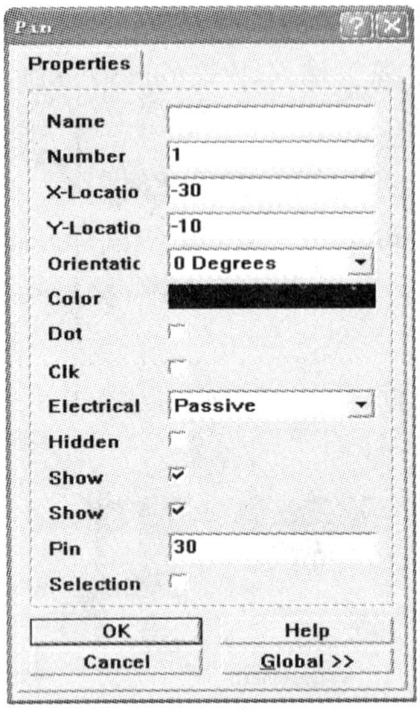

图 7-61　设置管脚

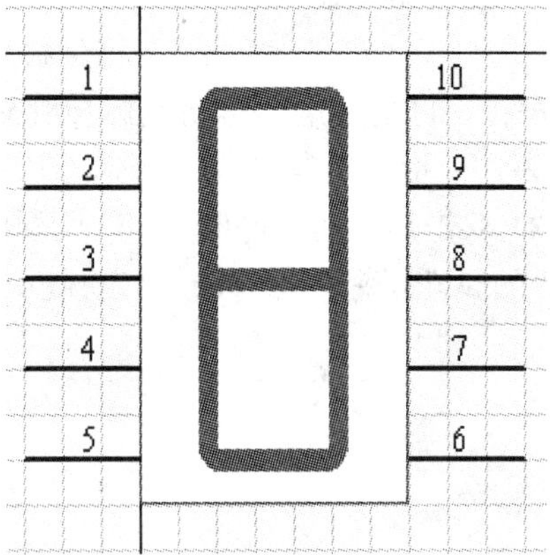

图 7-62　完成图形绘制

(6) 保存绘制好的元件。执行菜单命令 Tools/Rename Component，打开 New Component Name 对话框，如图 7-63 所示，将元件名称改为 10ELEC，然后执行菜单命令 File/Save 将元件保存到当前元件库文件中。

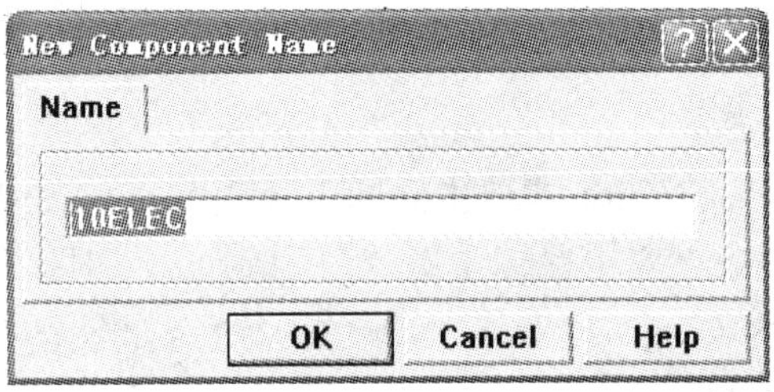

图 7-63　更改元件名称对话框

如果想在原理图设计时使用此元件，只需在图 7-54 元件库管理器中，点击 Place 按钮，即可将此元件放置在设计的原理图中。另外，在现有的元件库中加入新设计的元件，只要进入元件库编辑服务器，选择现有的元件库文件，再执行菜单命令 Tools/New Component，然后按上面的步骤设计新元件。

7.1.8　绘制原理图常用命令

无论在哪种工具或命令下，只要光标是"+"字形状，就处于该命令状态下，不能移出工作区。点击鼠标右键，光标变成箭头后，表示退出该命令状态，方可移出工作区。

7.1.8.1　画导线

执行画导线命令的方法有三种：

- 点击原理图工具栏里图标 。
- 在主菜单中执行命令 Place/Wire。

• 单击鼠标右键，在弹出的对话框中执行菜单命令 Place/Wire。

执行画导线命令后，光标变成了“+”字形状，单击鼠标左键，确定导线的起点，移动鼠标的位置拖动线头，在转折处单击鼠标左键确定导线位置，每转折一次都要单击一次，到导线末端时，单击左键，确定导线的终点。单击鼠标右键或按 Esc 键，完成绘制一条导线。

7.1.8.2 绘制直线

直线(line)在功能上完全不同于元件之间的连线(Wire)。连线具有电气意义，通常用来表示元件间的物理连通性。而直线并不具备任何电气意义，只是用它来绘制说明性的图形。绘制直线方法有两种方式：

• 执行菜单命令 Place/Drawing Tools/Lines。

• 单击一般绘图工具栏上的 / 按钮。

执行绘制直线命令后，系统将编辑模式切换到画线模式，此时鼠标指针处多出了一个“+”字符号，在此状态下，将“+”字符号移到待绘直线的一端，单击鼠标左键，然后移动鼠标，屏幕上会出现一条随鼠标指针移动的预拉线。如果不满意这条预拉线，单击鼠标右键或按下 Esc 键取消这条直线绘制。如将指针移动到直线的另一端，再单击鼠标左键即可完成这条直线的绘制。

如果在绘制直线的过程中按下 Tab，或在已绘制好的直线上双击鼠标左键，即可打开如图 7-59 所示的 PolyLine 对话框，从中可以设置关于该直线的一些属性，包括线型、线宽、直线颜色、切换选取状态。

单击已绘制好的直线，可使其进入点取状态，此时直线的两端会各自出现一个四方形的小黑点，即所谓的控制点。用户可以通过拖动控制点来调整这条直线的起点与终点位置。另外，还可以直接拖动直线本身来改变其位置。

7.1.8.3 放置文字说明

(1) 放置注释文字。放置方式有两种：

执行菜单命令 Place/Annotation。

• 单击绘图工具条上的 **T** 按钮。

此方法只适应于文字为一行的注释。启动此命令后，鼠标指针旁边出现“+”字和一个虚线框，在欲放置注释文字的位置上单击鼠标左键，绘图页中就会出现名为“Text”的字串。

如果要将编辑模式切换回等待命令模式，可在此时单击鼠标右键或按下 Esc 键。

如果在完成放置动作之前按下 Tab 键，或者直接在“Text”字串上双击鼠标左键，即可打开 Annotation 对话框，如图 7-64 所示。

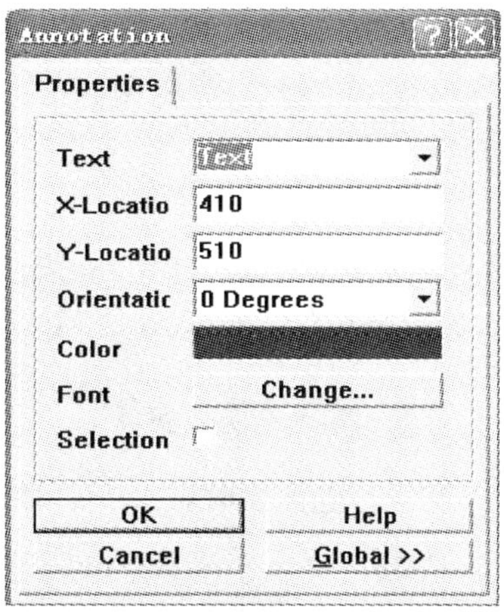

图 7-64 注释文字属性对话框

在此对话框中，Text 栏保存显示绘图页中的注释文字串，并且可以修改文字。此外还有其他几项属性：注释文字的坐标，字串的放置角度，字串的颜色，字体，切换选取状态。

如果直接在注释文字上单击鼠标左键，可使其进入选中状态（出现虚线边框），可以通过移动矩形框来调整注释文字的放置位置。

（2）放置文本框。放置方式有两种：

- 执行菜单命令 Place/Text Frame。
- 单击绘图工具条上的按钮。此方法适合输入多行的注释文字。

7.1.8.4 元件自动编号

用户在放置元件时，可不必理会该元件的编号，如 R1、R2、C1、C2 等。待元件放置完毕，执行菜单命令 Tools/Annotae 后，系统会自动对电路图中的所有元件重新进行一次编号。既省时，又不容易出错。

7.1.8.5 插入图片

插入图片的方式有两种：

- 执行菜单命令 Place/Drawing Tools/Graphics。
- 单击绘图工具条上的按钮。

7.1.8.6 多个元件的移动

执行菜单命令 Edit/Toggle Selection，逐次选中多个元件。或者先将鼠标光标移到目标元件组的左上角，按住鼠标左键，然后将光标拖到目标区的右下角，将要移动的元件组全部框起来，松开左键。另外也可用主工具栏里的按钮，同样可以选中多个元件。要移动被选中的多个元件，可用鼠标左键单击被选中的元件组中的任意一个元件不放，待"＋"字光标出现时可移动被选择的元件组到适当的位置，然后松开鼠标左键，即可完成任务。另外也可执行菜单命令 Edit/Move/Move Selection 完成此项功能。

7.1.8.7 元件的旋转

元件有以下三种旋转方法：

- Space 键：让元件做 90°旋转，以选择适当的方向。
- X 键：使元件左右对调，即以"＋"字光标为轴做水平调整。
- Y 键：使元件上下对调，即以"＋"字光标为轴做垂直调整。

先用鼠标单击目标元件，按住鼠标左键不放，用功能热键调整目标元件转成所需要的方向，然后松开左键即可。

7.1.8.8 元件选择的撤除

在设计电路图时，根据不同情况可用以下三种方法撤除元件的选择：

- 执行菜单命令 Edit/DeSelect/Inside Area。先将鼠标光标移到目标区的左上角，单击鼠标左键，然后将光标移到目标区域的右下角，再单击鼠标左键，确定的选项框就会将所包含的元件选中状态撤除。

• 执行菜单命令 Edit/DeSelect/Outside Area。操作同上，结果是保留选框中状态，而将选框外所包含的元件选中状态撤除。

• 执行菜单命令 Edit/DeSelect/All。撤除工作平面上所有元件的选中状态。

7.1.8.9 元件的删除

在设计电路图时，根据不同情况可用以下 3 种方法删除元件：

• 执行菜单命令 Edit/Clear。用于同时删除已被选中的一个或几个图件。

• 执行菜单命令 Edit/Delete。选中此命令后光标呈“＋”字形，将光标移到要删除的元件上点击鼠标，即可删除元件。

• 使用快捷键 Delete。用鼠标点取元件，元件周围出现虚框，按此快捷键即可删除元件。

7.1.8.10 阵列式粘贴

阵列粘贴是一种特殊的方法，阵列粘贴一次可以按指定间距将同一个元件重复地粘贴到图纸上。先将某个或几个图件或一部分电路图选中并进行复制，然后

• 执行菜单命令 Edit/Paste Array。

• 单击绘图工具条上阵列粘贴图标。

启动阵列式粘贴命令后，出现如图 7-65 所示对话框。

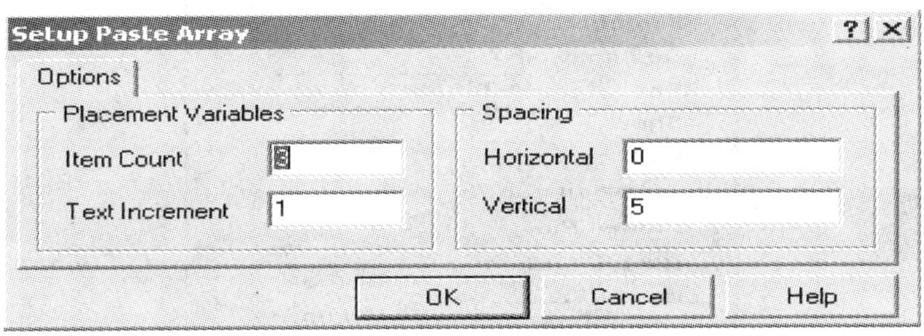

图 7-65 阵列式粘贴对话框

Item Count：用于设置所要粘贴的元件个数。

Text Increment：用于设置所要粘贴元件的增量值。如将该值设定为 1，且元件序号 R1，则重复放置的元件中，序号分别为 R2、R3、R4。

Hortical：设置所要粘贴的元件之间的水平距离。

Vertical：设置所要粘贴的元件之间的垂直距离。

7.1.8.11 图面的缩放

图面的缩放方法有以下 3 种：

• 按 Page Up 或执行菜单命令 Viwe/Zoom In 或点击按钮放大图面。

• 按 Page Down 或执行菜单命令 Viwe/Zoom Out 或点击按钮缩小图面。

• 按 End 或执行菜单命令 Viwe/ Refresh 刷新图面。

注意：无论原理图或制作元器件库的放大或缩小，均可用鼠标左键点住所需放大或缩小的中心点，然后按 Page Up 或 Page Down 使图面放大或缩小。

7.1.8.12 设置网络标号

网络标号实际是一个电气节点，具有相同网络标号的电气连线表明是连在一起的。网络标号主要用于层次式电路或多重式电路中各个模块之间的连接，即网络标号的用途是将2个或2个以上没有相互连接的网络，命名相同的网络标号，使它们在电气含义上属于同一网络。设置方式有两种：

- 执行菜单命令 Place/Net Label。
- 利用画图工具栏里的Net1图标。

7.1.8.13 元件属性的编辑

元件属性的编辑主要包括元件的封装、标号、管脚号定义等。

- 用鼠标单击元件并按住鼠标左键不放，同时按下功能键 Tab。
- 用鼠标双击该元件，此时出现元件属性编辑对话框，如图7-66所示。

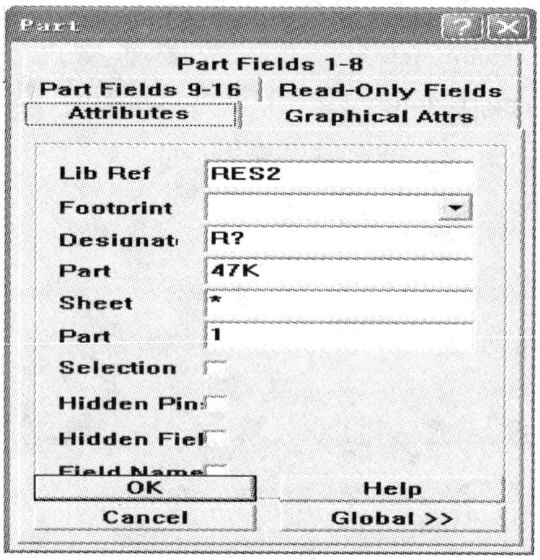

图7-66 元件属性编辑对话框

Lib Ref：元件名称（不允许修改）。

Footprint：器件封装。

Designator：元件标号。

Part Type：器件类别或标称值。

Selection：切换选取状态。

Hidden Pins：是否显示元件的隐藏引脚。

Hidden Fields：是否显示 Part Fields 选卡中的元件数据栏。

Field Names：是否显示元件数据栏名称。

7.1.8.14 文档拷贝

原理图设计完毕以后，可用两种方式对文档进行拷贝保存：

- 首先关闭原理图设计标签 Sheet1，在图7-21设计管理器中选择原理图设计服务器图标Sheet1，点击鼠标右键，打开命令选择框，如图 7-67 所示。从中选择 Export... 导出 命令，在图 7-68 的 Export Document 对话框中选择存放路径，输入文件名，按“保存(s)”键即可。

图 7-67　命令选择框

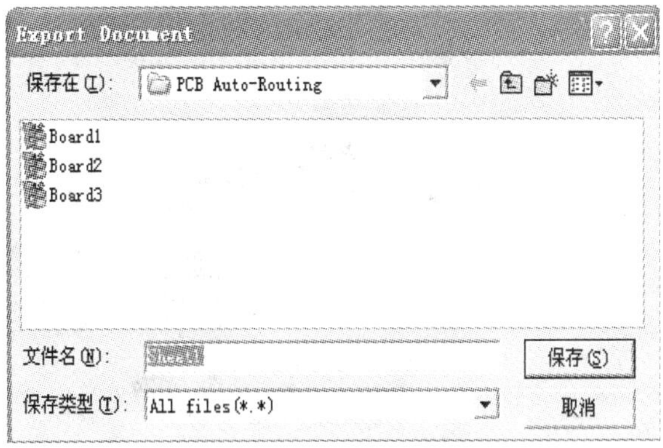

图 7-68　导出文档对话框

• 找到需要拷贝的设计文件所存放的路径，点击项目数据库文档图标，点击鼠标右键，按复制命令，选择存放路径，再点击鼠标右键，按粘贴即可。

7.2　Protel 99 SE(PCB)印制电路板设计

Protel 99 SE (PCB)印制电路板设计包括机械结构设计、元器件布局设计和电路布线设计，设计完成的印制电路板用光绘文件的形式输出。

7.2.1　印制电路板设计步骤

印制电路板设计是在电原理图仿真成功后最关键的一步，通常情况下需要考虑电路板的大小、元器件的外形和布局等。具体步骤如下：

(1) 规划电路板。根据电原理图的复杂程度，决定板的大小尺寸，采用单面板还是双面板，各元器件采用何种封装形式，元器件的安放位置等。

(2) 设置参数。主要考虑元器件安放位置的参数、板层参数和布线参数。

(3) 网络表及元器件封装。网络表是印制电路板自动布线的关键所在，只有准确装入网络表、元器件的封装，才能保证印制电路板自动布线的顺利进行。

(4) 元器件布局。元器件的位置布局直接影响到布线的质量，在数字电路中影响不明显，在模拟电路中将直接影响电路的质量。

(5) 自动布线。Protel 99 SE (PCB)的自动布线是对角线布线技术，只要参数设置得当、元器件布局合理，自动布线的成功率就非常高。

(6) 手工调整。实际上没有一种自动布线软件能不需要手工帮助调整。如果是手工直接绘制印制电路板时，以上第(3)条、第(5)条可省去。

(7) 文件保存及输出。完成印制电路板的布线后，必须保存印制电路板图的文件，并利用打印机输出印制电路板的布线图。

7.2.2 启动 PCB 设计系统

进入 PCB 设计系统,实际上就是启动 Protel 99 SE 的 PCB 设计服务器。启动方法与启动 Protel 99 SE 的 SCH 设计服务器类似。

进入 Protel 99 SE 主界面,用户以系统管理员的身份进入项目设计数据库出现 MyDesign. ddb 界面,如图 7-69 所示。

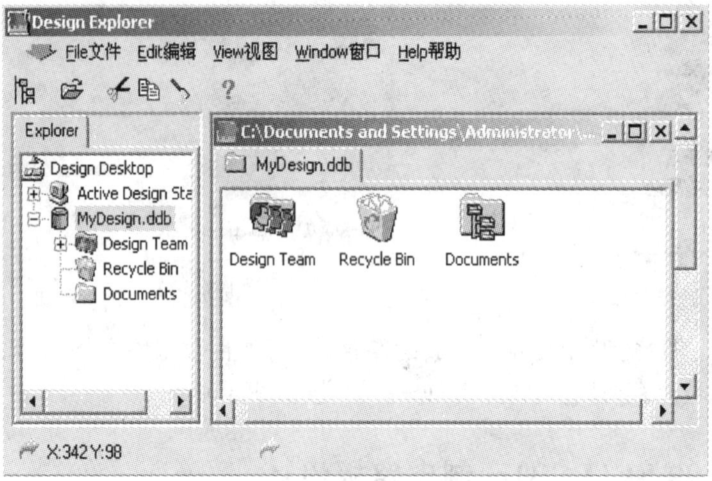

图 7-69 新建 MyDesign. ddb

然后执行 File/New 命令。此时,屏幕上会弹出如图 7-70 所示的设置文件对话框。

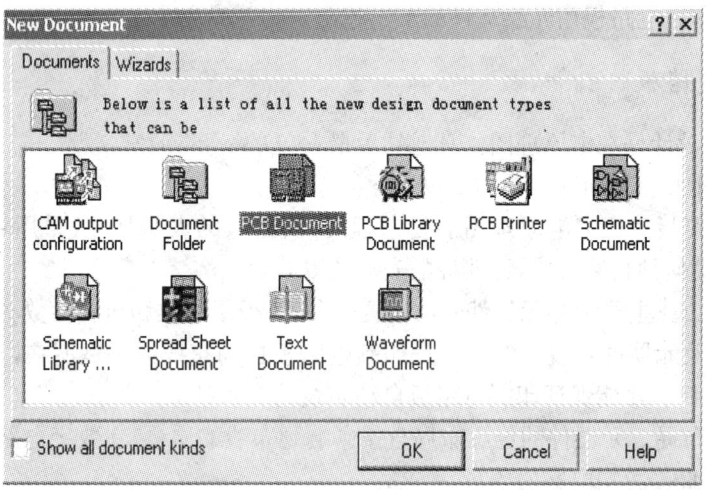

图 7-70 设置文档对话框

在设置文件对话框中,选择 PCB 设计服务器(PCB Document)图标,双击图标或单击 OK,即可建立 PCB 设计文档,如图 7-71 所示。用户可以修改其文档名。

双击 PCB 文档图标,就会进入 PCB 设计服务器的界面,如图 7-72 所示,这界面就是用户用于 PCB 设计的工作环境。

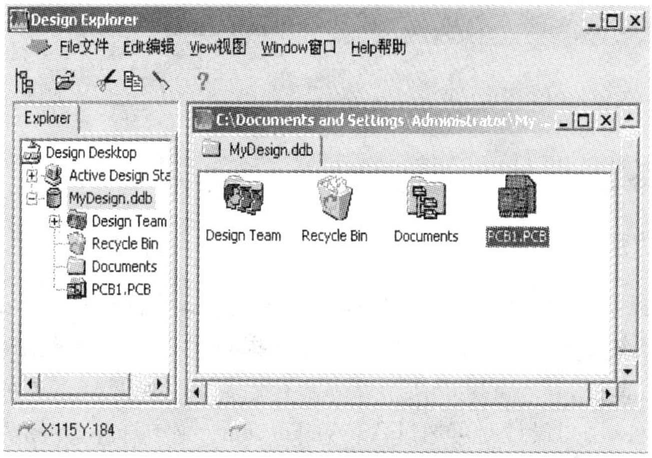

图 7-71 建立 PCB 设计文档

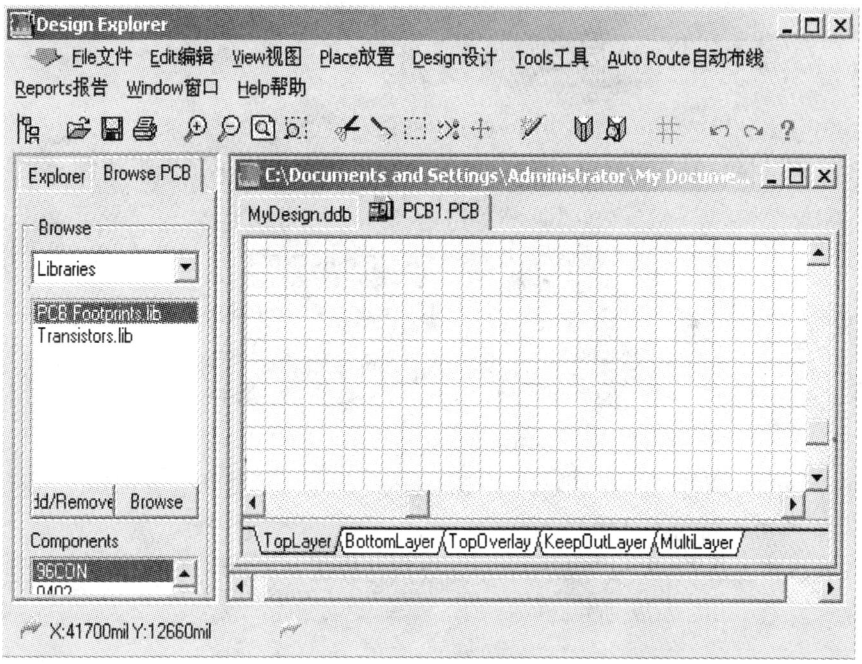

图 7-72 PCB 设计工作环境

7.2.3 画面管理

PCB 设计过程中会碰到各种工具和管理器，充分利用这些工具和管理器将有利于设计工作的顺利进行。

7.2.3.1 窗口管理

PCB 设计系统的设计窗口与原理图设计系统的设计窗口相似，如图 7-73 所示。常用工具栏、状态栏、管理器的打开和关闭方法与原理图设计系统基本相同。这些工具栏的打开或关闭命令都集中在 View 菜单下和主工具栏中。

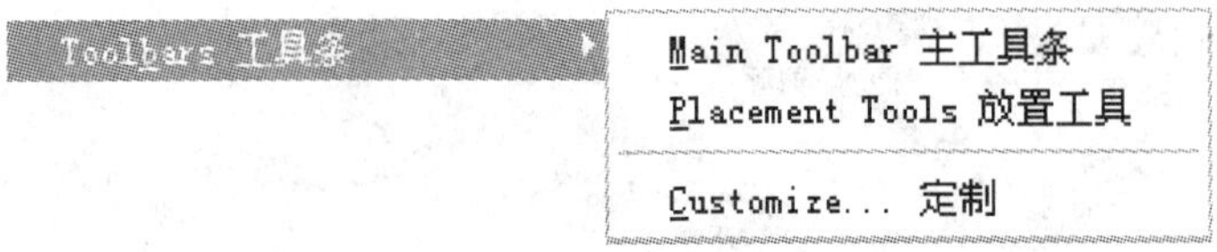

图 7-73　Toolbars 工具条

7.2.3.2　PCB 设计系统工具栏

与原理图设计系统一样，在实际工作过程中往往根据需要将这些工具条打开或关闭，操作方法与 SCH 设计系统类似。Protel 99 SE 为 PCB 提供了 Main Toolbar（主工具栏）、Placement Tools（放置工具栏）、Component Placement（元器件位置调整工具栏）、Find Selections（查找选择工具）四种，用户设计时可通过 View/Toolbars 菜单选择，如图 7-73 所示。

（1）主工具栏（Main Toolbar）。主工具栏向用户提供了缩放、选取对象等命令，如图 7-74 所示。

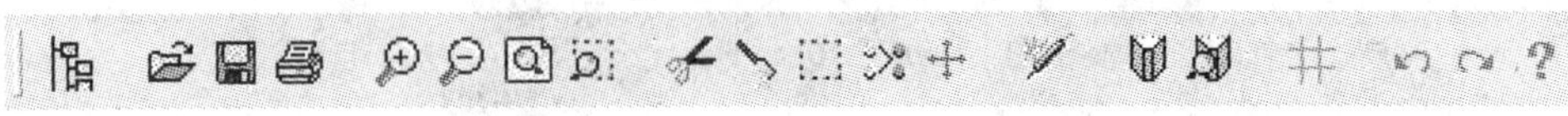

图 7-74　Protel 99 SE 主工具栏

（2）放置工具栏（Placement Tools）。放置工具栏向用户提供了图形绘制及布线命令，如图 7-75 所示。

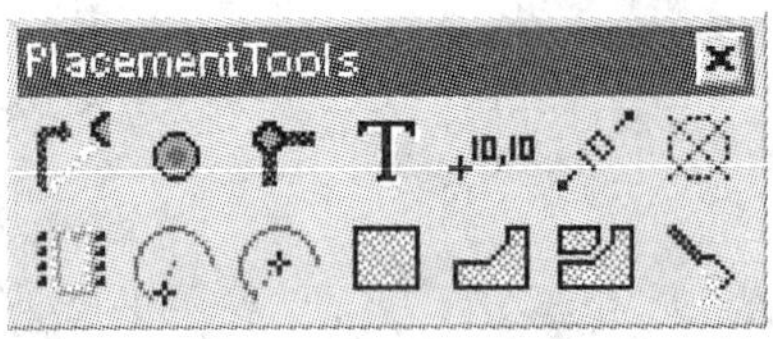

图 7-75　放置工具栏

（3）元器件位置调整工具栏（Component Placement）。元器件位置调整工具栏向用户提供了元器件排列和布局的工具栏，如图 7-76 所示。

（4）查找选择工具栏（Find Selections）。查找选择工具栏向用户提供了方便选择原来所选择对象的工具栏，如图 7-77 所示。

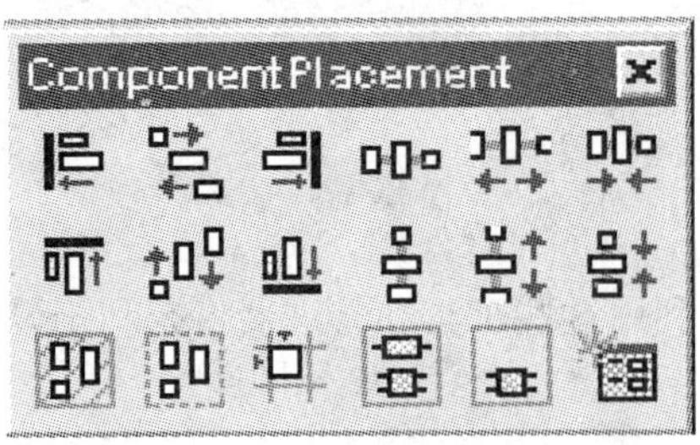

图 7-76　元器件位置调整工具栏

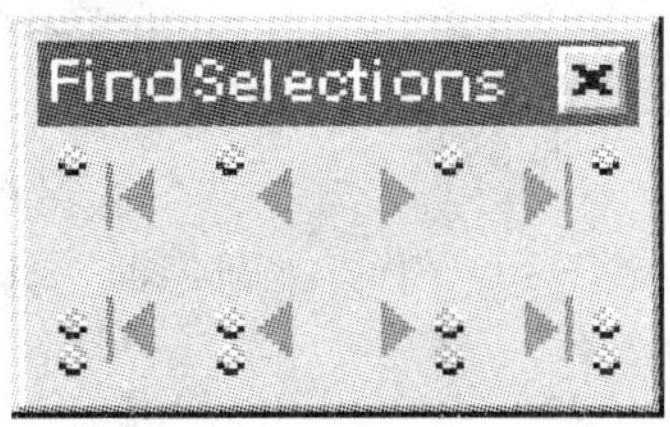

图 7-77　查找选择工具栏

7.2.3.3　编辑区的管理

在设计印制电路板时，有时需要对编辑区的工作画面进行缩放或局部显示，以方便设计者编辑、调整。用户可以执行菜单命令或点击主工具栏中的图标，也可使用热键。

(1) 命令状态下的缩、放。当处于其他命令状态下，鼠标无法移出工作区去执行一般的命令时，此时必须通过使用功能热键来完成缩、放显示状态：

- 放大：按 Page Up 键，编辑区会放大显示状态。
- 缩小：按 Page Down 键，编辑区会缩小显示状态。
- 刷新：如画面出现杂点或变形时，可按 End 键使画面刷新，恢复正确的显示图形。

(2) 闲置状态下的缩、放。当鼠标未执行其他命令时，可用主工具栏里的按钮或菜单里的命令，也可使用功能热键。

- 放大：用鼠标单击主工具栏中按钮，或执行下拉菜单命令 View/Zoom In，如图 7-78 所示。
- 缩小：鼠标单击主工具栏中按钮，或执行图 7-78 中菜单命令 View/Zoom Out。
- 采用上次显示比例显示：执行图 7-78 中下拉菜单命令 View/Zoom Last。
- 使整个图面置于编辑区中(边框外如有图件，一并显示于编辑区)：执行图 7-78 中下拉菜单命令 View/Fit Document 。
- 使整个图面置于编辑区中(边框外如有图件，不显示于编辑区)：执行图 7-78 中下拉菜单命令 View/Fit Board 。
- 移动显示位置：执行图 7-78 中下拉菜单命令 View/Pan。先将光标移动到目标点，然后执行本命令，目标点位置就会移到工作区的中心，就是该目标点为屏幕中心，显示整个屏幕。

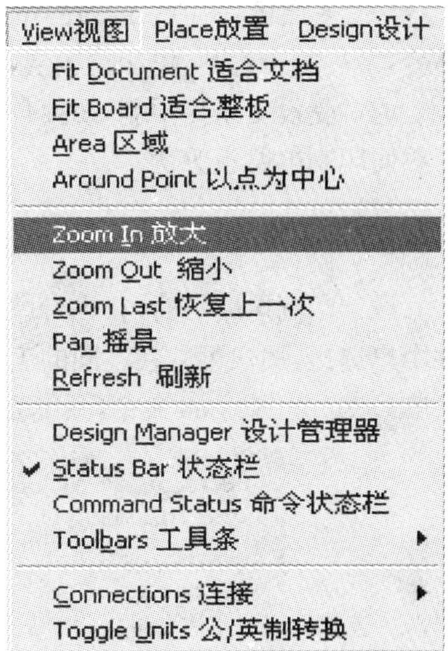

图 7-78　View 菜单

- 刷新画面：执行图 7-78 中下拉菜单命令 View/Refresh。在设计中由于移动元器件等操作，而使画面显示出现问题，它虽不影响电路的准确性，但不美观，可通过刷新命令使画面得到改观。
- 放大显示用户设定选框区域：首先执行图 7-78 中下拉菜单命令 View/Area，然后将光标移到目标的左上角位置，接着拖动光标到目标的右下角适当位置，再单击鼠标左键确定区域，即可放大该区域(实际上是由对角线来控制区域)。
- 放大显示用户设定选框区域：首先执行图 7-78 中下拉菜单命令 View/Around Point，其次将光标移到目标区的中心，单击鼠标左键定位，然后拖动光标到目标区右下角位置，再单击鼠标左键确定区域，即可放大该区域(实际上是由中心到边界来控制区域)。

7.2.4　设置电路板工作层面

在使用 PCB 设计系统进行印制电路板设计之前，首先要了解一下工作层面，而碰到的第一问题就是印制电路板的结构。

7.2.4.1 电路板的结构

印制电路板的结构有单面板、双面板和多层板三种。

(1) 单面板:绝缘板材料的一面覆有铜箔,另一面没有敷铜箔的电路板,称为单面板。单面板电路走线只能在一面上进行,另一面放置元件,因此,单面板设计比双面板来得复杂。

(2) 双面板:绝缘板材料的两面都覆有铜箔的板,称为双面板。双面板两面多可布线,顶层(Top Layer)为元件面,底层(Bottom Layer)为焊锡层面。双面板电路一般比单面板电路复杂,生产成本比单面板高,但布线比较容易,是制作电路板比较理想的选择。

(3) 多层板:是由多层薄的单面板和一层薄的双面板粘合组成。它是每一层加工完毕后粘合,最后加工过孔,沉积覆铜层,使各层电路板之间联通。

通常受设备条件限制,设计自己创意电路的印制电路板时要采用单面板,但讲课以最常用的双面印制电路板为例。

7.2.4.2 工作层面类型

设计印制电路板时,首先考虑的是工作层面的设置。Protel 99 SE 提供了多个工作层面供用户选择,用户可以在不同的工作层面上进行不同的操作。当进行工作层面设置时,执行主菜单 Design/Options 命令,系统会弹出如图 7-79 所示的。Document Options 对话框。

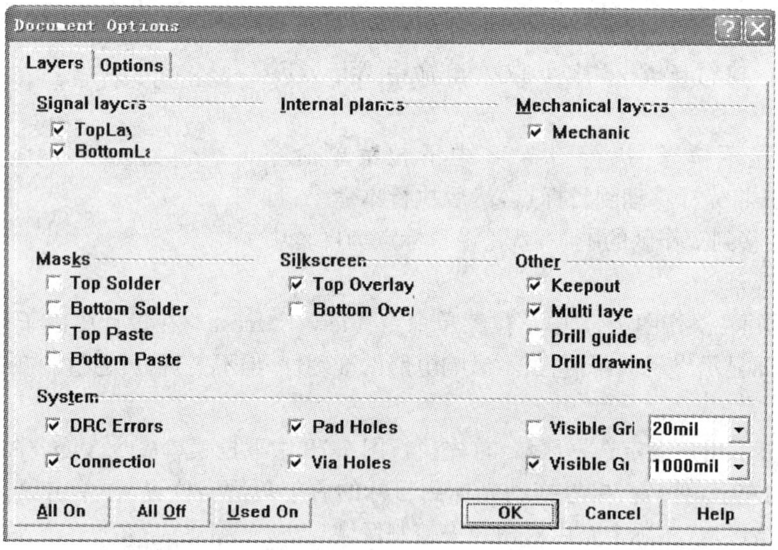

图 7-79 Document Options 对话框

Protel 99 SE 提供的工作层面在图 7-79 的 Layers 选项卡中设置。

(1) 信号层(Signal Layers)。Protel 99 SE 可以绘制多层板,最多可制作十六层电路的印制电路板,实际上是十五层板十六层面(N+1),俗称十五层。

主要有 Top、Bottom、Mid1、Mid2……Mid14,Top、Bottom 是最常用的顶层和底层,Mid1、Mid2……Mid14 是多层板的中间层。制作双面板只需选择 Top、Bottom 为电路制作层即可。

信号层主要用于放置与信号有关的电气元素,如 Top Layer 为顶层,用于放置元件面;

Bottom 为底层，用作焊锡面；Mid 层为中间工作层面，用于布置信号线。

(2) 内层电源/接地层(Internal Plane)。内层电源/接地层用于提供电源和接地点的，它们使元件接地和接电源的管脚不经过任何铜膜线，直接连接到电源和地线上。

(3) 机械层(Mechanical Layers)。机械层用于绘制各种指示和标识说明文字。

(4) 阻焊层及助焊层(Solder Mask & Paste Mask)。助焊层及阻焊层是正好相反的一张图，它是计算机制作印制电路板时的两张模板。助焊层的图是裸露焊盘、过孔等需要焊接的部位，制作时涂锡镍合金。阻焊层是将不需要焊接的部位给覆盖起来，用于防止焊锡走到不该焊接的位置，避免短路的情况发生。

(5) 丝印层(Silkscreen)。主要用于标识元器件的名称、参数、外形和序号，顶层丝印层(Top Overlay)较常用，底层丝印层(Bottom Overlay)主要用于贴片元器件。

(6) 其他工作层(Others)。Protel 99 SE 除了提供以上工作层面以外，还提供以下四个工作层面。

- Keep Out：用于设置禁止布线层，即设置电路布线范围。
- Multi Layer：用于设置是否显示复合层，即是否显示电路板上所有的穿透式焊盘和过孔的通孔(不选择，打印时通孔无法显示)。
- Drill Guide：钻孔指示图，用于标识钻孔的位置和尺寸类型。
- Drill Drawing：钻孔图层，用于计算机钻孔坐标定位。

(7) 系统设置(System)。

- DRC Errors：用于设置是否显示自动布线检查错误信息。
- Connections：用于设置是否显示网络飞线。
- Pad Hole：用于设置是否显示焊盘的通孔。
- Via Hole：用于设置是否显示过孔的通孔。
- Visible Grid1：用于设置是否显示第一组可视栅格点。
- Visible Grid2：用于设置是否显示第二组可视栅格点。

7.2.4.3 工作层面的设置

在实际设计中，不需要打开所有的工作层面，采用所有工作层面会给打印带来麻烦。

(1) 层面设置。执行主菜单命令 Design/Options，屏幕上弹出如图 7-79 所示的对话框。用鼠标单击 Layers 选项卡，即可进入工作层面设置对话框。如果工作层面前的复选框中有符号“√”，则表明工作层面被打开，否则该工作层面处于关闭的状态。当单击按钮 All On 时，将打开所有的工作层面；当单击按钮 All Off 时，所有工作层面将处于关闭状态；当用户需要设定工作层面时，点击按钮 Used On 即可。

另外，工作层面的选择也可直接使用鼠标点击图纸屏幕上的标签，如图 7-80 所示。

图 7-80 工作层面选择标签

(2) 参数设置。用鼠标点击图 7-79 所示对话框中的 Options 选项卡，如图 7-81 所示。Options 选项包括格点设置(Grids)、电气栅格设置(Electrical Grid)、计量单位设置等相关参数设置。

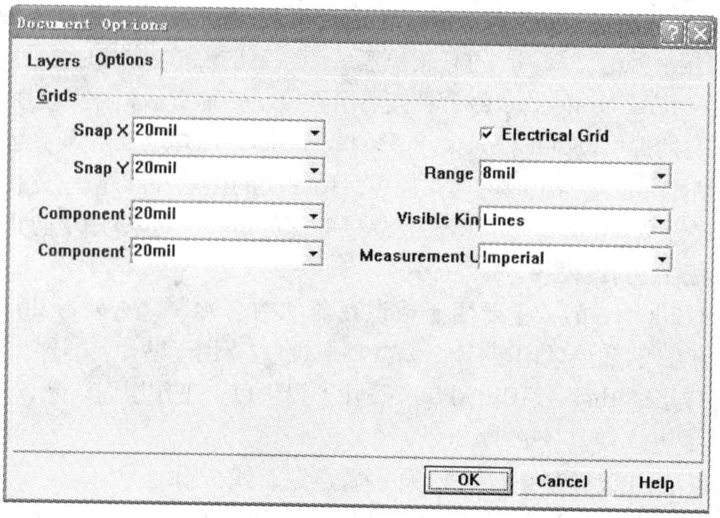

图 7-81　设置 Options 选项

a. Grids 格点设置。

• Snap X/Y：设置移动格点间距，光标移动的间距由在 Snap 右边的编辑选择框输入的尺寸确定，用户可以分别设置 X、Y 轴向的格点间距。

• Component X/Y：设置控制元器件移动的间距。

b. Electrical Grid 电气栅格设置。用于设置电气格点的属性，选中 Electrical Grids 复选框表示具有自动捕捉焊盘的功能。

• Range：用于设置捕捉半径。在布线时，系统会以当前光标为中心，以 Grid 设置值为半径捕捉焊盘，一旦捕捉到焊盘，光标会自动加到该焊盘上。

• Visible Kind：用于设置显示栅格点的类型。工作区底板显示栅格点的类型（点状 Dots、线状 Lines）。

• Measurement Units：用于设置系统度量单位，系统默认为英制（英制 Imperial、公制 Metric）。

7.2.4.4　其他环境的设置

设置系统参数是印制电路板设计过程中非常重要的一步。系统参数包括光标显示、板层颜色、系统默认设置、PCB 设置等。许多系统参数一旦按个人习惯设定完毕，将成为用户个性化的设计环境，以后无须再修改。

执行菜单命令 Tools/Preferences，屏幕上就会弹出如图 7-82 所示的对话框。

从图 7-82 中可以看出，该对话框包含六个选项卡：选择项（Options）、显示选择（Display）、颜色选择（Colors）、显示/隐含（Show/Hide）、默认缺省（Defaults）、信号完整选项（Signal Integrity）。

(1) Options 选项卡设置。点击 Options 标签即可进入 Options 选项卡，如图 7-82 所示。此选项卡用于设置一些特殊的功能，它包含 Editing 区域、Autopan 区域、Rotation Step 区域、Undo/Redo 区域等。

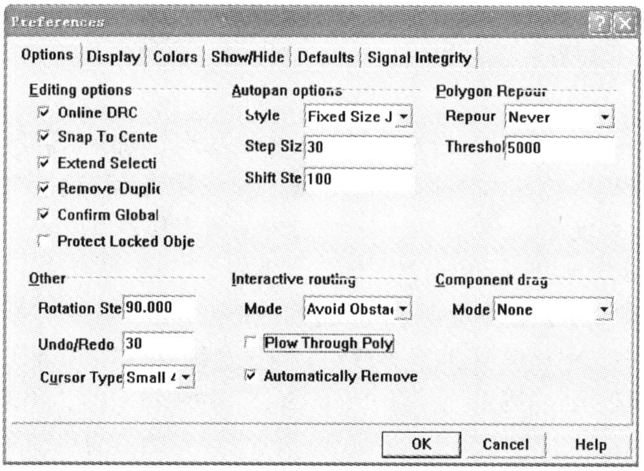

图 7-82　Preference 设置对话框

a. Editing options 区域：用于设置编辑操作时的一些特性。具体功能如下：

• Online DRC：此复选框用于设置在线设计规则检查。选中此项，在布线过程中，系统自动根据设定的设计规则进行检查。

• Snap To Center：用于是否设置光标的参考点位置，如果选中该复选框时，当光标移动到元件上，这时按下鼠标左键并保持，光标就会变成"＋"字形，随后会自动滑到该元件封装的参考点位置上；若在选中该复选框的情况下，用鼠标选择焊盘和过孔，那么光标就会自动滑到焊盘或过孔的中心位置。系统默认选中此项。

• Extend Selection：用于设置当选取电路板图件时，是否撤消已被选取图件的选取状态。选中此项，表示不撤消已有的选取状态，连同新选取的图件一起处于选取状态；否则表示撤消已有的选取状态。系统默认选中此项。

• Remove Duplicates：用于设置系统是否自动删除重复的图件。选中该项表示删除。系统默认选中此项。

• Confirm Global Edit：用于设置在进行整体编辑图件时，系统是否出现整体编辑结果提示对话框。系统默认选中此项。

• Protect Locked Objects：用于保护锁定的对象。选中该框有效。

b. Autopan：用于设置自动摇景模式，摇景就是指当"＋"字形光标接触到工作区的边缘时，电路板图自动向未显示的区域移动。

• Style：用于设置移动模式。它是一个下拉列表框，如图 7-83 所示，系统提供了以下 6 种移动模式：

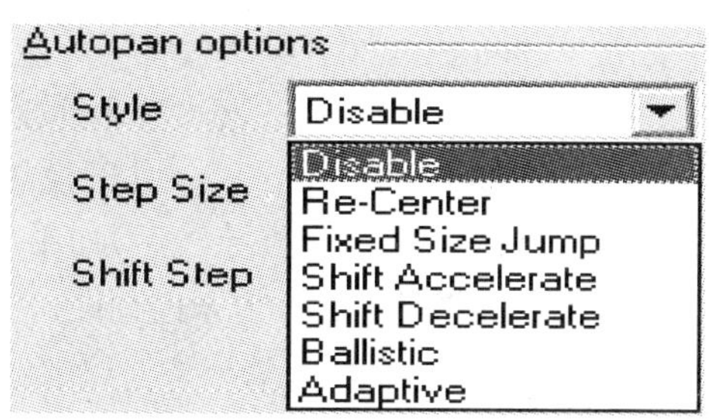

图 7-83　Style 下拉列表框

Disable：选择该选项表示不采用摇景功能，即当"＋"字形光标接触到工作区的边缘时，电路板图不会自动向未显示的区域移动。

Re-Center：如果选中该选项，则表示当"＋"字光标接触工作区边缘时，窗口以光标的位置为中心显示电路板图。

Fixed Size Jump：选中该选项，则当光标移到编辑区边缘时，电路板图将以“Step Size”栏中设置的值为移动量向未显示的部分移动。当按住“Shift Step”键时，电路板图将以“Shift Step”栏中设置的值为移动量向未显示的部分移动。

Shift Accelerate：选中该选项，当光标移到编辑区边缘时，如果“Shift Step”栏中设定值比“Step Size”栏中设定值大，则系统将以“Step Size”栏中设定值为移动量向未显示的部分移动。按住“Shift Step”键，系统将以“Shift Step”栏中设置的值为移动量向未显示的部分移动，如果“Shift Step”栏中设定值比“Step Size”栏中设定值小的话，不管是否按住“Shift Step”键，系统将以“Shift Step”栏中设置的值为移动量向未显示的部分移动。

Shift Decelerate：选中该选项，当光标移到编辑区边缘时，如果“Shift Step”栏中设定值比“Step Size”栏中设定值大话，则系统将以“Shift Step””栏中设定值为移动量向未显示的部分移动。按住“Shift Step”键，系统将以“Step Size”栏中设置的值为移动量向未显示的部分移动，如果“Shift Step”栏中设定值比“Step Size”栏中设定值小，不管是否按住“Shift Step”键，系统将以“Shift Step”栏中设置的值为移动量向未显示的部分移动。

Ballistic：当光标移到编辑区边缘时，越往编辑区边缘移动，移动速度越快。系统默认移动模式为 Fixed Size Jump 模式。

- Step Size：用于设置单步移动距离。
- Shift Step Size：用于设置按下 Shift 键时每步移动距离。

c. Polygon Repour：用于设置交互布线中的避免障碍和推挤布线方式。如果 Polygon Repour 中选为 Always，则可以在已铺铜的 PCB 中修改走线，铺铜会自动重铺。

d. Rotation Step：用于设置旋转角度。用户在放置图件时，按一次空格键，图件会旋转一个角度，这个角度就由此编辑框设置。系统默认值为 90°。

e. Undo/Redo：用于设置撤消操作/重复操作的步数。

f. Cursor Types：用户设置光标类型。系统提供了 3 种光标类型，即 Small90（小“＋”字 90°光标）、Large90（大“＋”字 90°光标）、Small45（小“十”字 45°光标）。

g. Interactive Routing：用来设置手工布线时采用何种布线模式。

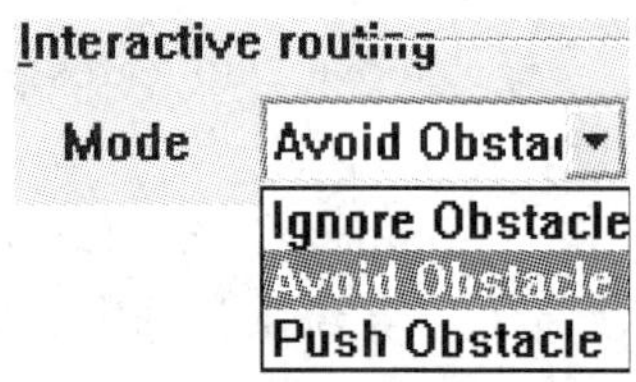

图 7-84　Mode 下拉列表框

- Mode：该下拉列表框如图 7-84 所示，用户可以选择以下 3 种方式：

Ignore Obstacle：手工布线时，可以忽略一切障碍物进行布线。

Avoid Obstacle：在不违反设计规则的条件下进行布线。

Push Obstacle：PCB 编辑器将尽可能扫除电路板图中障碍物进行布线。

- Plow Through Polygon：选中此复选框，则布线时使用多边形来检测布线障碍。
- Automatically Remove：用于设置自动回路删除。选中此项，在绘制一条导线后，如果发现存在另一条回路，则系统将自动删除原来的回路。

h. Component Drag：是一个下拉列表框，共有两个选项，如图 7-85 所示。

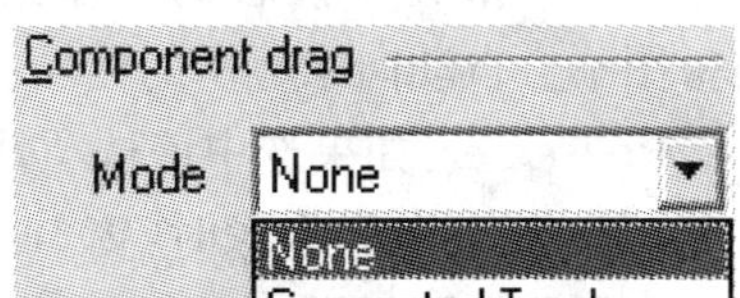

图 7-85　Mode 下拉列表框

- Component Tracks：选择该项，在使用菜单命令

Edit/Move/Drag 移动组件时，与组件连接的铜膜导线会随着组件一起伸缩，不会和组件断开。

• None：选择此项，在使用菜单命令 Edit/Move/Drag 移动组件时，与组件连接的铜膜导线会和组件断开，此时菜单命令 Edit/Move/Drag 和 Edit/Move/Move 没有区别。

(2) Display 选项卡设置。单击 Display 选项即可进入 Display 选项卡，如图 7-86 所示。此选项卡用于设置屏幕显示和元件显示模式。

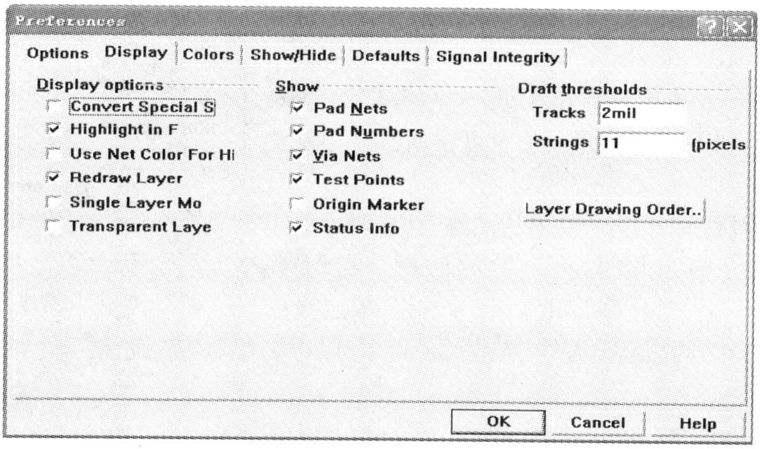

图 7-86　Display 选项卡

a. Display Options：屏幕显示设置。

• Convert Special String：用于设置是否显示特殊字符串代表的内容。如果选中该复选框，则表示相关的内容。

• Highlight In For Net：用于设置是否在选取某个图件时，高亮显示整个图件。否则高亮显示被选取图件的边沿。

• Use Net Color For Highlight：用于设置是否在选取某个网络后，采用该网络的颜色作为高亮显示的颜色。如果不选中该复选框，则采用黄色进行高亮显示。

• Redraw Layer：如果选中该复选框，则表示设置切换板层后，将重新绘制各层，但当前板层将在最后重新绘制，这样当前板层显示最清晰。

• Single Layer Mode：如选中该框，则在工作区窗口中只显示当前编辑的板层，其他板层不被显示；否则，显示所有处于打开状态的板层。

• Transparent Layer：用于设置所有的板层都为透明状，选择此项后，所有的导线、焊盘都变成了透明色。

b. Show：PCB 板显示设置。

• Pad Nets：用于设置是否显示焊盘的网络名称。

• Pad Number：用于设置是否显示焊盘序号。

• Via Nets：用于设置是否显示过孔的网络名称。

• Test Points：选中该项后，可显示测试点。

• Origin Marker：用于设置是否显示指示绝对坐标的黑色带叉圆圈。

c. Draft thresholds：用于设置显示图形显示极限。

• Tracks：设置的数目为导线显示极限。

• Strings：设置的数目为字符显示极限。

d. Layer Drawing Order：此按钮的功能是设定板层失效顺序。单击该按钮后，屏幕上会弹出如图 7-87 所示的板层顺序设置对话框。

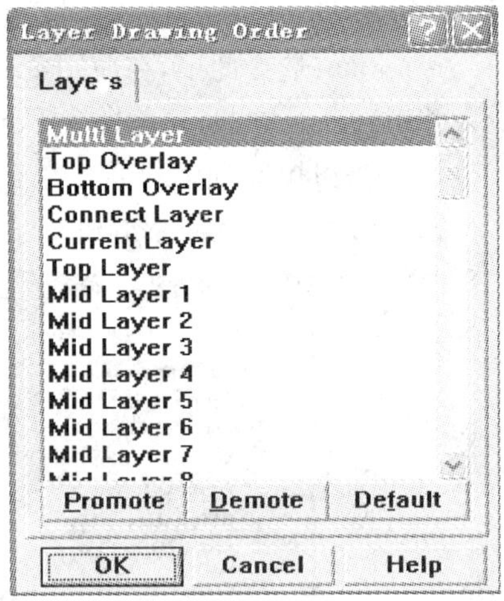

图 7-87　板层顺序设置对话框

选中一个板层，点击对话框中 Promote 按钮，该板层被上移一层；点击对话框中 Demote 按钮，该板层被下移一层；点击对话框中 Default 按钮，板层顺序设置为系统默认顺序。

(3) Colors 选项卡。点击 Colors 标签即可进入 Colors 选项卡，如图 7-88 所示。用户可根据自己喜爱设置各层面的颜色。

设置板层颜色时，点击板层右边的颜色块，即可打开如图 7-89 所示的板层颜色选择对话框。在图 7-88Colors 选项卡中，点击 Default Colors 按钮，板层颜色被恢复成系统默认的颜色。另外，点击 Classic Colors 按钮，系统将板层颜色指定为传统的设置颜色。

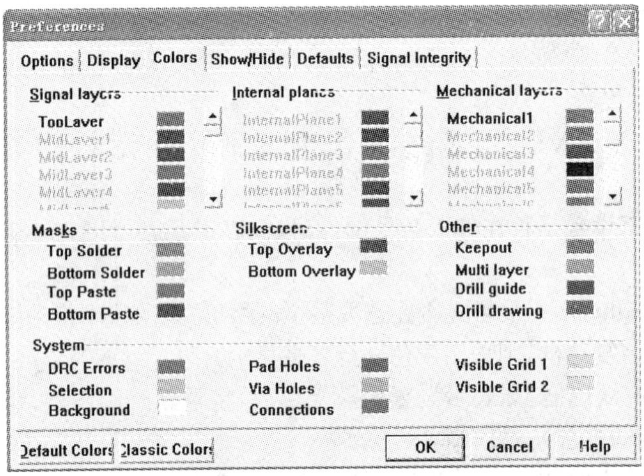

图 7-88　Colors 选项卡

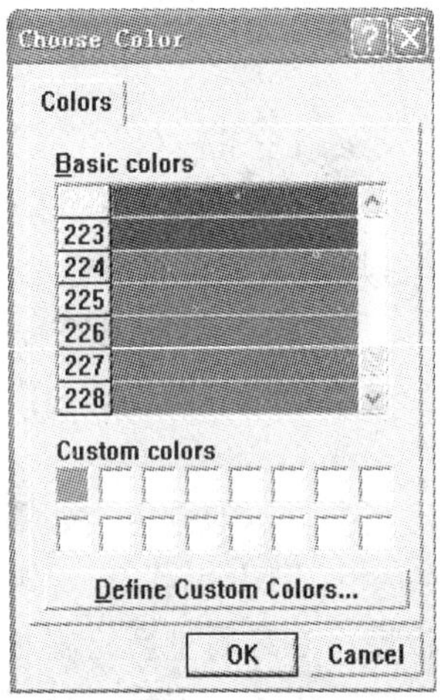

图 7-89　板层颜色选择对话框

(4) Show/Hide 选项卡。点击 Show/Hide 标签即可进入 Show/Hide 选项卡，如图 7-90 所示。此项选择用于设置各种图形的显示模式，选项卡中每一项都有相同的 3 种显示模式。

- Final：详细显示、精细显示。
- Draft：简单显示、只显示轮廓。
- Hidden：隐藏、不显示。

Protel 99 SE 已设置 Final 为默认值。

(5) Defaults 选项卡。点击 Defaults 标签即可进入 Defaults 选项卡，如图 7-91 所示。此选项卡用于设置各组件的系统默认属性。

在图 7-91 所示对话框中，各个组件包括 Arc(圆弧)、Component(元件封装)、Coordinate(坐标)、Dimension(尺寸)、Fill(金属填充)、Pad(焊盘)、Polygon(敷铜)、String(字符串)、Track(铜膜导线)、Via(过孔)等。如要编辑系统设置的图件默认属性，只需先选中该图件选

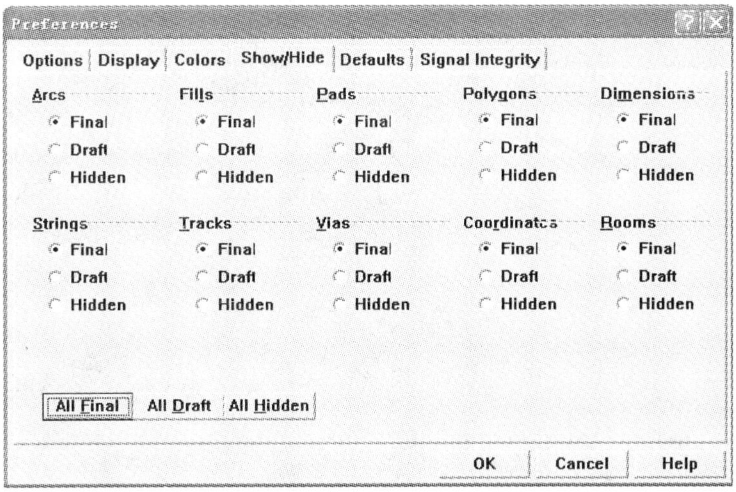

图 7-90 Show/Hide 选项卡

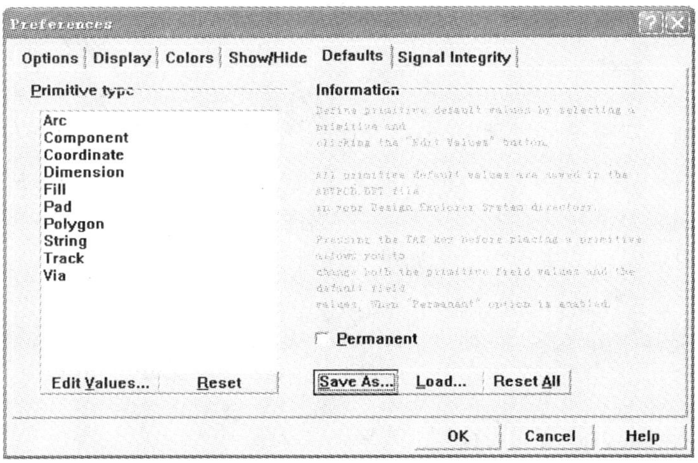

图 7-91 Defaults 选项卡

项,点击 Edit Values 按钮即可进入该图件的系统默认属性编辑对话框,如图 7-92 所示。修改完毕后,单击 OK 按钮回到图 7-91 所示的对话框,各项的修改会在取用元件封装时反映出来。Reset 按钮用于将选中的图件恢复到原有的默认设置,Save As 按钮用于将图件默认属性设置保存在磁盘文件中,Load 按钮用于将图件默认值调入当前文档,Reset All 按钮用于将所有图件的默认属性设置复原。

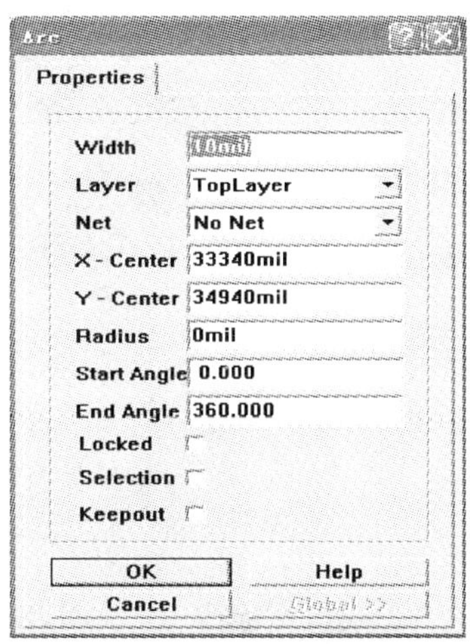

图 7-92 系统默认性属编辑对话框

(6) Signal Integrity 选项卡。该选项卡用于定义合适的元件类型,如图 7-93 所示。该选项卡设置目的是为了确保信号完整性分析正确。图中 Add 按钮用于添加一个元件类型,Remove 按钮用于删除 Designator Mapping 列表框中选取的元件,Edit 按钮用于对列表框中处于选中状态元件进行编辑。

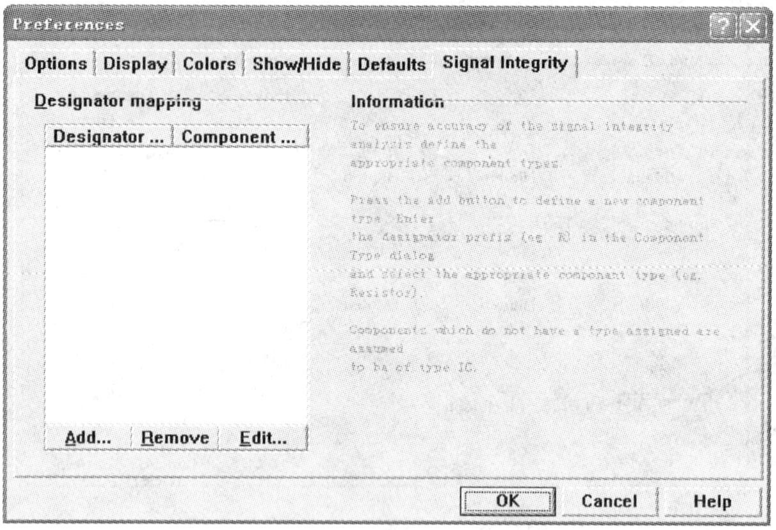

图 7-93 Signal Integrity 选项卡

7.2.4.5 制作 PCB 元件

在实际的印制电路板设计过程中，经常会遇到比较特殊的元件，标准元件封装库里找不到与它相配的元件封装，虽然在 PCB 系统中可以直接修改元件封装，但通常用这种方法只是为了暂时得到不常用的元件封装，因此对于经常使用而在元件封装库里又找不到的元件封装，用户就要使用元件封装编辑器来生成一个新的元件封装。

（1）启动元件封装库编辑服务器：

a. 执行下拉菜单 File/New 命令，屏幕上弹出如图 7-94 所示的新建文件对话框。从对话框中选择元件封装库编辑服务器图标
。

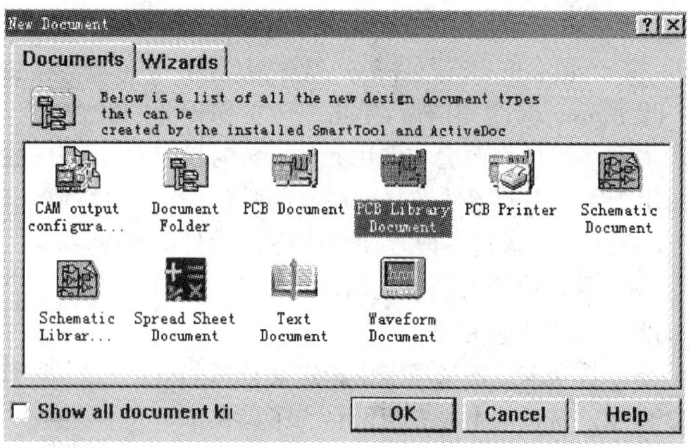

图 7-94 新建文件对话框

b. 双击图标或单击 OK，系统就会建立元件封装库编辑文档，如图 7-95 所示。系统自动将该文件命名为“PCBLIB1. LIB”，用户可以按自己的意愿修改其文档名称。

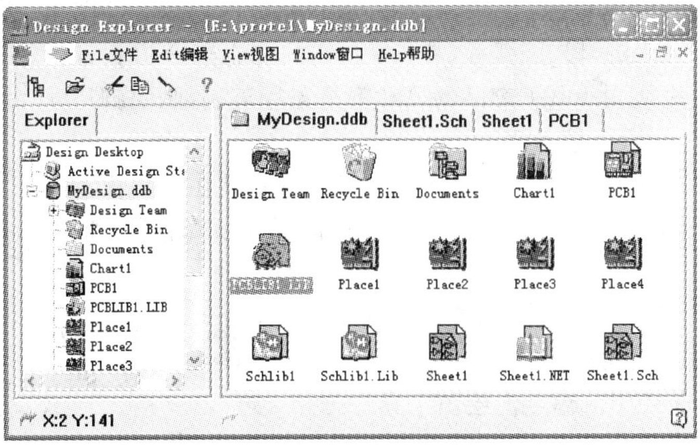

图 7-95　建立元件封装库编辑文档

c. 双击设计管理器中的元件封装文档图标，就能进入元件封装库绘制工作界面，如图 7-96 所示。元件封装库编辑服务器与 PCB 设计服务器界面相似，主要有设计管理器、主工具栏、菜单、常用工具栏、编辑区等组成。在元件封装库管理器中，系统自动将新建的元件封装命名为“PCBCOMPONENT 1”，用户可以更改其元件封装名称。单击 Tools 菜单，选择 Rename Component 命令或单击管理器中 Rename 命令，在随后出现的对话框中修改元件封装名称，然后单击 OK 按钮，关闭对话框即可。

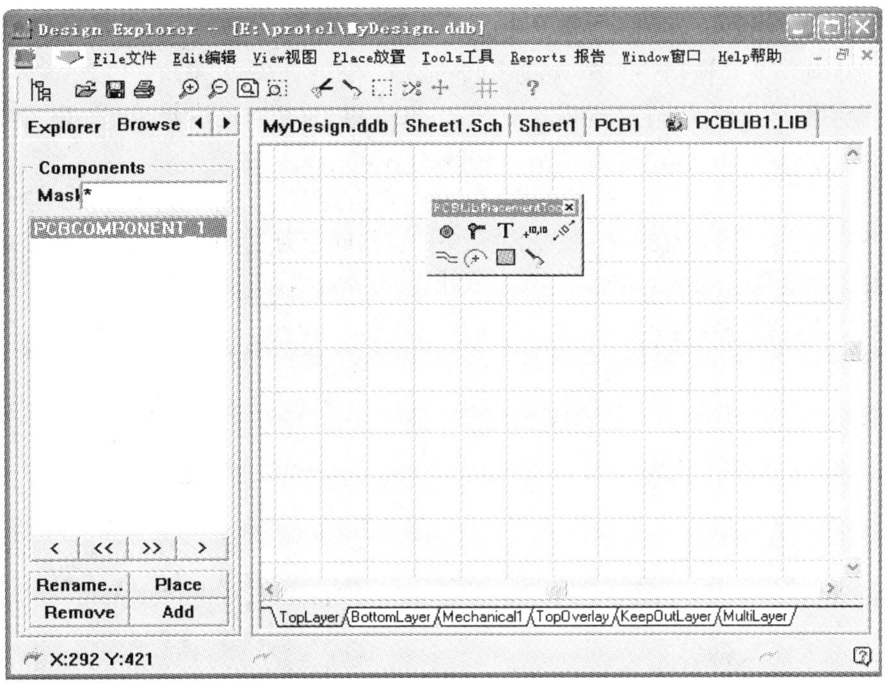

图 7-96　元件封装库编辑服务器界面

（2）制作 PCB 元器件封装。通过手工去创建元件封装，实际上是利用 Protel 99 SE 提供的绘图工具，如图 7-97 所示，按照实际尺寸绘制出该元器件的封装外形和引脚的焊盘。绘图工具用于绘制各种图元，如线段、圆弧等，其各个按钮的功能与 PCB 设计系统中的绘图工具完全相同。电子产品的尺寸都是采用英制，画引脚尺寸使用英制，画外形使用公制较方便。

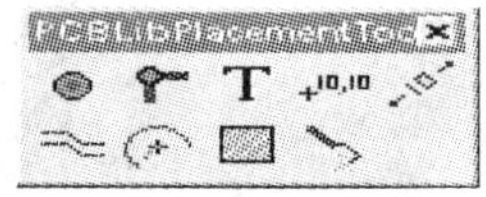

图 7-97 绘图工具

a. 绘制元件的轮廓线。所谓轮廓线就是该元件封装在电路板上占据的空间大小，当然轮廓线的线状和大小也取决于实际元件的形状和大小，通常需要测量实际元件。

单击工作区窗口下方的板层标签栏中的 Top-Overlay 项，将工作层面切换到顶层丝引层。执行菜单命令 Place/Track 或用鼠标点击绘图工具栏中相应的按钮，此时光标呈“+”字悬浮状，单击鼠标左键确定元件封装外形轮廓线的起点，移动鼠标就可以拉出一条直线，将光标移动到适当的位置后，再单击鼠标左键即可放置一条线段，接着向下移动鼠标到合适的位置再次单击鼠标左键，按照同样的方法绘制剩下的线段，最后得到的轮廓线如图 7-98 所示。绘制结束后，单击鼠标右键，退出该命令状态。

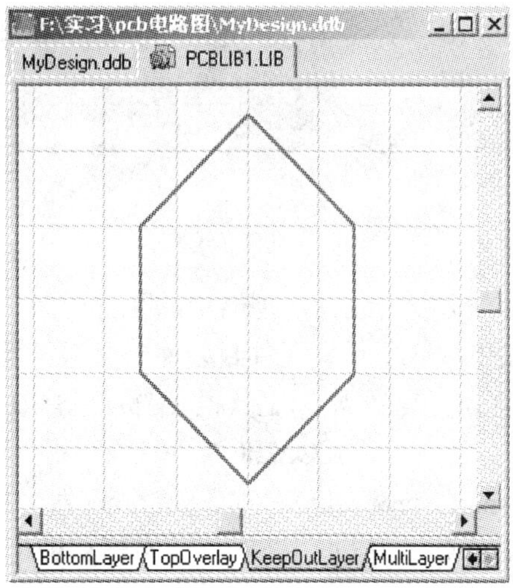

图 7-98 绘制元件的外形轮廓

b. 绘制焊盘。元件的轮廓线绘制完毕后，需要放置焊盘。执行主菜单命令 Place/pad，也可以用鼠标点击绘图工具栏中相应的按钮。此时光标呈“+”字形悬浮状，中间拖动一个焊盘，如图 7-99 所示。如果看不清焊盘形状，可以不断地按下 PageUp 键，直到自己满意为止。随着光标的移动，焊盘跟着移动，移动到适当的位置后，单击鼠标左键将其定位。

采用同样的方法，用户可以根据自己实际制作或购买元件管脚之间长度来确定焊盘之间的距离。放置其他焊盘，如图 7-100 所示。图中的栅格间距为 200mil，可以通过主菜单 Tools/Library 命令设置栅格间距以及栅格捕捉的大小。

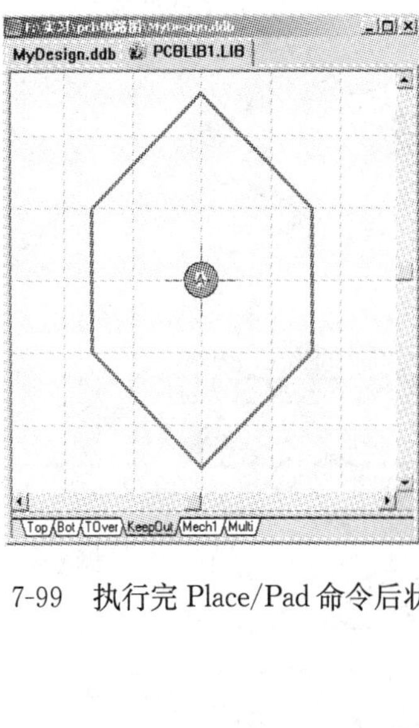

7-99 执行完 Place/Pad 命令后状态

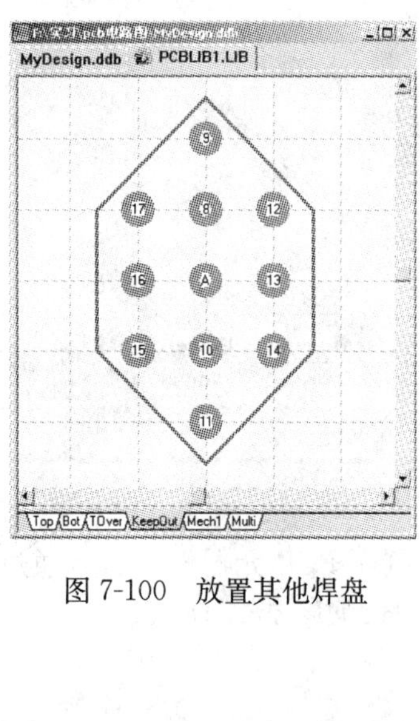

图 7-100 放置其他焊盘

根据实际的需要，选择 Top Overlayer 工作层，利用画线工具绘制元件封装的外形，根据引脚尺寸位置安放焊盘，同时根据引脚的粗细，决定焊盘和钻孔的直径大小。可将光标选中要改的焊盘，双击鼠标左键或在光标呈“+”字悬浮状时按下 Tab 键，屏幕上会弹出如图 7-101 所示的焊盘属性设置对话框，通过修改其中的选择项来进行焊盘的参数设置。各选项功能如下：

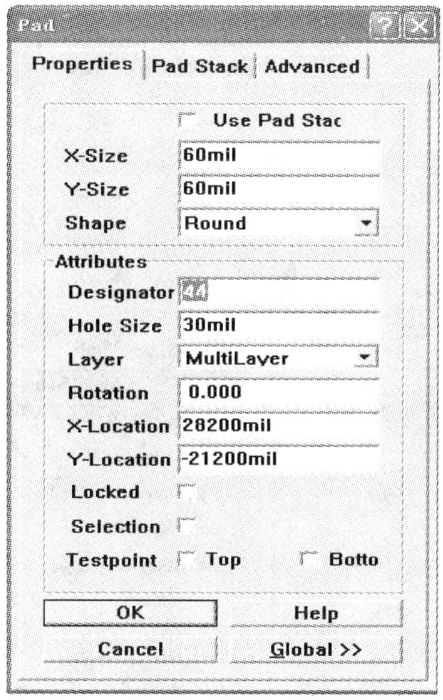

图 7-101 焊盘属性设置对话框

X－Size 编辑框：用于设置焊盘在 X 轴方向的大小。

Y－Size 编辑框：用于设置焊盘在 Y 轴方向的大小。

Sharp 下拉框：用于设置焊盘的形状。共有 3 种选项：Round(圆形)、Rectangle (长方形)、Octagonal(八边形)，如图 7-102 所示。

Designator 编辑框：用于输入待封装元件的管脚名称。

Hole Size：用于设置焊盘钻孔直径。

Layer 下拉列表框：用于设置焊盘所在层。

Rotation 编辑框：用于设置旋转角度。

X－Location 编辑框：用于设置焊盘所处位置的横坐标。

Y－Location 编辑框：用于设置焊盘所处位置的纵坐标。

Locked 复选框：如果选中该复选框，则表示放置的焊盘处于锁定状态。此时，若对焊盘进行任何操作，屏幕上将弹出一个如图 7-103 所示的对话框，告诉焊盘处于锁定状态，并询问是否真的进行该项操作。

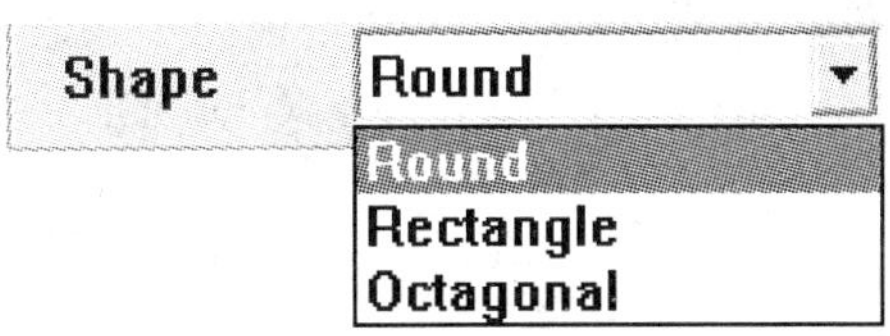

图 7-102 Sharp 下拉选择框

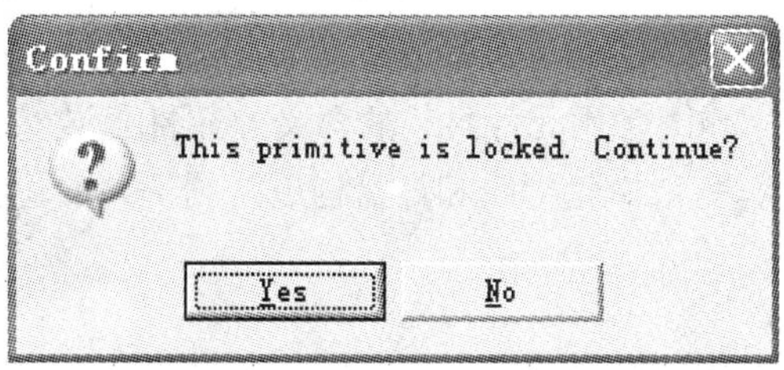

图 7-103 移动锁定焊盘确认对话框

Selection 复选框：选中该框，则表示放置一个处于选中状态的焊盘，在默认情况下，放置的焊盘为黄色，以便和不选中该复选框时的灰色焊盘相区别。

Global 按钮：用于设置所有焊盘参数。用鼠标单击 Global 按钮，则出现如图 7-104 所示的设置所有的焊盘对话框，用户设置此对话框可将所有的焊盘都设置为此参数。设置完毕后用户只需在如图 7-105 所示的对话框中确认即可。

c. 设置元件封装的参考点。首先单击 Edit 菜单，接着执行 Set Reference 级联菜单中的 Location 命令，此时光标呈“+”字形悬浮状，单击标记为 A 的焊盘，然后双击 A 焊盘，用户会发现焊盘属性设置对话框中的 X－Location 和 Y－Location 编辑框均为 0，即表示它是参考点。

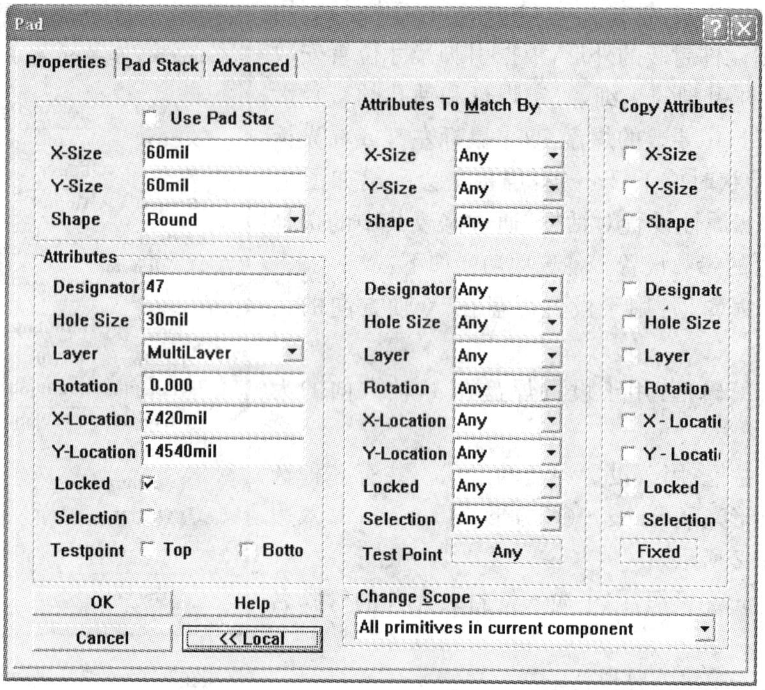

图 7-104　设置所有的焊盘

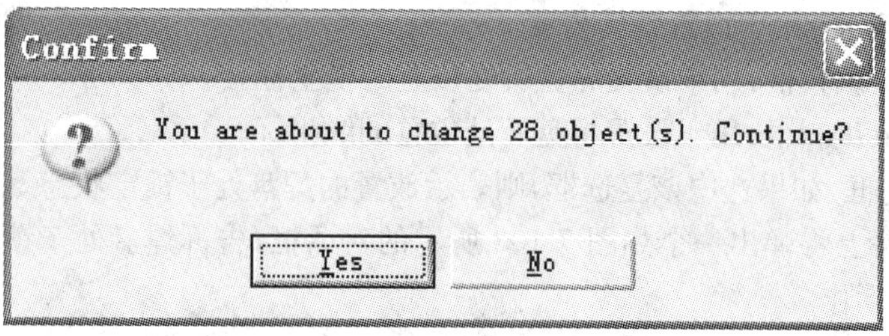

图 7-105　确认对话框

d. 常用元件封装的含义。元件封装指的是元件的外形,即元件在电路板图中的表示形式,一般由轮廓线和焊盘构成。图 7-106 显示的是二极管原理图及其元件封装 DIODE0.4。

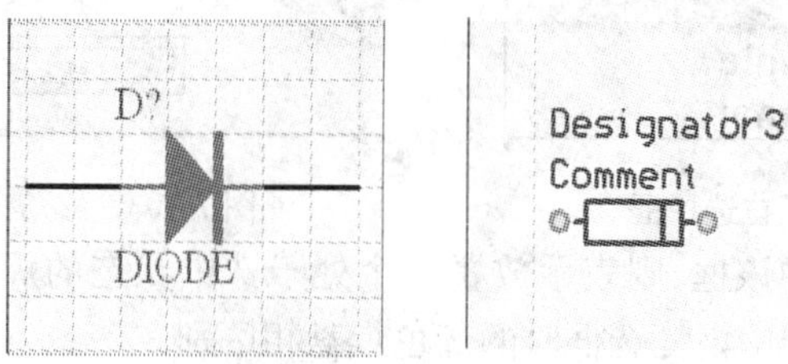

图 7-106　二极管原理图及其元件封装

DIP 类型:表示双列直插元件,其后一般带有一个表示管脚数目的数字。例如:DIP24,代表有 24 管脚的双列直插元件。

AXIAL:表示管状元件,其后跟随的数字代表两个焊盘的间距。例如:AXIAL0.4,代表焊盘间距为 400mil 的管状元件。

RB:表示电解电容元件,其后跟随两个数字,分别代表电解电容两个管脚间距和电容的直径。例如:RB.4/.8,代表焊盘间距为400mil、电容外围直径为800mil的电解电容。

DIODE:表示二极管器件。例如:DIODE0.4,代表焊盘间距为400mil的元件封装。

图7-107为常用元件的封装外形图。

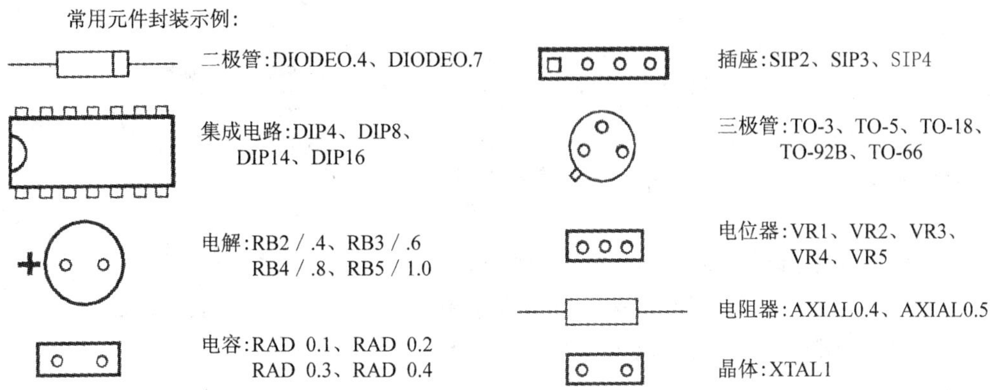

图7-107　常用元件的封装

7.2.4.6　印制板的制作

(1) 准备原理图和网络表。要自动生成印制板,需要有原理图和网络表,这是制作电路板的前提。网络表是根据相应的电路原理图生成的,它是原理图设计系统与印制电路板设计系统的接口,也是电路板自动布线的灵魂。

网络表的获取可以直接从电路原理图转化而来,首先打开电路原理图,执行菜单命令Design/Create Netlist,屏幕上出现如图7-108所示的创建网络表对话框。

该对话框中有两选项卡:Preferences选项卡和Trace Options选项卡。按OK键确定对话框中各参数的设定,就可以生成网络表,如图7-109所示,并且系统会自动进入文本编辑器,装入网络表文件。

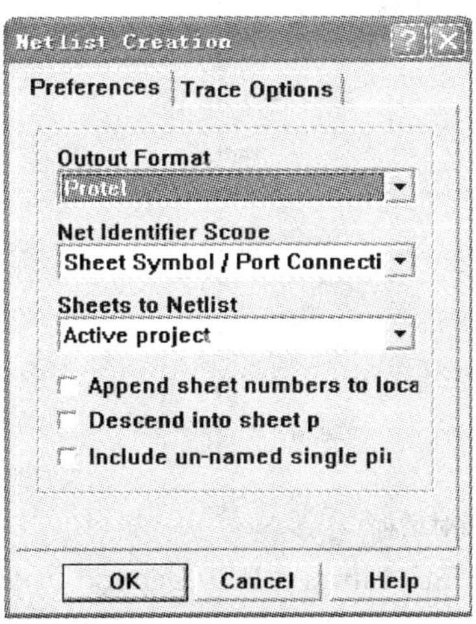

图7-108　创建网络表对话框

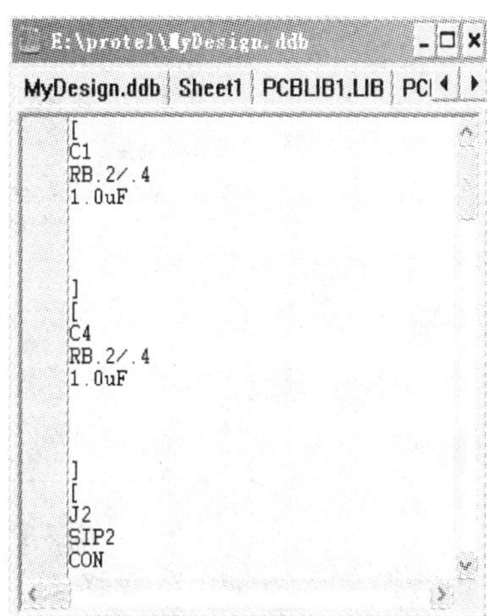

图7-109　生成网络表后的界面

(2) 电路板的规划。对于要设计的电子产品，设计人员首要工作是确定电路板的尺寸。

用鼠标单击编辑区下方的标签栏 Keep Out Layer，(见图 7-80)，将当前的工作层面设置为 Keep Out Layer ，该层为禁止布线层，一般常用于设置电路板的尺寸界线。

执行菜单命令 Place/Track，或用鼠标单击 Placement tools 工具栏中相应的按钮，此时光标呈“+”字悬浮状，将光标移动到适当的位置，单击鼠标左键，即可确定第一条板边的起点。然后拖动鼠标，将光标移动到适当的位置，再单击鼠标左键，确定第一条板边的终点。用同样的方法绘制其他三条板边。单击鼠标右键，退出该命令状态。

在鼠标退出该命令状态时，双击边框线，即可进入 Track 对话框，如图 7-110 所示。在此对话框中用户可以很精确地进行定位，并且可以设置工作层面和线宽。

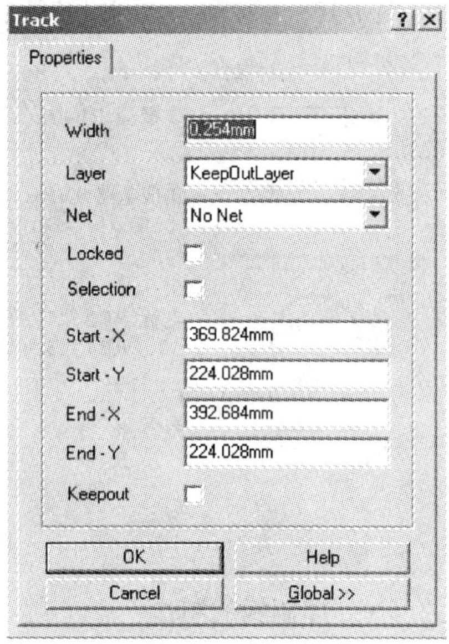

图 7-110 Track 对话框

(3) 添加元器件封装库。电路板规划好后，接下来的任务就是装入网络表和元件封装。在载入网络表之前，必须先装入所需的元件封装库，因为只有保证打开的元件封装库中包含了网络表中记录的所有的元件封装，网络表的载入才可能成功。

执行主菜单命令 Design/Add/Remove Library 命令后，屏幕上会出现添加/删除元件库对话框，如图 7-111 所示。

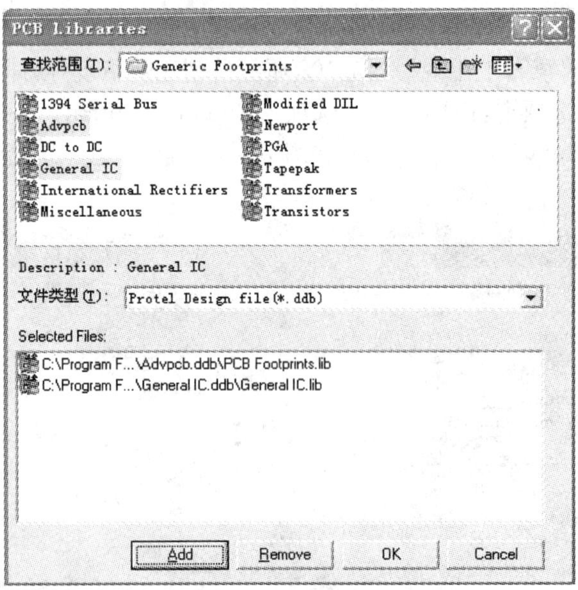

图 7-111 元件封装库选择对话框

在查找范围对话框中，选择 Design/Explorer 99 SE/Library/Pcb/Generic Footprints/Advpcb 图标或 General IC 图标，找出原理图中的所有元件所对应的元件封装库。用鼠标单击 Add 按钮，然后单击 OK 按钮关闭对话框，即可完成这些元件封装库的装入工作。

用户也可以点击元件封装库管理器中 Add/Remove 按钮完成上述功能。

(4) 网络表与元件的装入。网络表与元件的装入过程实际上是将原理图设计的数据装入印制电路设计系统的过程。PCB 设计系统中的数据变化,都可以通过网络宏(Netlist Macro)来完成。通过分析网络表文件和 PCB 系统内部的数据,可以自动产生网络宏(Netlist Macro)。

执行菜单命令 Design/Netlist,出现如图 7-112 所示的装入网络表与元件设置对话框。

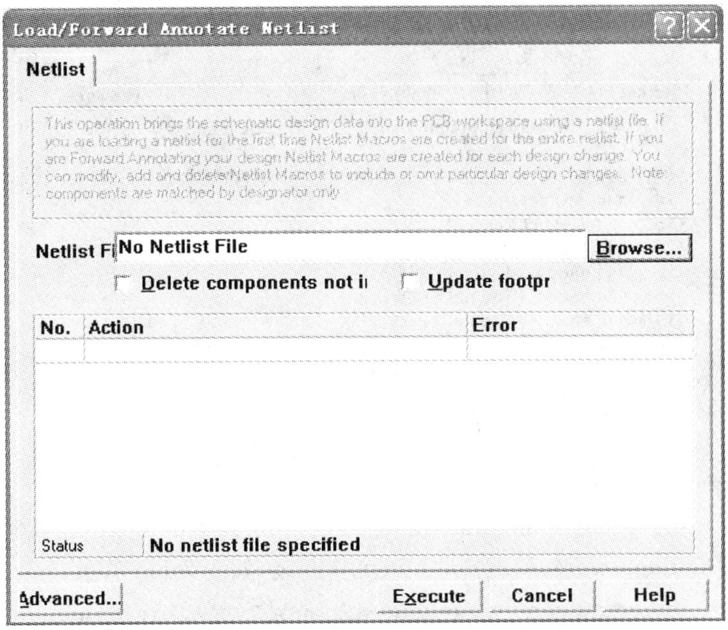

图 7-112　装入网络表与元件设置对话框

接着按下 Browse 按钮,屏幕上就会弹出如图 7-113 所示的对话框,选中刚才建立的网络表文件名,或在对话框中直接输入网络表文件名,然后单击 OK 键,就可装入该网络表。

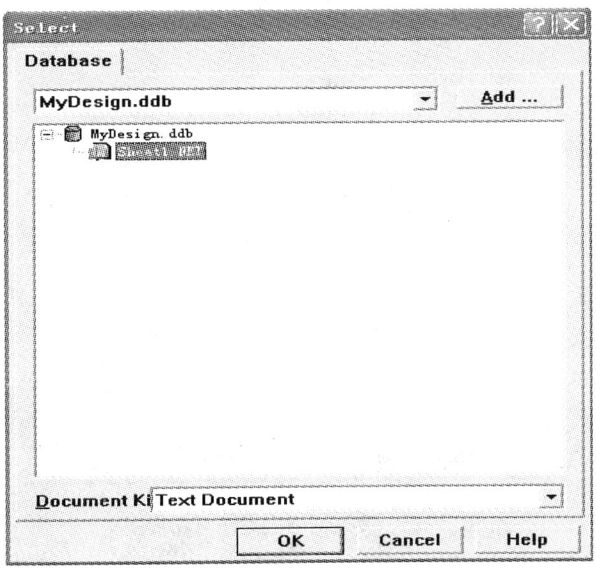

图 7-113　网络表选择对话框

装入网络表后，图 7-113 所示的对话框就变成如图 7-114 所示的样子。

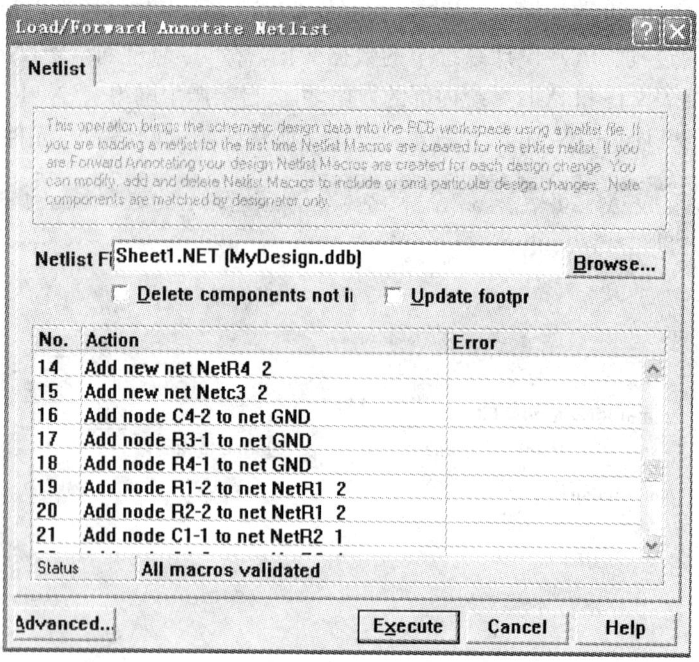

图 7-114　装入网络表后的对话框

再用鼠标点击 Execute 键，系统自动装入元件封装，如图 7-115 所示。

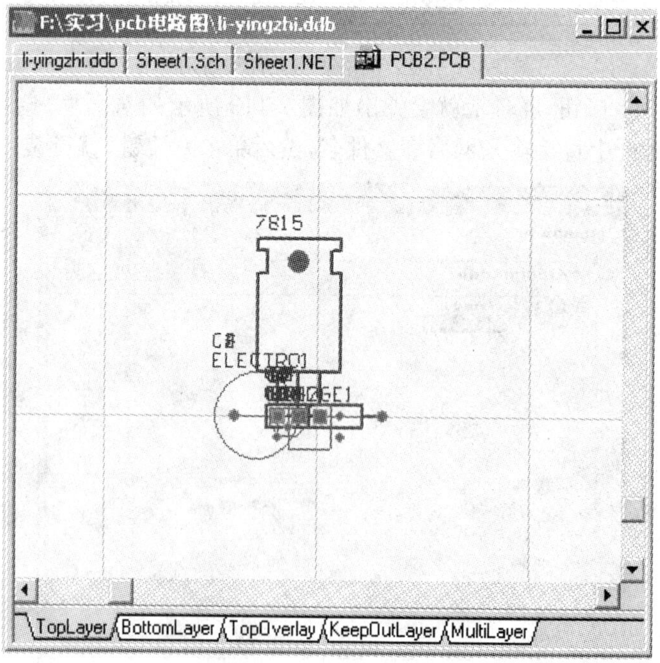

图 7-115　装入网络表后的电路板图

(5) 元件的布局。

a. 元件的自动布局。装入网络表和元件封装后，还必须把元件封装放入工作区，这就需要对元件封装进行布局。元件布局有两种：自动布局和手工调整。

Protel 99 SE 提供了强大的自动布局功能，用户只要定义好规则，Protel 99 SE 可以将重叠的元件封装分离出来。

执行菜单命令 Tools/Auto Place，系统会弹出如图 7-116 所示的自动布局对话框。

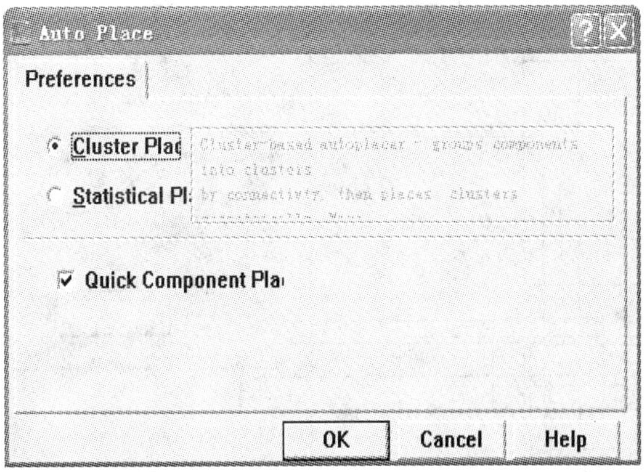

图 7-116　自动布局对话框

在图中可以看到系统提供了两种自动布局的方式：Cluster Placer 和 Statistical Place。其中，Cluster Placer 一般适用于元件比较少的情况，这种情况下元件被分为组来布局；而 Statistical Place 则适用于元件比较多的情况，它使用了统计的方法，使元件间用最短的导线来连接。Statistical Place 选项如图 7-117 所示。

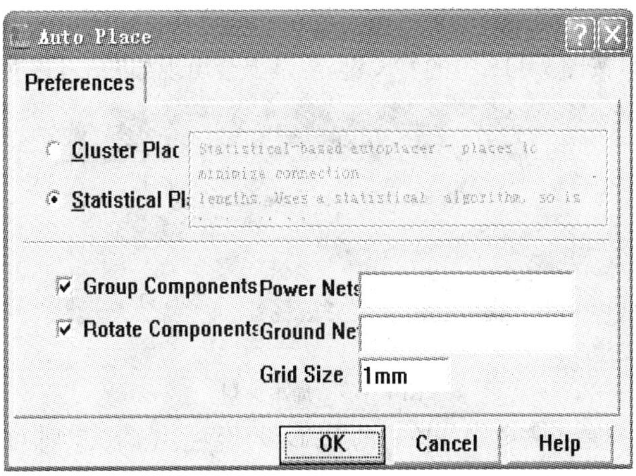

图 7-117　Statistical Place 选项卡

Group Components：该项的功能是将在当前网络中连接密切的元件归为一组。在排列时，将该组的元件作为群体而不是个体来考虑。

Rotate Components：该项的功能是依据当前网络连接与排列的需要，使元件重新转向。如果不选该项，则元件将按原始位置布置，不进行元件的转向动作。

Power Nets：定义电源网络名称。

Ground Nets：定义接地网络名称。

Grid Size：设置元件自动布局时的格点间距的大小。

设置完 Statistical Place 选项的自动布局参数后，按 OK 键，进入元件自动布局状态。图 7-118 为元件自动布局完成后的状态。

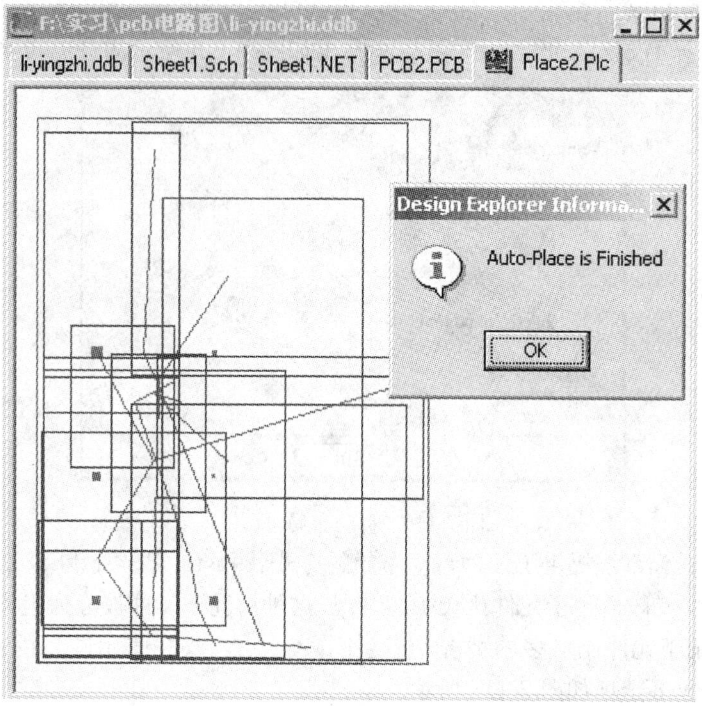

图 7-118 元件自动布局完成后的状态

用户退出此窗口，按图 7-118 中的 OK 键，屏幕上会出现如图 7-119 所示的对话框。

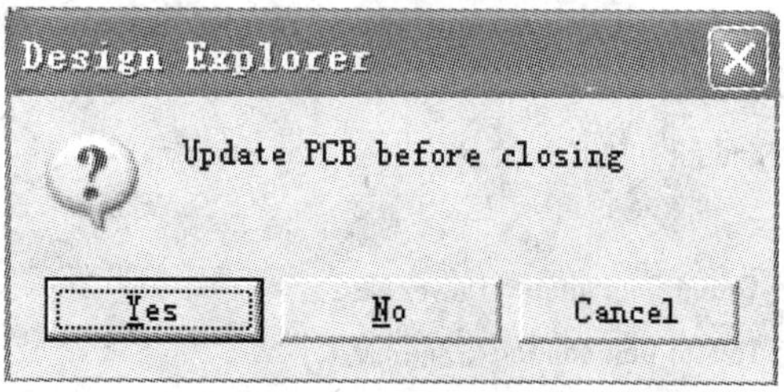

图 7-119 提示窗口

该对话框提示用户是否需要刷新原有的 PCB 设计数据。确认后即可回到原来的窗口，如图 7-120 所示。

b. 手工调整。程序对元件的自动布局一般是按照最短布线路径为原则，元器件安放也不分先后，只是同类在一起。因此元器件的布局和电路的连线都是不理想的，必须经过手工调整才能满足要求。手工调整实际上就是对元件重新进行排列、移动和旋转等操作。手工调整和手工绘制电路印制板的方法是相同的。

· 排列元件：排列元件可通过执行 Tools/Align Components 子菜单的相关命令来实现。该菜单有多种排列方式，如图 7-121 所示。

系统自动装入元件封装后，所有的元件封装都重叠在一起，这时用户可以执行 Tools/Align Components/Shove 命令来推挤元件。在执行 Shove 命令前，可先设置推挤深度，单击

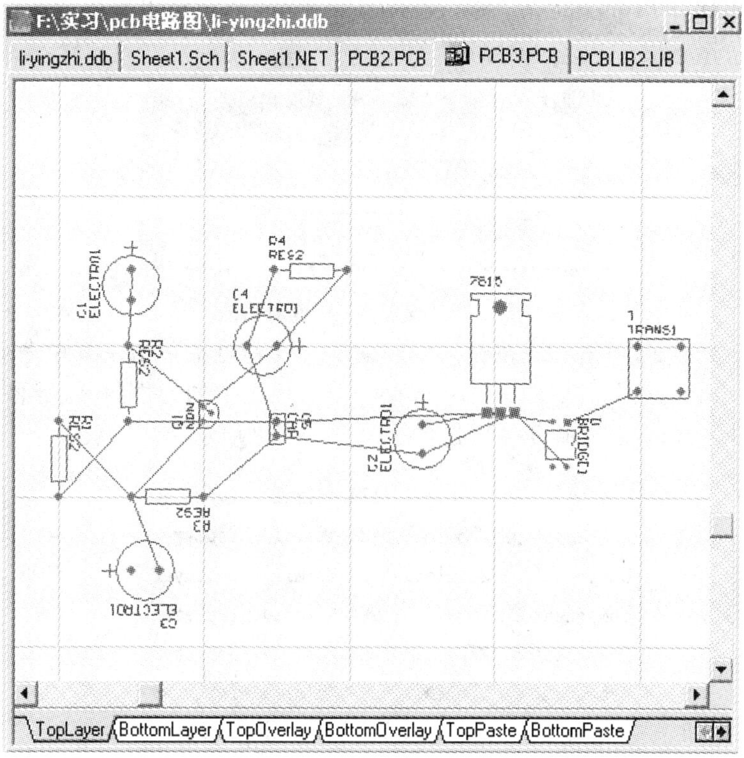

图 7-120　元件布局自动完成

图 7-121　排列方式菜单

Tools 菜单，从中选择 Components/ Set Shove Depth 命令，屏幕上会出现如图 7-122 所示的对话框。

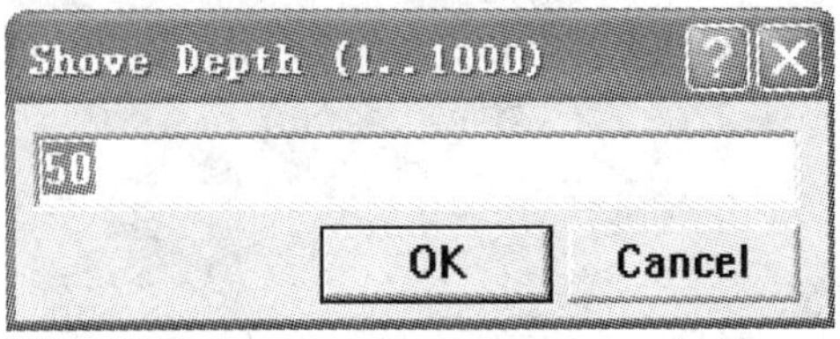

图 7-122　设置推挤深度对话框

保持图中设置不变，单击 OK 按钮关闭对话框。接着再次单击主菜单命令 Tools/Align Components/ Shove，这时光标呈“+”字形，单击电路板图中的元件封装，屏幕上弹出一个菜单，列出了光标所在位置的所有元件封装名称，如图 7-123 所示。

```
Component Q1 (25666mil,6174.461mil)  TopLayer
Component J2 (25691mil,6124.461mil)  TopLayer
Component J1 (25591mil,6124.461mil)  TopLayer
Component R2 (25641mil,5924.461mil)  TopLayer
Component R1 (25641mil,5924.461mil)  TopLayer
Component R4 (25641mil,5924.461mil)  TopLayer
Component R3 (25841mil,6124.461mil)  TopLayer
Component c3 (25641mil,6173.961mil)  TopLayer
Component C1 (25591.5mil,6124.461mil)  TopLayer
Component C4 (25641mil,6173.961mil)  TopLayer
```

图 7-123　元件封装列表

从弹出菜单中任选一个，然后单击鼠标左键，就可以开始推挤元件封装，将重叠在一起的元件自动向外推开。

另外用户还可执行 Tools/Align Components/Sort And Arrange Components 菜单命令来排列元件，方法同上。

- 实现元件的移动：用鼠标左键点击需要移动的元件，并按住左键不放，此时光标变为“+”字，表明已选中要移动的元件，然后拖动鼠标，则“+”字光标会带动被选中的元件进行移动，将元件移动到适当的位置后，松开鼠标左键即可。
- 元件的旋转：用鼠标左键点击需要旋转的元件，并按住左键不放，此时光标变为“+”字，按空格键、字母 X 键或 Y 键，即可调整元件的方向。
- 最后执行菜单命令 Tools/Align Components/Move To Grid，所有元件将被移动到栅格上。

(6) 手工绘制印制电路板。首先在 PCB 工作界面将工作层面切换到顶层(Top Layer)。

a. 规划电路板的大小尺寸。可在编辑区的下方的标签栏里点击 Keep Out Layer，该层为禁止布线层，一般常用于设置电路板的尺寸界线。在不受条件影响的情况下，板的尺寸越小成本越低。执行主菜单命令 Place/Track，用画线条方法，绘制印制电路板的外形。

b. 放置元件。根据电路的输入、输出，并考虑走线的简捷来决定元器件的安放位置。元器件安放的各项命令，在主菜单 Place 放置中找到，如图 7-124 所示。

用鼠标点住某个元件，同时按空格键，每按一次空格键，元件旋转 90°。也可点住某个元件，直接拖拉到要安放的位置。

c. 布线。布线就是用铜膜线将飞线表示的逻辑变成物理连接，如果某个元件焊盘被飞线连接起来，则手工布线的方法是将相通的焊盘用铜膜线连通，布线时尽量使走线设置在焊接面(Bottom layer)上。

d. 全部布线完成后，需要设定焊盘、过孔的尺寸和导线的宽度，这些可视具体情况决定。

e. 印制电路板绘制完成需对其进行保存，保存前先将光标移到编辑区上方标签栏 PCB1 处，点击鼠标右键，选择关闭 Close 命令。在 MyDesign. ddb 界面中选择文档 PCB1 图标，再执行菜单命令 File / Export(导出)，在弹出的对话框中输入文件存放路径，按保存按钮，即可将当前文件保存。

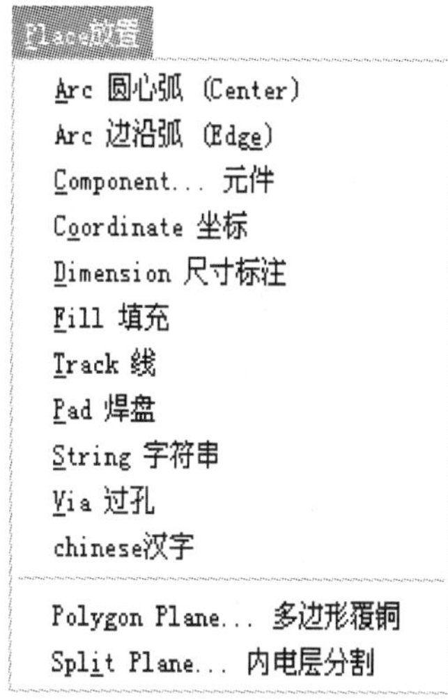

图 7-124 place 菜单

以上是印制电路板的整个设计、绘制过程，在整个绘制过程中是不允许在印制板边界外有任何多余的东西存在，否则印制板打印输出会造成很大麻烦。

思考题

1. 如何创建项目数据库设计文件?
2. 了解 Protel 99 SE 系统菜单中各选项及其功能。
3. 电路原理图的设计过程可分哪几个步骤?
4. 如何设置图纸大小、方向和颜色、系统字体、栅格形式和颜色、光标的类型、光标跳跃最小量、自动翻页等。
5. 如何加载元器件库? 如何定制常用工具栏?
6. 熟悉并掌握绘制原理图常用命令。
7. 简述绘制元器件的基本步骤。
8. 印制电路板设计过程可分哪几个步骤?
9. 印刷电路板常见的板层结构有几种? 请简要说明?
10. 印刷电路板包括哪些类型的工作层面? 各种层面的作用是什么?
11. 何谓元器件封装?
12. PCB 系统参数设置包括哪几个方面? 各个设置选项的意义?
13. 自制元器件封装的主要步骤。
14. 简述元件库管理器中各部分的功能。
15. 自动生成印制板的操作步骤。
16. 文件保存方法。

Protel **99** SE 基础知识训练题

在E盘根目录下建立学生文件夹，文件夹"以自己的学号或姓名"命名。

1. 建立设计

(1) 在学生文件夹里建立一个设计。以 MS Access Datebase 为设计保存类型，命名为：Protel. ddb。将其保存为\学生文件夹\Protel. ddb；

(2) 在 Protel. ddb 库里建立一原理图设计文件，命名为：简单光控电路. sch；

(3) 在 Protel. ddb 库里建立一印制线路板设计文件，命名为：简单光控电路. pcb；

2. 电路原理图设计

(1) 打开 Protel. ddb 库里放大电路. sch 文件，对其进行编辑。

(2) 设置图纸大小。

a. 图纸大小为：A4。

b. 图纸方向为：水平放置。

c. 图纸边框颜色：编号 12(深蓝色)。

d. 图纸底色为：编号 233(白色)。

e. 光标跳跃最小量 Snap on 设置：2。

f. 字体设置：楷体_GB2312。

(3) 设置原理图环境参数。

a. 自动翻页设置：类型(按固定长度翻页)、速度(最低)。

b. 光标类型设置：small Cursor 45。

c. 选中图件的边框颜色设置：编号 235(深棕色)。

d. 线状网格颜色为：编号 202(深灰色)。

(4) 按照图附-1 进行原理图设计。具体要求：

元器件库名称：Miscellaneous Device. ddb、Sim. ddb

元件名称：SCH 名称代号

电解电容：ElECTR01

555 电路：TIMER. LIB

其他电容：CAP

二极管桥堆：BRIDGE1

二极管：LED

三极管：NPN DAR

电　阻：RES2

变压器：TRANS1

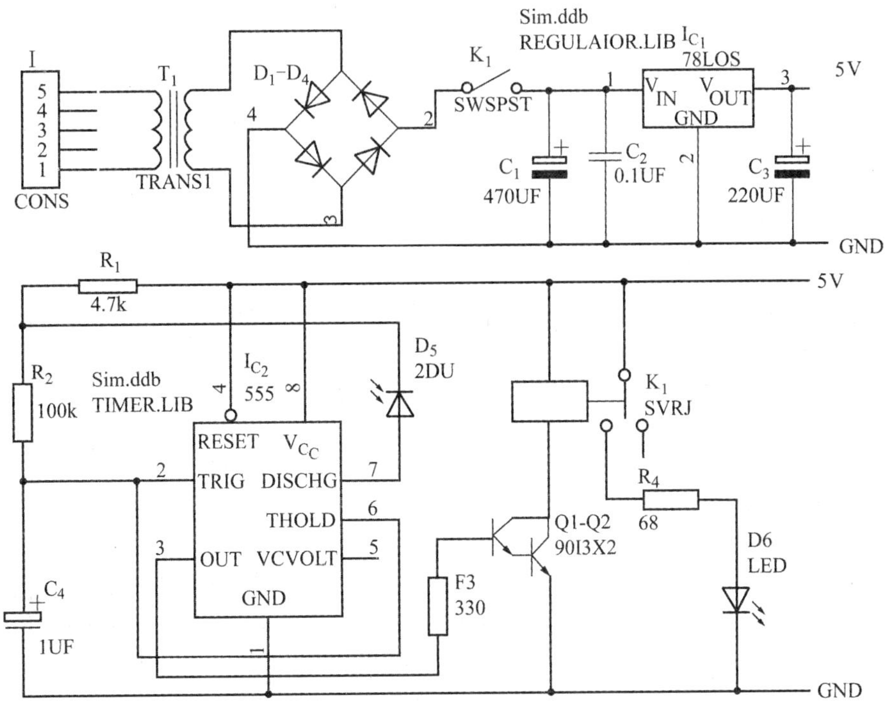

图附-1　简单光控电路

继电器:RELAY－SPDT

插　座:CON5

7805:自制

注:7805 图件自己做。整个电路用一个五芯插座与外部相连。
电源、信号的输入输出端点用网络标号。

3. 印制线路板设计

印制电路板类型：单面板(外形尺寸长 90mm,宽 80mm)

(1) 打开 Protel. ddb 库里放大电路. pcb 文件,对其进行编辑。

(2) 设置电路板工作层面

a. 选择顶层、底层、顶层丝印层、禁止布线层、复合层。

b. 系统设置可根据需要选择。

c. 计量单位设置:毫米。

d. 对光标跳跃最小量、元器件移动最小量作恰当调整。

(3) 设置系统参数:

a. Editing options 设置默认。

b. 自动翻页设置:类型(Fixed Size Jump)、速度(1)。

c. 光标类型设置:small Cursor 45。

d. Colors 选项卡选择 Default Colors。

e. Show/Hide 选项卡选择 All Final。

(4) 按照上图进行印制线路板设计。具体要求:

元器件封装库名称：Transistor. Lib、PCB FootPrints. Lib

元件名称：PCB 封装代号

电解电容：RB. 2/. 4

其它电容：RAD0. 2

7805：TO 220

二极管桥堆：DIODE0. 4 或 DIODE0. 7

电　阻：AXIAL 0. 4 或 AXIAL 0. 5

变压器：自制(焊盘水平间距 30mm，垂直间距 20mm，焊盘直径 5mm，钻孔直径 2mm)

插　座：自制(见图附-2 所示，图中阴影部分为焊盘)

开　关：自制(见图附-2 所示，图中阴影部分为焊盘)

继电器：自制(见图附-3 所示，图中阴影部分为焊盘)

三极管：TO—39 或自制

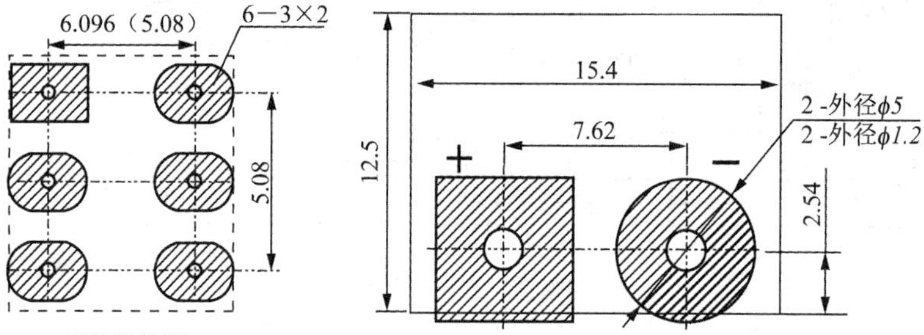

开关封装图　　继电器封装图

图附-2　开关、插座封装图

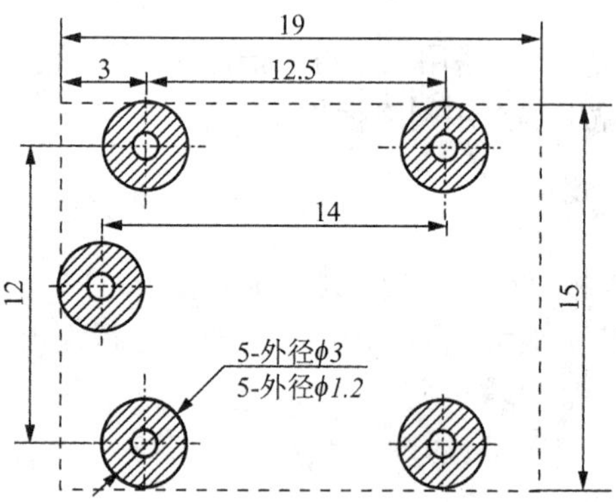

图附-3　继电器封装图

参考文献

[1] 周政新. 电子设计自动化实践与训练[M]. 北京：中国民航出版社，2000

[2] 孙燕，刘爱民. Protel 99 设计与实例[M]. 北京：机械工业出版社，2000

[3] 清源计算机工作室. Protel 99 SE 电路设计与仿真[M]. 北京：机械工业出版社，2002

[4] 王天曦，李鸿儒. 电子技术工艺基础[M]. 北京：清华大学出版社，2000

[5] 王淑钧. 电子技术[M]. 哈尔滨：哈尔滨工程大学出版社，1999

[6] 陈庆礼. 电子技术[M]. 北京：机械工业出版社，2000

[7] 廖汇芳. 实用表面安装技术与元器件[M]. 北京：电子工业出版社，1993

[8] 王港元. 电子技能基础[M]. 成都：成都科技大学出版社，1999